高职高专“十三五”建筑及工程管理类专业系列教材

建筑美学欣赏

主　编　孙来忠　张子竞　潘建非

副主编　王　乐　韦　莉　罗雅敏

主　审　田树涛

Construction Project

西安交通大学出版社
XI'AN JIAOTONG UNIVERSITY PRESS

内 容 提 要

本书是建筑类相关专业及相近专业的专业素质拓展教材。全书共分为7章内容，重点介绍了建筑美学概论、建筑美学法则、中国木构架建筑的营造美学、西方石结构的建筑美学的概述，再细分为建筑美学与园林、建筑美学与城市、建筑美学与环境艺术。本书贯穿东西方建筑美学知识体系以展开章节内容的对比与构建，旨在培养和熏陶建筑类专业人才的专业素质拓展能力和文化素养的提高，为后续相关专业课程的学习奠定良好基础。

本书也可作为成人教育土建类及相关专业的教材和从事建筑设计、城乡规划、环境设计等技术人员使用的参考书。

前言

本书是建筑类相关专业及相近专业的专业素质拓展教材，也可作为成人教育土建类及相关专业的培训教材和从事建筑设计、城乡规划、环境设计等技术人员使用的参考书。

本书以素质能力培养为主线，注重欣赏性与针对性，恰当地融合理论知识与经典案例赏析，贯穿东西方建筑美学知识体系，展开章节内容的“对比”与“构建”，旨在培养和熏陶建筑类专业人才的“专业素质”和“文化素养”，为后续相关专业课程的学习奠定良好基础。

在内容组织上，本书注重收集和引入建筑美学经典实例，融汇东方木构架建筑文明的美学知识和西方石结构体系的建筑美学理论和案例，深入浅出、简明扼要、图文并茂、通俗易懂，融合“二维码”和建筑美学拓展的“影音视频”史料，以及大量相关“图片和拓展 PPT”内容于一体。在编排上，合理地组织了从建筑美学概论、建筑美学法则到东西方建筑美学的概述，再细分为建筑美学与园林、建筑美学与城市、建筑美学与环境艺术。本书在概括中统领完整的知识体系，细分的内容中呼应主题，从欣赏的角度全面整体地叙述了建筑美学。

本书第 1 章、第 4 章第 1 节、第 5 章第 1 节和第 6 章第 1 节由甘肃建筑职业技术学院韦莉编写，第 2 章和第 3 章第 3 节至第 5 节由甘肃建筑职业技术学院孙来忠编写，第 3 章第 1 节和第 2 节由华南农业大学潘建非编写，第 4 章第 2 节至第 6 节由重庆房地产职业学院罗雅敏编写，第 5 章第 2 节至第六节、第 6 章第 2 节至第 5 节由兰州文理学院王乐编写，第 7 章由重庆房地产职业学院张子竞编写。全书由甘肃建筑职业技术学院田树涛主审，孙来忠、张子竞、潘建非担任主编，罗雅敏、王乐、韦莉担任副主编；此外，书中二维码素材主要由孙来忠、潘建非和韦莉老师提供和整理。

在本书编写中，得到了甘肃建筑职业技术学院、华南农业大学、兰州文理学院和重庆房地产职业学院领导和专家的大力支持和帮助，属于多校联合开发教材，内容更加贴近教学需求。本书引用和参考了有关单位和个人的专业文献、资料，未在书中一一注明出处，谨此表示感谢。

由于编者的水平有限，书中错误和疏漏之处在所难免，恳请广大读者和专家批评指正。

编者

2017 年

目录

第1章 建筑美学概论

1.1 建筑美学的概论

1.1.1 建筑美学的概念

建筑美学是艺术美学和建筑学的重要分支，是建立在建筑学和美学的基础上，研究建筑领域里的美和审美问题的一门新兴学科。虽然建筑伴随人类走过了漫长的道路，但建筑美学的出现却是20世纪的事情。

1.1.2 建筑美学的创始人

英国美学家罗杰斯·思克拉顿运用美学理论，从审美的角度论述了建筑具有实用性、地区性、技术性、总效性、公共性等基本特征，可看成是建筑美学的创始人。

1.1.3 建筑美学的10大法则

美国现代建筑学家托伯特·哈姆林，提出了现代建筑技术美的10大法则，即统一、均衡、比例、尺度、韵律、布局中的序列、规则的和不规则的序列设计、性格、风格、色彩，较全面地概括了建筑美学的基本内容。

1. 包豪斯的建筑美学理论与现代主义

包豪斯(Bauhaus)的设计体系在当年风靡整个世界。固然后现代主义的崛起对包豪斯的设计思想来说是一种冲击、一种进步，但在现代许多工业设计中，包豪斯的思想和美学趣味可以说整整影响一代人。其中某些思想、观念对我国现代工业设计和技术美学仍然有启迪作用，特别是对发展中国家的工业、设计道路的方向的选择是有帮助的。它的原则和概念对一切工业设计都是有影响作用的。弗兰克·皮克(Frank Pick)认为："……必须制定一种压倒一切的科学原则和概念，来指导日用品的设计，像建筑方面那些指导房屋设计的原则那样。"

包豪斯的主要思想是要求产品构体按标准化的形式进行生产。与此同时，他又反对把它作为一种目的。他认为这是一种迫切的先决条件，并对标准作出一个定义："所谓标准，可以释义为任何一种广泛应用的东西经过简化，融合了先前各种式样中的优点而成为一个切合实际的典型，这个融合过程首先必须剔除设计者们有个性的内容及其特殊的非必要的因素。"

对于我国的技术设计，笔者认为也应把标准化作为现阶段一个主要的努力目标。因为标准化的产品适合于社会化工业大生产，经济效果是巨大的。我国人口多，市场幅度大，产品需求量大，标准化生产的产品在某种意义上说具有一定的公共性。再者，标准化对中央集权国家来说也是容易实现的，而且它适合我国现阶段的经济状况和技术水平。至于标准化的美学思想，应该是“一个公认的标准，是比已综合进去的任何个别原型更为成熟更为肯定的范本，往往可以成为整个时期正式的共同标准”。

在社会没有许多有创造欲的艺术家之前，有一个综合各家优点的范型，更适于推广和批量生产。当然，包豪斯认为提倡标准化并不等于抹杀个性，“虽然每所房子和每所公寓都毫不含糊地会带上我们时代的印记。但它们还会像我们所穿的衣服那样，有足够的余地可供设计者个人发挥其创作个性”。他期望“最后结果应当是最大限度的标准化与最大限度的多样化的愉快协调的结合”。作为一个大的时代标志，需要大量有个性的东西来补充它、丰富它，这样才使我们的生活不会觉得单调、平庸。包豪斯对设计的要求是“形象上它不采取模仿何种风格样式，也不作装饰点缀，只是采取简洁和线条分明的设计，每一个局部都自然融合到综合的体积的整体中去。这样的美观效果是同样符合我们物质方面和心理方面的要求”。技术美学的研究就其本身就是要阐述对产品物质方面和心理方面需求的研究，我国的技术产品的设计同样也应注重这两个方面，只有符合这两个方面才能考虑到美学上的要求。技术和艺术的问题在技术设计中或者对技术美学来说，两者的关系总是一个敏感又难于处理的问题。

我国的工业设计目前仍然比较薄弱，基本问题是技术和艺术的结合型人才欠缺。培养此类人才成为当务之急，除此之外，还必须注重观念更新。必须打破工业设计就是“美化”产品的传统观念，而应该把整个工业制品视为现代形式或者机械形式的艺术品。技术美学研究也要努力做到“既精通实际操作和机械方面的辅助设计，又精通理论和形式创造方面的规律”。包豪斯思想还要求设计人员要有营利的思想，“懂得营利的目的，坚决要求最充分利用时间和生产设备，这是现代设计人员急需考虑的事。服从严酷的现实，这是对共同从事同一工作的工作之间最强有力的约束，这样就能迅速清除学院式的糊涂的唯美主义思想”。它的指导原则就是“认为有艺术性的设计工作，既不是脑力活动的事情，也不是物质活动的事情，而只不过是生活要素的必要组成部分”。生活的需求是设计的出发点，把它放在第一位，这样的设计才能在社会上有实际用途。再者，营利的思想迫使设计的产品要降低成本，减少繁琐的不必要的装饰，这样才能体现包豪斯提倡的简洁化的效果，但不能把营利的思想推向极端，对任何美学上的要求都予以排斥，只单纯考虑实用的目的。要为人类考虑，也就是说要为人类的舒适考虑，反对实利主义思想，而且再三强调设计是生活本身的组成部分，又是与生活不可分性、包罗万象和内在统一性的反映。重视产品的社会性同时，应该把美通过产品来充实我们的生活环境，使美永远处在人们的生活之中。不要以为靠标准化和简洁化的效果就能打动人，而还须采取一种激情和想象才能完成一件优美的工业设计品。包豪斯思想还要求设计具有时代意识，提倡“应该使学生们充分意识到自己所处的是怎样的时代，并应训练他们运用自己的天资和所学知识去设计各种模型，直接表现自己时代的这种思想意识”。他认为时代要求是美学革命的前提，然后才能从中领会工业设计的真正意义。

综上所述，包豪斯追求的就是艺术与技术的新统一。为此技术美学的研究首先应从我国现阶段的技术状况、社会文化水平和人们的传统消费心理、审美心理出发，对我国消费群对待工业设计的新标准的承受力有个客观的测估，这样才能逐步消除手工业制品的影响，才能引导人们向往合理生活环境、现代生活方式，使技术美学研究有着现实意义。其次，要明确设计的目的是为“人”而不是为“美化产品”，为此功能的需要放在首位，其次才是把时代美学特征和产品结构联系起来考虑。现阶段人们的需要就是时代的需要，这样才会使我们的技术美学有个明确的研究方向和强烈的现实感，使我们的产品设计成为时代的必然产物，体现着一种历史的客观必然性。再次，包豪斯另一重要思想也应引起我们设计人员的重视，那就是设计必须遵循自然与客观的法则进行，不能以单纯的奇、新、怪为设计的目的和标准，而是要“通过精心考虑限定某几种基本形式重复使用，而造成一种有变化的简洁效果”。呈现多样与单纯的统一，产品要有简洁性和标准化，这个基本思想在我国现阶段的工业设计中仍然是一个重要目标。简洁又实用是包豪斯时代的标志，也是我们时代的标志之一。

2. 美国建筑大师文丘里从符号学的角度探讨建筑的美

罗伯特·文丘里是世界著名的建筑师。1925 年，他出生于美国宾夕法尼亚州的费城，在普林斯顿大学获得文学学士学位，后获硕士学位，并赢得了美国建筑研究院的奖学金。20 世纪 50 年代后期，他创办了自己的建筑设计事务所。自 1964 年以来，文丘里与 John Rauch 一直是伙伴关系，1967 年他与 Denise Scott Brown 结婚，并开始其伙伴关系。作为一名成功的建筑师，他写了相当多的著作，并将建筑学中的复杂性和矛盾性深刻地描绘了出来。自他从拉斯维加斯学习回来以后，其创新思维影响了许多人，同时他还将其创造性的设计理念扩展到茶壶、咖啡壶、盘盏以及烛台等。

文丘里早期的工作受到路易·艾瑟铎·康和艾罗·萨里南的影响，同时也受到米开朗基罗、帕拉第奥、勒·科布西耶和阿尔瓦·阿尔托很大的影响。他说道：“在所有作品中，阿尔瓦·阿尔托的作品对我的启示最大。它最具动感、最有联系性，是学习艺术和技术最丰富的来源。”文丘里设计的建筑总是与社会、文化相关。他的创意灵感来源于所有的历史建筑和现有模式，因此他所设计的建筑既有个性，又与当地环境紧密相连。尽管他已经放弃了许多信仰，但他的作品还是被认为是后现代时期的一部分。

设计的时候，文丘里喜欢将简单而有美丽雕花的格式合并在一起，还经常在全面设计规划图中将讽刺和喜剧寓于其中，常以国际风格和流行艺术为指导，其作品还被当作设计平面的典范，这些模式常具有纪念性和装饰性。他以标记和符号为装饰，运用简单的几何图形，并将其融入他的设计中。他说道：“建筑学应该涉及建筑的社会和历史之间的关联。”文丘里引用密斯·凡德罗的名言“少就是多”，并形成自己的观点。“少就是多”并不是指为了一定的利益需要更多的装饰，而是在风格和形式上更为丰富，他针对他的这一观点，创作了《建筑的矛盾和复杂性》这本书来批判密斯·凡德罗的这一现代主义思想。

文丘里的创意经常被别人模仿，比如山形房屋的前壁常常由分离的部分和凹进的中心部分隔开。在他的设计中，他常常用大面积的窗户去扩大传统的半圆形窗户，这样的圆形窗在他设计的建筑中经常出现。

文丘里总在盛大的背景下将联系和同化合为一体，使他的建筑以一种和谐的方式与当地的环境相得益彰。他们不会因为已有的目的而忽视四周的环境，他这样说道：“我喜欢建筑中的复杂性和对立性，这建立在近代观点的模糊性和丰富度中，还包含在与艺术的联系之中。”

罗伯特·文丘里与他的同伴 Rauch 和 Scott Brown 都是建筑界的精英。1991 年，他获得了建筑界的大奖——普立兹克建筑奖。他的设计常常很抽象，并拥有历史的痕迹，但设计范围相当广泛，包括图书馆、住宅区、商务楼以及其他相关项目。

1.1.4 建筑美学的基本任务

建筑美学以如何按照美的规律从事建筑美的创造以及创作主体、客体、本体、受体之间的关系和交互作用为基本任务。

其具体内容是：建筑艺术的审美本质和审美特征；建筑艺术的审美创造与现实生活的关系；建筑艺术的发展历程和建筑观念、流派、风格的发展嬗变过程；建筑艺术的形式美法则；建筑艺术的创造规律和应具有的美学品格；建筑艺术的审美价值和功能；鉴赏建筑艺术的心理机制、过程、特点、意义、方法等。

1.2 建筑美学与其他美学的比较

➢1.2.1 建筑美学与门类美学

1. 门类美学

门类美家分为艺术文化美学、非艺术文化美学和其他美学。

(1)艺术文化美学包括建筑美学、绘画美学、音乐美学、文学美学、戏曲美学、舞蹈美学等。

(2)非艺术文化美学包括科学美学、技术美学、装饰美学等。

(3)其他美学，如服饰美学、居住美学、交际美学等。

2. 建筑美学

建筑美学不等同于建筑艺术。建筑艺术是建筑的形式美。建筑美学除包括形式美之外，还包括历史、文化，甚至与功能、技术等的关系。

建筑美学作为一个门类美学，研究内容包括两个方面：①在建筑史实中分析建筑的美之所在，从外国古代建筑、中国古代建筑和近现代建筑这三大建筑系统中来分析建筑的美。②通过建筑形式来分析，从形式的统一与变化、均衡与稳定、比例与尺度、节奏与韵律、层次与虚实等方面分析，即通过建筑艺术形式来分析。

➢1.2.2 建筑美学与绘画美学

建筑美学与绘画美学有三层关系：

(1)结构上的关系，即画面构图。构图的均衡、比例、节奏感、变化与统一、虚实与层次等，两者有共同的艺术追求。

(2)装饰性。如中国古代彩画、西方洛可可建筑室内绘画装饰。

(3)建筑画，即用绘画的形式来表现设计意图，即效果图。效果图，从绘画美学来说没有它的地位性。效果图除了技法外，没有“自我”，它的主题或思想都属于建筑。

➢1.2.3 建筑美学与音乐美学

“建筑是凝固的音乐。”——德国哲学家谢林

“音乐是流动的建筑。”——德国文学家歌德

建筑与音乐的联系，主要在表现方式上。

音乐有旋律、节奏、上行音、下行音等，建筑有比例、节奏、韵律等。

音乐是听觉语言，建筑是视觉语言。

梁思成，曾用北京的天宁寺塔的形式来比拟建筑的音乐性，而且还为它谱了曲子。

天宁寺塔是北京城区现存最古老的地上建筑。据著名建筑学家梁思成先生考证，天宁寺塔的建造年代为辽代大康九年(公元1083年)。天宁寺塔塔高57.8米，为八角十三层檐密檐

式实心砖塔。整体结构自下而上为:基座、平座、仰莲座、塔身、十三层塔檐、塔顶、宝珠、塔刹。基座呈八角形,分为上下两层。下层基座各面以短柱隔成6个壶门形龛,内雕狮头。上层略内收,每面为5个壶门形龛,内浮雕坐佛,上下层转角处均浮雕金刚力士像。仰莲座共3层,上承塔身,塔身四面设有半圆形券门,门两边雕有金刚力士、菩萨、云龙等,雕像造型生动、栩栩如生。十三层塔檐逐层收减,呈现出丰富有力的卷刹。整座塔造型俊美挺拔,雄伟壮丽,体现了辽代建筑艺术的高超水平。

1988年随着北京市西厢工程的竣工,天宁寺塔被修葺一新,并被公布为全国重点文物保护单位,成为京城的一道亮丽风景。

➢1.2.4 建筑美学与文学美学

建筑提供人们生活活动的空间,不仅满足着人们的物质性需求,更满足人们的精神需求,建筑给人以精神的、观念的影响,优秀的建筑也给人以美的享受。从这个意义来看,它与文学非常接近。

文学对建筑的描述,以及建筑对文学意境的追求,使两者共同语言更多。

文学名著如法国雨果《巴黎圣母院》,中国曹雪芹《红楼梦》大观园。

1.《巴黎圣母院》

巴黎圣母院是一座典型的哥特式教堂。它的建造全部采用石材,其特点是高耸挺拔,辉煌壮丽,整个建筑庄严和谐。雨果把《巴黎圣母院》比喻为"石头的交响乐"。站在塞纳河畔,远眺高高矗立的圣母院,巨大的门四周布满了雕像,一层接着一层,石像越往里层越小。所有的柱子都挺拔修长,与上部尖尖的拱券连成一气。中庭又窄又高又长。从外面仰望教堂,那高峻的形体加上顶部耸立的钟塔和尖塔,使人感到一种向蓝天升腾的雄姿。巴黎圣母院的主立面是世界上哥特式建筑中最美妙、最和谐的,水平与竖直的比例近乎黄金比1∶0.618,立柱和装饰带把立面分为9块小的黄金比矩形,十分和谐匀称。后世的许多基督教堂都模仿了它的样子。

圣母院平面呈横翼较短的十字形,坐东朝西,正面风格独特,结构严谨,看上去十分雄伟庄严。巴黎圣母院正面高69米,被三条横向装饰带划分三层:底层有3个桃形门洞,门上于中世纪完成的塑像和雕刻品大多被修整过。中央的拱门描述的是耶稣在天庭的"最后审判"。教堂最古老的雕像(1165—1175年)则位于右边拱门,描述的是圣安娜(St. Anne)的故事,以及大主教许里(Bishop Sully)为路易七世(Louis Ⅶ,于12世纪下令兴建圣母院)受洗的情形。左边是圣母门(Virgin'sportal),描绘圣母受难复活、被圣者和天使围绕的情形。

拱门上方为众王廊(Galerie des Rois),陈列旧约时期28位君王的雕像。这些雕像都是重建过的,原来的雕像在1793年法国大革命时被误认为是法国君王,于是被破坏拆除,到了1977年才被找到,现藏于克吕尼博物馆(Musee de Cluny)。后来,雕像又重新被复刻并放回原位。

"长廊"上面第二层两侧为两个巨大的石质中棂窗子,中间是彩色玻璃窗。装饰中又以彩色玻璃窗的设计最吸引人,有长有圆有长方,但以其中一个圆形为最,它的直径约10米,俗称"玫瑰玻璃窗"。这富丽堂皇的彩色玻璃刻画着一个个的圣经故事,以前的神职人员借由这些图像来做传道之用。中央供奉着圣母圣婴,两边立着天使的塑像。两侧立的是亚当和夏娃的塑像。第二次世界大战期间,巴黎人很怕德国人把它抢走,所以拆下来藏起来了。

第三层是一排细长的雕花拱形石栏杆。在这里的设计中,瓦雷里·勒·迪克充分发挥了自己的想象力:他在那些石栏杆上,塑造了一个由众多神魔精灵组成的虚幻世界,这些怪物面目神情怪异而冷峻,俯看脚下迷蒙的城市;还有一些精灵如鸟状,但又带着奇怪的翅膀,出现在教堂顶端的各个角落里。它们或在尖顶后面,或在栏杆边缘,若隐若现,它们这些石雕的小精灵们几百年来一直就这样静静地蹲在这里,思索它们脚下那群巴黎城里的人们的命运。

左右两侧顶上的就是塔楼,后来竣工,没有塔尖。其中一座塔楼悬挂着一口大钟,也就是《巴黎圣母院》一书中,卡西莫多敲打的那口大钟。主体部分平面呈十字形,像所有的哥特式建筑一样,两翼较短,中轴较长,中庭的上方有一个高达 90 米的尖塔。塔顶是一个细长的十字架,远望仿佛与天穹相接,据说,耶稣受刑时所用的十字架及其冠冕就在这个十字架下面的球内封存着。

圣母院后殿始建于 1370 年,它不但是整组建筑的终端,而且它本身还创造了一种影响到每一部位结构的动感,从高低脚拱到肋状构架,都体现了这种动感。高低脚拱半径达 15 米左右,别具一格的后殿建筑不愧为歌特建筑的杰出之作。

走进这座教堂里,四处可见虔诚的信徒双手交叉合拢抵住下巴,闭眼凝神虔诚地祈祷,更突显巴黎圣母院的庄重肃穆。如今的圣母院兼具宗教、艺术和旅游价值于一体,是巴黎必到之处,登上巴黎圣母院顶端可眺望整个巴黎,欣赏绝美的塞纳河。巴黎圣母院是对古老巴黎历史的承载。

2.《红楼梦》

《红楼梦》塑造出了中国古典园林的典型形象——大观园,它是红楼人物活动的舞台,也是曹雪芹总结当时江南园林和帝王苑囿创作出来的世外桃源。大观园的园林设计手法对于以后的园林建造产生了深远的影响。

大观园不同于一般的私家园林,它是为贵妃省亲而修建的行宫别墅。书中写道:“凡有重宇别院之家,可以驻跸关防之外,不妨启请内廷鸾舆人其私第,庶可略尽骨肉私情,天伦中之至性。”这句话就明确地点出了大观园建造的目的——是为贾妃省亲而修建的一处行宫。

《红楼梦》从第十六回就开始了大观园的建造,到第十七回建造完成。书中是这样详细描述的:“老爷们已经议定了,从东边一带,借着东府里花园起,转至北边,一共丈量准了,三里半大,可以盖造省亲别院了……正经是这个主意才省事,盖造也容易,若采置别处地方去,那更费事,且倒不成体统……如此两处又甚近,凑来一处,省得许多财力,纵亦不敷,所添亦有限。全亏一个老明公号山子野者,一一筹画起造。”(第十六回)“园内工程俱已告竣。”(第十七回)这几段文字详细地介绍了大观园的园址的大小、在贾府中的方位和建造过程。笔者认为大观园的建造是利用了现状园林院落进行的一项改造工程。这样做的妙处是省时、省力,又可以充分利用现状条件,因地制宜,巧妙构思,因此可以说大观园的选址、建造的构思是十分巧妙的。园林布局的四要素是建筑、山石、水体、植物,而大观园园林的设计也就是这四个要素的布局。

(1)大观园的建筑布局。

大观园中的建筑被一贯穿南北的中轴线分为东西两部分。中轴线上一路从南到北是正园门、翠嶂大假山、沁芳亭桥、玉石牌坊、省亲别墅;这条轴线的东半区从南到北有怡红院、嘉荫堂等祭月赏月建筑群、佛寺道院建筑群(含栊翠庵)、沁芳闸桥等;这条轴线的西半区是红楼诸钗的居住区,从南到北有潇湘馆、紫菱洲(缀锦楼)、秋爽斋、稻香村、暖香坞、蘅芜苑、植物园景区(含红香圃、榆荫堂),其中滴翠亭在潇湘馆附近,藕香榭在暖香坞蓼风轩附近,芦雪庵与藕香榭相通。大观园正园门附近还有花厅(议事厅)和茶房。而其中最重要的一点是大观园西侧诸钗的院落实际上是沿河(即沁芳溪)布置的,园中几个重要的景点也是沿河而设,而跨河的交通联系是桥。大观园中的桥的种类并不多,其中最著名的就要数沁芳亭桥了。这座桥位于交通要道上,宝黛互往,均要经过这座桥。沁芳亭桥是一座亭桥,即桥上建亭。此外在蘅芜苑附近有一座折带朱栏板桥,这是一座平板折桥。大观园的东北角还有一座大桥,即沁芳闸桥,桥下有水闸,位于全园水源口处,提高进门处设的影壁,挡住入者的视线,增加入口处的空间层次。在从怡红院到蘅芜苑,到稻香村的路径上,有一座桥名为"蜂腰桥"。从怡红院到潇湘馆的路上,有一桥名"翠烟桥",形式不详,还有的建筑本身也带有桥,如藕香榭有竹桥暗接,滴翠亭有曲桥相连。由此可见,大观园中的建筑形式繁多,布局错综复杂。"大观园的一切池、台、馆、泉、石、林、塘,皆以沁芳溪为大脉络而盘旋布置。"周汝昌先生的这段话点出了大观园建筑布局的关键和灵魂。

(2)大观园的山。

书中对于大观园山石的描述不难发现大观园中的山系分为两大类:一类是用岩石堆成的山,即石山;另一类是土山。这种石假山园中有两座。一座是位于园正门口北的众所周知的"翠嶂",这是一座用白石堆起来的大假山,其主要作用有如四合院一萝港石洞;另一座是由怪石堆起来的大假山石洞,此石洞是水洞,"沁芳溪"穿洞而过,洞可过船。这两座石山上均长满了爬山虎之类的藤类植物。另一大类就是土山,即堆土而成的丘陵。这些山主要集中在园的北部,其所分之脉由东西两侧向南延伸到园的各处。这些山中有位于"省亲别墅"北的大主山,所分之脉向西穿蘅芜苑的院墙,其中怡红院后有山,稻香村旁有山,还有一组赏月建筑"凸碧山庄"就建在一座小山的山脊之上。

(3)大观园的水。

大观园的水系实际上是比较简单的,从第十七回贾珍的叙述中已经点明。贾珍的原话是:"原从那闸起流至那洞口,从东北山坳里引到那村庄里,又开一道岔口,引到西南上,共总流到这里,仍旧合在一处,从那墙下出去。"这段话可以解为大观园的水源头是从会芳园的北拐角墙下引来一股活水,引到大观园东北角的沁芳闸桥处,通过闸口提高水位,然后水再从东北向西流,流过萝港石洞,再流到稻香村,在稻香村处分出一股水流,这股支流流到西南方向。最后主流与支流在怡红院的后院处汇合成一股水流,从怡红院附近的大观园院墙处流出去,这就是大观园水系的总体情况。《红楼梦》前八十回并未见有中心大湖式的水系布置,所见只有"清溪""河""池"等语,可知大观园中并没有巨大的水面,只有小小的河流经过。河流在流经过程中,河面时宽时窄,形成不同的水池。园中建筑不少是依河临池而建,如紫菱洲、秋爽斋临水而建,滴翠亭、藕香榭建在水池中等不一而足。

(4)大观园的植物配置。

大观园中的植物配置的一个显著的特点是因人设置、因景设置,以不同的植物烘托人物的性格,塑造环境,烘托气氛。例如以大观园中主要的三个著名的院落为例来分析:怡红院是大观园内最雍容华贵、富丽堂皇的院落。院内外的植物配置从书上可知,院外有碧桃花、蔷薇花、宝相花、玫瑰花、垂柳等,院内有一株海棠花树,有芭蕉、松树。因此怡红院总的色调是以红色为主的暖调子,衬以绿色,色彩鲜艳明快,富丽清新,很好地烘托出贾宝玉的性格特征。潇湘馆是《红楼梦》另一主人公林黛玉的住所。院中最著名的就是竹子了,因此潇湘馆以翠竹为主,后院还有梨树和芭蕉,色调是绿白的冷调子。这样的植物配置体现出林黛玉孤洁的性格特点。竹是潇湘馆的标志,也是林黛玉品格的象征。在这里,馆的形象、人的形象、竹的形象融为一体。蘅芜苑是贾宝玉的姨表姐薛宝钗的住所。院中一株花木全无,配上各色香草。香草虽不艳丽,但有沁人心脾的芳香,这种表面无华而暗香浮动的植物配置,很好地衬托出薛宝钗朴素大方的外表,而其周身却散发着动人的人格魅力。由此可见,大观园中的植物配置真正体现了中国园林设计中植物配置的基本原则。

中国的古典建筑从个体建筑、建筑组群到城市规划,都创作出了许多优秀的作品,成为人类建筑宝库中的一份珍贵的遗产。《红楼梦》是一部享誉世界的中国古典文学名著,书中的贾府是中国古典建筑规划布局的集中体现,它集中地体现了中国古典建筑府邸的规划布局原则和园林设计的高超手法。尤其是那个令人叹为观止、耐人追寻的人间仙境"大观园"更是激起人们探究的巨大兴趣。它鬼斧神工,逼真如画,虽不是某个具体的古典园林,但"梦"中的"园"却比现实中的任何一座园林更典雅、更美妙、更理想。

3.《荷马史诗》

古希腊《荷马史诗》承载了爱琴文明时期历史与建筑,以及米诺斯与迈锡尼建筑,是希腊文明与西方文化的摇篮。

荷马,相传为古希腊的游吟诗人,生于小亚细亚,失明,创作了史诗《伊利亚特》和《奥德赛》,两者统称《荷马史诗》。目前没有确切证据证明荷马的存在,所以也有人认为他是传说中被构造出来的人物。而关于《荷马史诗》,大多数学者认为是当时经过几个世纪口头流传的诗作的结晶。

《荷马史诗》写的是公元前 12 世纪希腊攻打特洛伊城以及战后的故事。史诗的形成和记录,几乎经历了奴隶制形成的全过程。特洛伊战争结束后,在小亚细亚一带就有许多歌颂战争英雄的短歌流传,这些短歌的流传过程中,又同神的故事融合在一起,增强了这次战争英雄人物的神话色彩。经过荷马的整理,至公元前 8 世纪和前 7 世纪,逐渐定型成为一部宏大的战争传说,在公元前 6 世纪的时候才正式以文字的形式记录下来。到公元前 3 世纪和前 2 世纪,又经亚历山大里亚学者编订,各部为 24 卷。这部书的形成经历了几个世纪,掺杂了各个时代的历史因素,可以看成是古代希腊人的全民性创作。

1.2.5 建筑美学与语言学的关系

近现代语言学的兴起,使建筑与文学有了更多的共同内涵。后现代建筑的最重要性质就是讲究语言,把建筑作为一个语言对象来看待。把建筑的各个部件作为词汇和句子来看待,本着某种主题思想和结构系统组合成一篇"文章"。

解构主义源自语言学,把原来结构主义的严密系统解开,再进行组合,甚至反传统反到更深层,企图否定整个西方文化。这种文学理论更带有哲学性,所以当然也更影响到其他文化艺术门类。

第2章 建筑美学法则

2.1 造型

2.1.1 立面形象

1. 几何分析法

几何分析法是用简单的几何图形分析或控制建筑形象，使它符合形态逻辑性。如使用正方形、长方形、正三角形、等腰三角形、圆、圆弧曲线等，以及这些图形内部划分有规律的线条，使得造型好看，轮廓匀称，比例得当(见图 2-1)。

图 2-1 西格拉姆大厦底部柱廊(密斯)

如柱廊，整体为矩形，内部柱间也为矩形，廊的整体长高比例与柱间高宽比例一致，使整体形象看起来有序与和谐(见图 2-2)。

图 2-2 萨伏伊别墅底部柱廊(柯布西耶)

古希腊哲学家亚里士多德说过:“和谐就是美。”

古希腊建筑美在和谐,几何关系明确,逻辑性强。如图 2-3 所示为帕提农神庙。

图 2-3 帕提农神庙

中国古代北京天坛祈年殿(见图 2-4),从建筑的顶点到三层屋檐边缘,四点连起来是一条圆弧曲线,而且左边圆弧线的圆心正好是右边圆弧线与地面的交点。右边与左边对称。

图 2-4 中国北京天坛祈年殿

上海大剧院，从立面几何分析，运用两个三角形，下部是正三角形，上面是倒置等腰直角三角形，建筑形象舒展(见图 2-5)。

图 2-5 中国上海大剧院

2. 数学比例

黄金分割比 1∶1.618 或 0.618∶1，是古希腊哲学家毕达哥拉斯所提出，后来广泛运用于建筑、绘画、音乐等领域。

巴黎圣母院，为纵横三段式构图，即钟塔、中间玫瑰窗、尖券形窗。正立面采用黄金分割比，8 个小矩形合成一个大矩形，矩形比例均为黄金比（见图 2-6）。

图 2-6　巴黎圣母院

巴黎卢浮宫东廊，纵横为三段式构图，纵向由上往下三段高度比例为 1∶3∶2（见图 2-7）。

图 2-7　巴黎卢浮宫

2.1.2　立体形象

1. 几何形体统一

芝加哥西尔斯大厦，由 9 个方柱筒组成：2 个高 110 层，3 个高 90 层，2 个高 66 层，2 个高 50 层，高低错落，形态生动（见图 2-8）。

中国香港中银大厦，由 4 个直角等腰三角形筒合成一个大正方形筒，用不同的三角柱筒组成富有变化的造型(见图 2-9)。

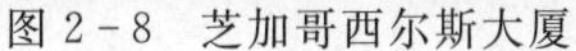

图 2-8 芝加哥西尔斯大厦

图 2-9 中国香港中银大厦

澳大利亚悉尼歌剧院，由三座建筑物组成(歌剧院、音乐厅、餐厅)，形成 10 片帆形屋顶，在立体组合上统一而具有和谐美感(见图 2-10)。

图 2-10 澳大利亚悉尼歌剧院

加拿大蒙特利尔 67 号住宅，试图让人们在人口稠密的区域享受到舒适的环境，每户都有户外场地，能享受到新鲜空气和充足的阳光，加之庭前绿化，犹如置身大自然之中，情趣无穷(见图 2-11)。

2. 类型学分析法

建筑设计方法“类型学”理论，即从数学中的拓扑学变化而来，研究母题在变化的情况下保持不变的性质，由此可以将不同形体进行分类，使作品在造型上做到同一类型。如一母题是正方形，从这个形体出发，可以变长、变高、变扁、变大、变小、变虚、变实等。

不同形体变化的法则都是一样的，如大小、宽窄、高低、厚薄、虚实、位置、方向、色彩、质地

图 2-11　加拿大蒙特利尔 67 号住宅

等。只要把握住这个手法，就可以控制建筑造型。

俄罗斯圣瓦西里升天大教堂，造型别致，由 9 个形状、高低和大小都不相同的圆尖顶组成。平面形状是由 8 个小顶围绕 1 个大顶的大厅组成，并有 1 个大平台把它们联合成整体，形成集中式的、中心对称式的形状(见图 2-12)。

图 2-12　俄罗斯圣瓦西里升天大教堂

2.1.3　建筑的轮廓线

1. 外形轮廓，控制形态

哥特式建筑形象，把原来建筑形象上的许多东西都简化了，只留下外轮廓，如音乐般的抽象的美学效果。

2. **建筑轮廓线与音乐**

19 世纪德国哲学家谢林说过："建筑是凝固的音乐。"

俄罗斯作曲家、指挥家斯特拉文斯基说过："我们在音乐里所得到的感受，和我们在凝视建筑形式的相互作用时所得到的感受是完全相同的。"

建筑与音乐都是抽象的，是一种"感"，音乐是时间的，是听觉的；建筑是空间的，是视觉的。

音乐的"上行音型"，音高由低向高发展变化；建筑的"上行"，轮廓线构成向上抛，形象庄重向上，如图 2－13 所示的埃菲尔铁塔。

音乐的"下行音型"，音高由高向低发展，情感深沉、遁世；建筑的"下行"，轮廓线自上而下形成反凹的抛物线，如图 2－14 所示的大理崇圣寺千寻塔。

图 2－13　埃菲尔铁塔

图 2－14　大理崇圣寺千寻塔

2.1.4　天际线和建筑群的轮廓线

天际线是指建筑物上部与天空交界的轮廓线。

上海外滩天际线使建筑物形象高低错落、疏密有序，形式上变化较多，但风格上较为统一（见图 2－15）。

图 2－15　上海外滩

2.2 比例与尺度

➢2.2.1 建筑形象的比例

建筑的立面比例，往往通过虚与实、高与低、不同的材质或色彩来区分与设计。

纽约利华大厦(1952，SOM)1983年被批准为保护文物，是现代主义建筑“方盒子”的代表作，其外墙全为玻璃制作(见图2－16)。

图2－16　纽约利华大厦

利华大厦造型比例恰当：一是高层建筑正面的高和宽之比，构成一个近似黄金分割比的竖向长方形；二是长方形的顶部与底部高度，与中间主体部分，高度有明显的大小差别，主次明确，如图2－17所示。

图2－17　纽约利华大厦

➢2.2.2　建筑形象的尺度

建筑尺度不是尺寸，而是一种标准，如大小与高低等。

建筑的尺度有两层意思：一是指建筑形象在心目中应当具有的大小概念；二是指建筑供人应用，与人相比应有的合适的大小与样式的概念。

“两套尺度”的手法，其目的是使建筑的整体尺度合乎逻辑，但又不失人与建筑的近距离尺度的舒适感。

意大利维琴察巴西利卡外围柱廊高10.4米，高大、庄严。但在室内，两层回廊，下层高6米，上层高4米，符合人的活动尺度（见图2-18）。

图2-18　意大利维琴察巴西利卡

➢2.2.3　建筑尺度与视觉原理

视觉形象，即建筑的大小，以及与所见者的距离，还有两者的总体感觉。

中国历史博物馆，外观两层，会让人误认为其充其量高10米，但其实为30余米高（见图2-19）。

图2-19　中国历史博物馆

2.2.4 建筑中的视错觉

视错觉艺术与建筑设计在日常生活中所占有的地位正变得日益重要，受过教育而又爱好探究的人们对此已有认识。艺术欣赏的传统教学方法主要立足于历史，而现代的建筑设计理论则首先着眼于视错觉。

1. 线条与表现

“应该看到，直线只有长度上的变化，因而装饰性最少，而曲线则既有弯曲程度上的变化，又有长度上的变化，因而就有装饰性。直线与曲线相结合，谓之复合线条，其变化比单纯的曲线多，因而一般都或多或少地具有装饰性。波纹线，由于系由两相对比的曲线组成，变化更多，所以更有装饰性，更为悦目，所以有被称之为美的线条。至于蛇形线，由于能同时以不同的方式起伏和迂回，会以令人愉快的方式使人的注意力随着它的连续变化而移动，所以有被称之为优雅的线条。”

通过对线条“历史”的研究，可以显示视错觉与建筑设计中不断改变着的形式观。埃及视错觉艺术(约公元前 4000 年起)无疑是线条艺术，在绘画和浅浮雕的艺术风格的处理中，甚至在建筑的表面处理中，也是没有立体感的。在埃及视错觉艺术中，只有严谨的造型“深度”。金字塔有着无立体感的直线表面，而外部形式纯属线条艺术象征主义的方尖碑外面则布满了同样是线条性质的象形文字。在早期的基督教艺术中，建筑形式同样也是简单而线条富于变化的。风靡整个欧洲地区的罗马艺术的各个流派都得到了发展。对安全的渴望似乎都表现在防护城堡的围墙上和沉重的教堂大门上了，而这些又往往是一幅荒寂的风景画(就如在奥弗涅中央高原上一样)的唯一标志。在这些教堂的大门上，为了产生厚重的体积感，采用了反复的线条。罗马式拱门的半圆形线条基本上被保留了下来，直到中世纪时期，拱门的线条才变成了尖角形，以有可能结成更为矫饰的拱顶。中世纪哥特式的线条当然是陡直而又细长的，象征着追求天国的人们的信仰，在 12—16 世纪大约四个世纪里，这种风格将遍布整个北欧。视错觉艺术家和建筑设计师们每天都在发现线条表达方式的新的风格。

2. 创造性的光与色

光是宇宙中的一个要素。只是由于光的存在，我们才能够看见并意识色彩。很难确切解释色彩感受是如何作用的。当我们的感官受到了刺激时，我们便能够看见了——当白光被分解成各种不同的光到达我们的眼睛时，便发生了这一切。

在建筑设计中，将光和色彩与形式结合起来的能力往往是关键。暖色与冷色往往是通过光来加以“结合”的。

在建筑设计中，形式的含义——尺寸、形式和材料——多半得到了意识的强调，并以逻辑思维进行了计划，色彩则也许在较多情况下是在无意识中运用的，是通过直觉这种色彩感来使用的。在现代建筑中，完全是由现代绘画所发现的平面对色彩节奏的产生也具有极大的重要性。格罗佩斯、里特维尔德、凡·杜斯堡、梅斯·凡·得尔和柯布西耶这些建筑艺术家，将纯色彩的平面糅合到建筑的节奏与结构中去，既有和谐的效果，又能给人以新奇感。

“色彩结合”不仅仅是一种约定俗成，而且也是一个习惯问题，正如在建筑领域所看到的不断变化着的色彩结合那样，并且往往是一个急剧产生的习惯问题——认为“蓝色和绿色不应入目”的这种观念在今天看来几乎是没有根据的。而柯布西耶在后期立体主义时期将褐色与蓝色结合起来的革命现在也完全为建筑设计所接受了。

光与色的透明效果在许多领域中为视错觉艺术家和建筑师所探索，如用于建筑物上窗户的布局，或用于显露某种气氛的远景等。

3. **结构、表面、质感**

有的建筑结构会给人以速度感，有的建筑结构富有表现力，唤起强烈的情感，例如，站在埃菲尔铁塔下，站在一幢巨大的现代化大楼或建筑物或脚手架下，便会有这种体会。大自然揭示了成长中事物的质感，是建筑师把质感结合到了结构中去。柯布西耶在拉托尔提建造的修道院是质感最好地运用，或者确切地说是留下大自然"烙印"的质感的优秀典范，这里的质感，也就是用斜撑制作在混凝土墙面上的木纹。建筑结构的特性是以一种特殊的方式为人类提供避身之处的建筑表达。折衷主义建筑流派的建筑与其立面过分有关，并往往忽视了内部的组合，偶尔还"留下"了形状古怪的空间——而优秀的现代建筑则依赖于实用的结构，这些建筑的内部应该同外部一样从美学的角度受欢迎。蜂窝是动物"建筑"的一个范例，但其结构从无变化，从不愿意接受选择。创造自己的环境是人类的特权。

"视错觉质感"这一术语最好的描述，也许就是我们所能看到的质感，这种视错觉质感吸引我们亲手触摸，或至少同我们的眼睛很"亲近"，或者换而言之，通过质感产生一种视错觉上的感觉。其实，这同样适用于一件雕塑、建筑作品，适用于室内装饰设计、家具、陶瓷、一件工业设计的作品，当然，这是用于凡有质感出现的任何场合。

4. **视错觉与节奏**

对节奏、空间、深度和体积的感受虽然并不需要什么特殊的才能，但通过注意那些专门从事环境、产品外形和美术造型的创作者的作品来分析这些方面，却还是有用的。尤其是多少以视错觉艺术之源自居的建筑——所有其他艺术理应以此为基础，或与之有关——使我们能直接地理解、感受及体验到节奏和空间。建筑的本质虽然是实用的，但空间的安排必须既考虑实用方面，也能满足情感上的要求。因而，有关建筑风格方面的知识应该与视错觉观点结合起来，才能领会建筑中的以令人快慰的关系，完美地构成的空间的含义，这种关系有时是显而易见的，有时是隐秘的或不显眼的，有时或者是有待去发现的——其中充满了力量和紧张，如图2-20至图2-22所示。

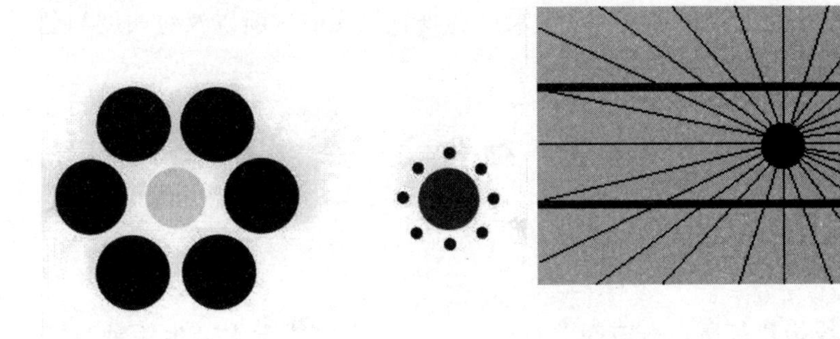

图2-20 点、线视错觉

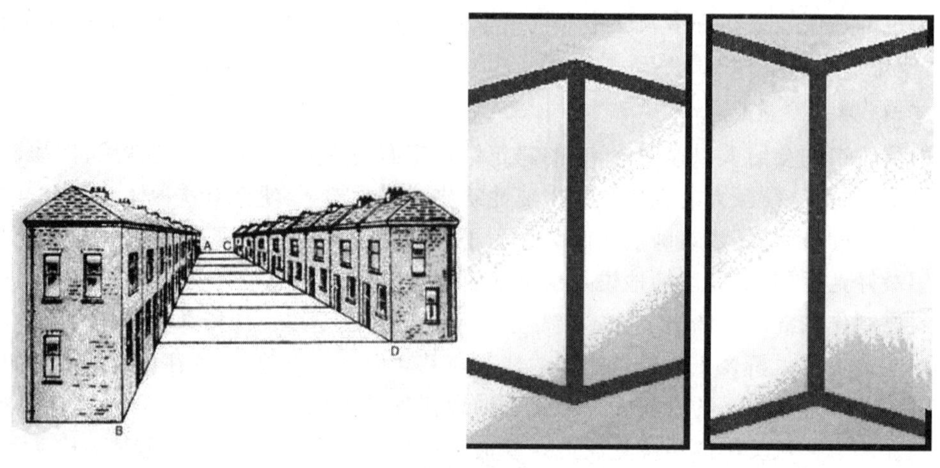

图 2-21　线视错觉

图 2-22　色彩视错觉

如对形体的大小的判断、视距的判断、水平尺度和垂直尺度的判断以及对明度和色彩的判断等，都有视错觉。

2.3　轴线

2.3.1　轴线的性质

在建筑布局上，轴线指建筑所占有空间关系的“线”。在人的感觉上产生一种“看不见”而又“感觉到”的轴向，如图 2-23 所示为故宫轴线。

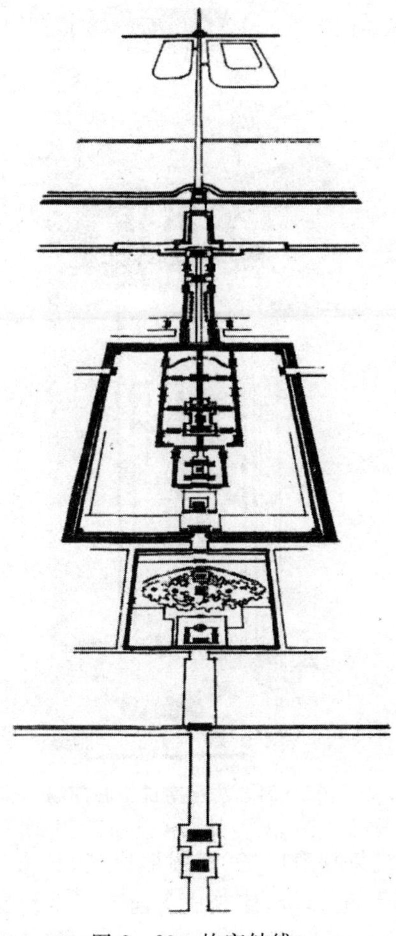

图 2-23 故宫轴线

2.3.2 轴线的类型

轴线分为对称轴线与非对称轴线。

1. 对称轴线

(1)对称轴线的基本特征:庄重、雄伟,但缺乏情趣。

(2)对称轴线的基本手法:空间及建筑物体左右对称,限定出中轴线。

(3)对称轴线的性质:限定物(即形成对称轴线的建筑或其他物体)的对称性越强,轴向性越强;限定物的自对称性越强,主轴向性(两个相同形象的限定物所形成总轴)越弱。

法国南锡中心广场,中轴线左右分布几组对称建筑物,强调中轴线,而且富有变化、节奏、虚实感(见图 2-24)。

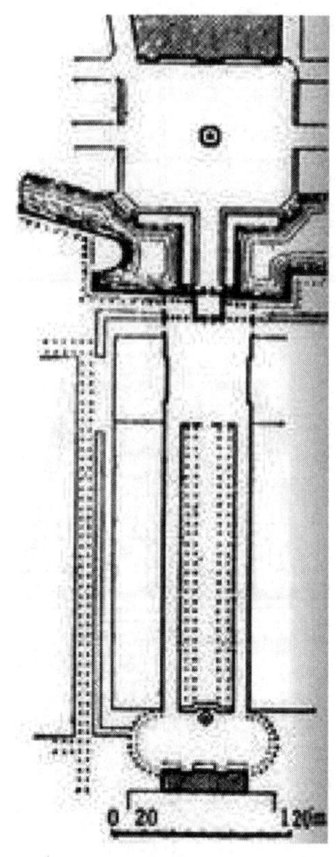

图2－24　法国南锡中心广场

罗马圣彼得大教堂，中轴线将梯形广场、椭圆形广场、长方形广场串联起来。强烈的中轴线、高大的穹窿顶，以及对称宏大的体量，使其成为西方天主教的中心教堂（见图 2－25）。

图 2－25　罗马圣彼得大教堂广场

沈阳故宫，有三条中轴线，分别是东路、中路、西路（见图 2－26）。

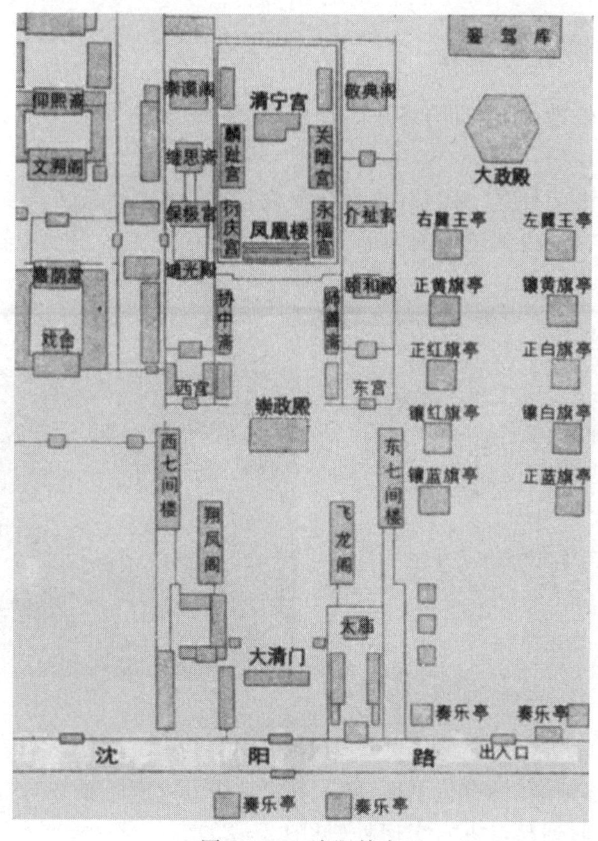

图 2-26 沈阳故宫

2. 非对称轴线

非对称轴线，指局部对称的建筑的中轴线。现代建筑由于功能的原因（而非古代以注重形式为主），在建筑总体上多做成不对称。建筑扩大为建筑群与街道等，轴线往往不对称。古代园林中此种情况较多。

非对称轴线的基本特征：一是具有情趣性，轻松愉快，自由自在。二是带有指向性，如园林中道路、漏窗、游廊等（见图 2-27）。

图 2-27 非对称园路

2.3.2 轴线的转折与终止

建筑轴线的流动处理，即转折与终止。转折，有弧线形、直角转弯形。终止，如尽端式浮雕墙便采用此种处理。

中国传统民居的大门外立一照壁，表示此为住宅的中轴线（起点）。同时从街道来看，也是轴线的转折处理。街道轴线到住宅前因照壁而转折，转向住宅大门及中轴线（见图 2-28）。

图 2-28 院落的流线转折

园林轴线（非对称轴线，具有指引性）较复杂。如留园，道路轴线，也即游览线路。顺其自然，游览一圈，发现又回到起点古木交柯处（见图 2-29）。

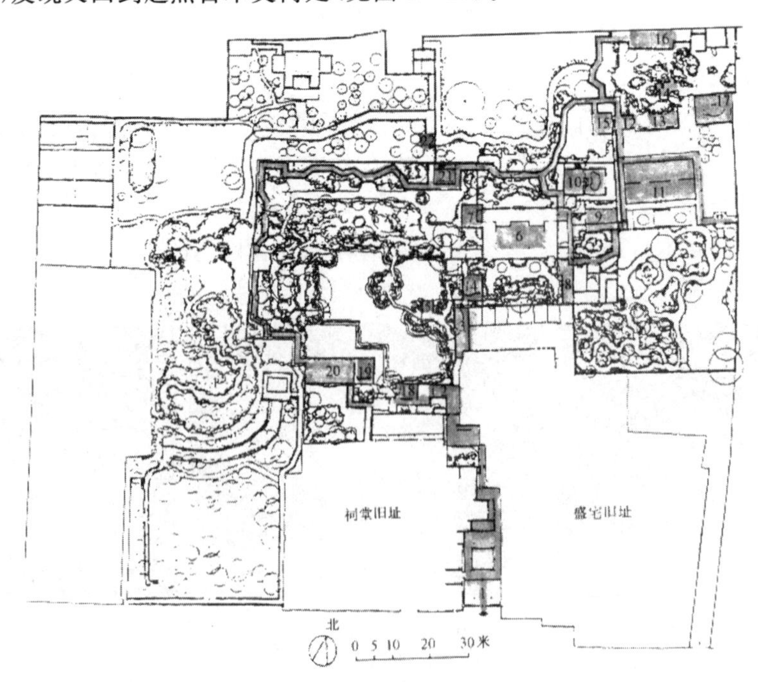

图 2-29 留园平面图

2.4 虚实与层次

2.4.1 建筑的虚实

1. 艺术中的虚与实

在西洋画里，强调虚实关系，如肖像画，脸部要细画实描，服饰要加以简化、概括，背景则画得更虚。

文学作品中用大段风景描写抒发某种感情也是虚实关系的表现。

2. 建筑的虚与实

《老子》："凿户牖以为室，当其无，有室之用，故，有之以为利，无之以为用。"凿门窗筑成房屋，在它空无处，有房屋的用途。无是"功能空间"。所以，"有"使万物产生效果，"无"使"有"发挥作用。这就是建筑的虚和实。建筑的"虚"就是空，"实"就是有物。建筑形象虚与实的手法直接影响到建筑的美。

3. 建筑的虚实的深层次文化、哲理内涵

典型的中国传统坐北朝南建筑。朝南是最理想的朝向，"七世修来朝南屋"就是这种心愿的具体写照。

平面图中，南北向为柱、门、窗等，均是通透性的，基本是"虚"的面，东西向则为"实"的面，用实墙，若是开窗，也只开小窗，保持其"实"的面。这就是中国传统文化的表述。所以在汉语里，"物体"叫"东西"，即东和西是"实""有"，南和北是"虚""无"。

中国传统五行说，其中金和木对应西和东，是"有"(物质的)，是实；水和火对应北和南，是"无"，是液体和气体，是虚。五行的土在中间，是人存在之地。

2.4.2 建筑群的虚实

1. 建筑群的虚实

建筑群的虚实，两者是辩证关系，虚即是实，实即是虚。现代西方格式塔心理学，认为虚与实是互补的。

在建造建筑"实"的部分的同时也考虑到建筑所围绕起来的"虚"的空间。

2. 中国园林建筑格式塔效果

苏州网师园建筑实与空一正一反(见图 2－30)。

建筑群的布置，切忌等距离平铺直叙，否则不但在造型上显得平板无生气，而且也影响实用功能。

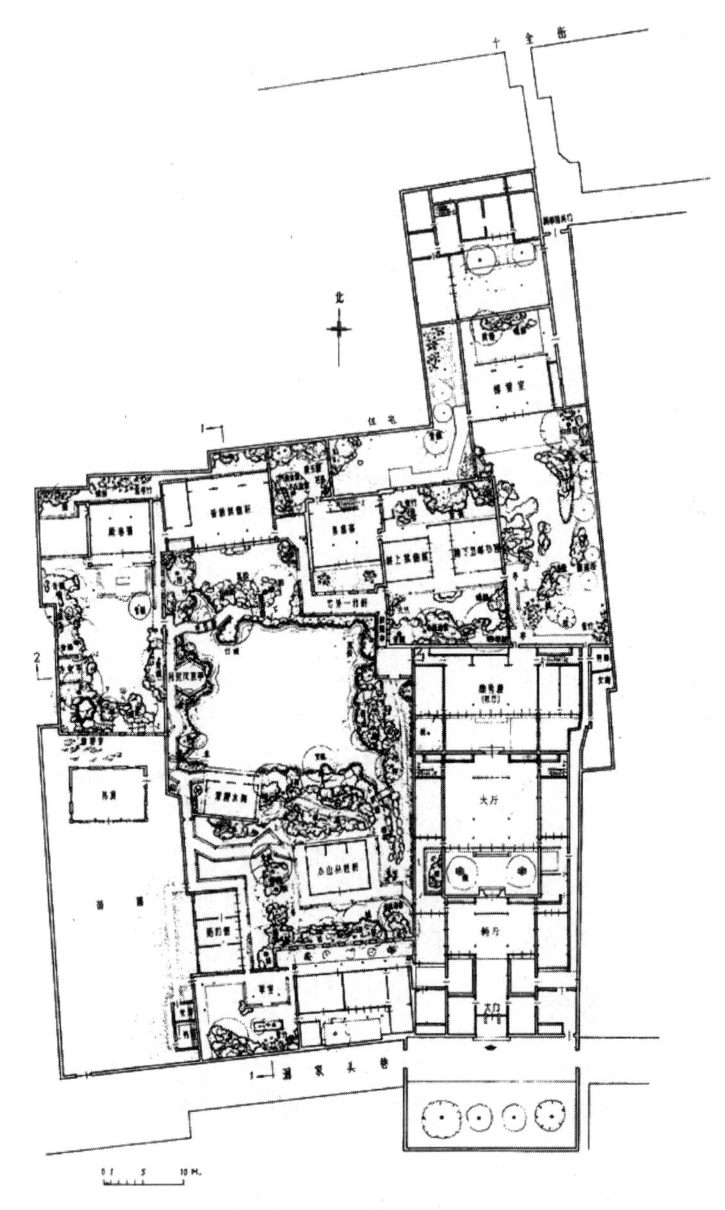

图 2－30　网师园

➢2.4.3　建筑的视觉层次

1. *层次*

层次是许多艺术的一个共同形式美法则。

小说人物的层次。如梁山 108 将不是平铺直叙，而是有层次的，有的主要，多用笔墨，有的次要。

绘画上，层次很重要，没有层次的画，缺乏深度感，缺乏艺术情趣。前景遮住后景，层层推出。前景与后景的交接处即为虚实关系。如图 2－31 所示的山水画。

北宋欧阳修《蝶恋花》："庭院深深深几许，杨柳堆烟，帘幕无重数。"是词的层次，更是景的层次,园林的层次。

图 2-31 山水画

2. 建筑的层次

建筑有层次,空间就有变化,就有情趣。

建筑的层次分两大类:一类是视觉层次,即一眼可以看见空间的层次。如绘画、《蝶恋花》所描绘的场景。另一类是非视觉层次,如小说里的人物。建筑的非视觉层次,如展览、陈列空间,分成一间间的陈列室,视觉不能一下子看到所有的空间层次。

3. 室内空间视觉层次手法

在室内空间视觉层次手法中,只有一个空间的房间,称为“原”空间。如果利用两边墙上伸出一点墙,就形成了两个空间的感觉;如有的房间墙上有壁柱,可利用这些壁柱使空间分层;或是用不同的地面材料分出不同的空间层次;或地面本身就有高低差,也可分层;或是利用不同高度的吊顶分层,或空间本身就是不一样高的,那么高和低的空间就是不同层次;或是利用家具布置分出空间层次,如桌子、矮柜等。

4. 园林视觉空间层次

园林之景,贵在层次。

对景,此景看彼景是景,彼景看此景也是景。对景的视距若太近,则相互欣赏的两景会别扭,在园林上称为“硬对景”,是犯忌。

借景,此景看彼景是景,彼景看此景一般是看不到的。如无锡寄畅园借锡山龙光塔为借景,但在锡山上看不到寄畅园。

苏州怡园平面,池水用曲桥分隔,使池水分成两半,景也分成两半(见图 2-32)。

图 2-32　曲桥

园林里的廊，自身是景，同时也起到分景的作用(见图 2-33)。

图 2-33　连廊

5. 现代建筑中视觉层次的运用

广州白云宾馆，入口大厅景观小院就运用了视觉层次。小院用大片玻璃上隔，视线可透。一眼望去，院中廊、桥、水池、山石、树木等十分自然。南北两廊用一小平桥相连，不仅解决了交通，更重要的是把水池一隔为二，增加了池的层次。同时桥所分隔水池是有大有小的，小池正，大池曲折多变，而且配有山石与树木，十分动人(见图 2-34)。

图 2-34 广州白云宾馆

2.4.4 建筑的非视觉层次

建筑的非视觉层次，指的是建筑空间的层次不是直觉的，而是意象的，不是一眼就见到的，而是要依靠记忆的。

非视觉层次也可称多视场层次（视觉层次也可称单视场层次）。从心理学来说，人对这一组空间的层次感受，是以记忆的形象为主，再辅以逻辑思维而获得的。

建筑的多视场层次，一定要让每个空间都有强烈的个性，并被清晰地记住。有些空间只需记住流线、顺序，形象不甚重要。

对于建筑，特别是风景园林空间，这种设计手法值得重视。

建筑的非视觉层次并非都是序列式的。有的非视觉层次空间中，有好多视觉空间，但相互并不连续。

非视觉空间在建筑设计中较视觉层次多。但建筑美学往往是一种手段，其目的在功能，特别是现代建筑。因此不能为层次而层次，否则就成了形式主义。

2.5 建筑形象的起止和交接

2.5.1 建筑形象的“收头”

1. **建筑形象的收头**

建筑形象的起止和交接，又称“收头”。

收头，一个形象的边缘处，起始或终止，或者两个形象的交接，对这些部分的处理，使建筑有比较完美的交代，就是收头。

收头在建筑中是很重要的。有的建筑师认为，建筑的细部设计主要是收头处理。看一个建筑师的设计水平，就是看他的收头功夫如何。

建筑中的收头处理地方很多，如外立面上的遮阳板、屋顶与墙面的交接，墙面的不同材料的转换与建筑的转角处理等。

特别是室内设计，由于形象的视距近，视时间长，更要注意这些细部的关键部位。

2. 中国传统建筑的屋顶收头

(1)屋檐处遮檐板。

椽子的端部露在外面，就要进行收头处理。处理方法是靠一块封板解决。封板又称檐口板或遮檐板，设在挑檐端部椽子头上，是一条通长的木条板。一般用钉子固定在椽子头上，其宽度按建筑的形象比例来确定(见图 2－35)。

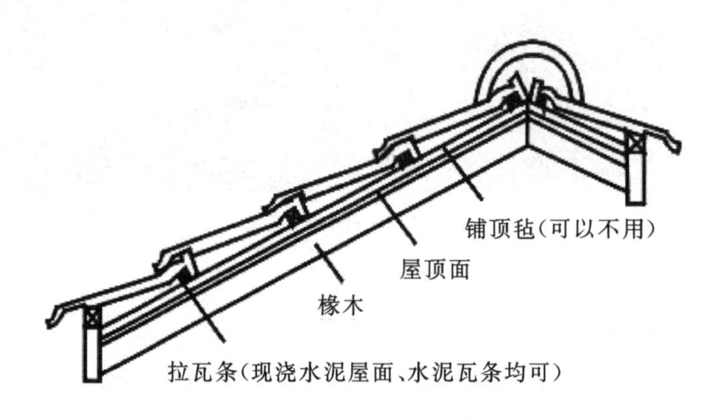

图 2－35　遮檐板

(2)博风板。

悬山和歇山屋顶，为了保护挑出山墙外的桁条端部，沿屋面坡度而钉在桁条端头上的板称为博风板，又称博缝板(见图 2－36)。

清式做法是板宽为二倍的桁条直径，厚为三分之一的桁条直径。钉头用金色半圆球形装饰物，作梅花形组合，富有装饰性。宋式悬山建筑在山墙顶端还要做装饰，如悬鱼与惹草等，以示吉祥如意。

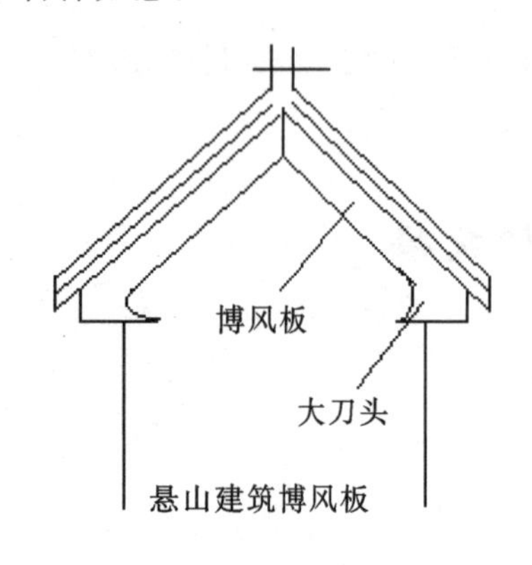

图 2－36　博风板

2.5.2　阴角与阳角

1.阴角与阳角

两个面交接,凹进的叫阴角,凸出的叫阳角。如楼梯踏步,踏步面(水平面)与垂直的踢板面构成两种角:踏步面与向下的踢板所交的叫阳角,与向上的踢板面所交的叫阴角。

阴角与阳角设计的基本规律:凡是阴角,构成阴角的两个面可以是同一种材料和颜色,也可以是不同的材料和颜色。凡是阳角,此两个面必须是用同一种材料,否则形象不美观,也显得虚假,好像表面是用纸贴上去似的。

2.楼梯阴角与阳角的做法

(1)遵循基本规律。

(2)特殊情况下进行细部设计处理。

(3)所有水平面用的是一种材料,所有垂直面是另一种材料,此时就要将水平面略挑出垂直面,即将阳角关系转为阴角关系。

3.窗台阴角与阳角的做法

(1)窗台需伸出墙外一点。收头同时滴水。

(2)现代建筑外立面不用粉刷,多用贴面材料,一般不怕水淋,可以省去滴水做法。但可以在原来窗台的位置,用不同颜色的面砖来“暗示”窗台。

4.室内地面踢脚墙裙

其材料多与地面材料相同。

2.5.3　建筑形象的交接

美国艺术心理学家鲁道夫·安海姆在《建筑形式动力学》一书中对意大利比萨教堂前面的洗礼堂分析,认为这座建筑给人的感觉是正在往下沉。形成这样的视觉效果是因为建筑与地面的交接处没有做收头。如果在此做一个基座,这种错觉就会消失(见图2-37)。

图2-37　比萨教堂

2.5.4 坡屋顶的交接手法

1. 坡屋顶的交接

坡屋顶的类型有两坡顶、四坡顶、歇山顶、攒尖顶、重檐顶等。

遇到屋檐或屋脊有不同高度时，建筑的屋顶变化更多，交接也更复杂。

如何做好坡屋顶，一方面在于其整体造型，另一方面在于交接等细部处理。

2. 古代典型坡屋顶分析

(1)宋画滕王阁屋顶。

其单个屋顶以歇山顶居多，有的大，有的小，有的低，有的高，有的纵，有的横，有的单檐，有的重檐。"各抱地势，钩心斗角"(见图 2 - 38)。

图 2 - 38　宋画滕王阁屋顶

(2)唐大明宫麟德殿屋顶。

麟德殿由三座建筑合并，用两个庑殿顶，一个歇山顶为主体，再加上一些小顶。三个大顶在连接上简单化，相互拆开，以免产生天沟，雨水排到下面(见图 2 - 39)。

图 2 - 39　唐大明宫麟德殿屋顶

(3)北京故宫紫禁城角楼屋顶。

北京故宫紫禁城角楼层顶的特点:“九梁十八柱,七十二条脊”(见图 2-40)。

图 2-40 北京故宫紫禁城角楼屋顶

3. 现代坡屋顶交接

坡屋顶在建筑中应用较广,主要有单坡式、双坡式、四坡式和折腰式等。以双坡式和四坡式采用较多。双坡屋顶尽端屋面出挑在山墙外的称悬山;山墙与屋面砌平的称硬山。坡屋顶双坡或多坡屋顶的倾斜面相互交接,顶部的水平交线称正脊;斜面相交成为凸角的斜交线称斜脊;斜面相交成为凹角的斜交线称斜天沟。如图 2-41 所示为现代屋顶的交接。

图 2-41 现代坡屋顶的交接

2.6 空间布局

2.6.1 空间的组织

1. 现代建筑空间组织的意义

德国建筑教育家格罗皮乌斯说:“建筑,意味着把握空间。”

现代建筑的功能关系比古代建筑要复杂得多,因此现代建筑比古代建筑更重视空间。空间的组织称得上是现代建筑设计的命脉。

古代建筑,无论神庙、教堂或府邸等,它们的功能关系并不复杂。现代建筑则不然,如学校有教室、办公室、礼堂、图书馆、宿舍、食堂等,功能空间复杂。如火车站交通流线组织,从出口到入口各部分交通流线必须流畅。如住宅,各部分如起居室、卧室、书房、厨房、厕所的相互联系。起居室是各部分联系的纽带。

2.现代建筑空间组织的分类

后现代主义主张把建筑空间作为语言系统看待,建筑设计与作文相仿。语言系统,主要是单词的语法关系。从语言系统来看,一个个的空间,可以看作是一个个的单词,把这些单词以符合一定的逻辑关系组合起来,就成为句子,表达某种语义。语法中的句法有简单句及复合句,空间关系中也有并列空间、重置空间、主从空间、宾主空间等。

(1)并列空间(并置空间)。

并列空间相当于句法中的并列词或复合句中的并列句。例如教学楼中一连串的教室,宿舍楼中一连串的房间,都是并置空间,这些相当于一个个单词。居住小区中一幢幢的住宅,构成独立的"句子",形式相同的这一幢幢的住宅,便形成"并列句"。

(2)重置空间。

一个空间被另一个空间所叠套,形成重置空间,相当于通常所说的套间。套间有内外之别,如外间为办公室,内套一经理室;或外间为接待室,内套一工作室;或外间为起居室,内套一卧室。

重置空间的私密性:两门为对角线形,使外间失去尽端空间作用,使用受到影响。两门在一条线上,外间有尽端空间,但里间私密性受到影响。两门在一条线上,但方向不一致,结构更好。

(3)主从空间。

空间有大小与主次之分。如中世纪教堂伊斯坦布尔圣索菲亚大教堂、威尼斯圣马可教堂等就是此类代表。

意大利维琴察圆厅别墅,中间的圆厅与四周的房间形成主从空间(见图2-42)。

现代建筑中的主从空间,如体育馆、比赛大厅是主空间,其他空间则为从属空间。

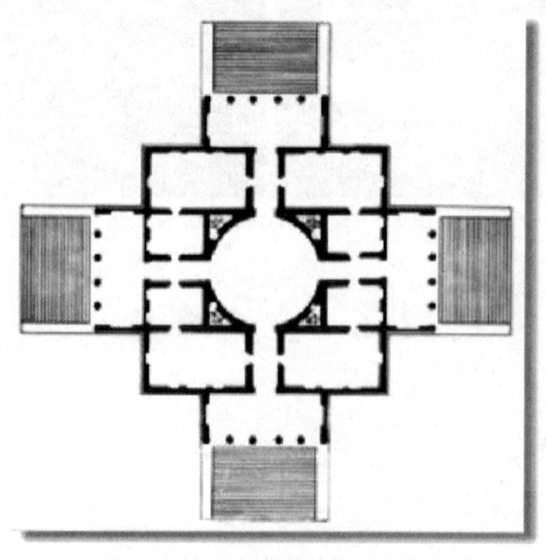

图2-42　圆厅别墅平面图

(4)宾主空间。

宾主空间相当于语法中复合句的主句与从句的关系。从句也是完整的句子，只是在关系上从属于主句，并且与主句用连接词连接起来等。

巴黎联合国教科文组织总部，建筑由两部分组成，主楼为Y字形的秘书楼，从楼为会议厅及其他用房，两者中间用连接体联系起来。

(5)序列空间。

序列空间一般在纪念馆、陈列馆及医疗性建筑中使用。

纽约古根汉姆美术馆，入口在底层，然后乘电梯到顶楼，再顺着坡道一圈圈往下走，边走边参观，最后到地面终止。

2.6.2　空间的流通

1. 空间的形式

空间有两种相对形式：一是封闭性、私密性好，如卧室，要求私密性，只开一个门。二是流通性、交往性较好，指两个以上的空间，相互之间有交往性、流通性。如旅馆饭店的中庭。

2. 流动空间

弧线比直线流通感强。如上下交通的楼梯，大厅部分宽为a，高为b，若要产生流通性，则$a/b > 2/3$才有效。

曲面比平面流通感强，形成动态空间。如弯曲的走廊，空间的运动感明显，好像引导人们自然而然地沿着曲面前行。

弧线的动感来自线条的透视灭点的不断改变，人们在视觉心理上也不断改变着线条的透视灭点，从而人的行为也被导向前方。如北京颐和园长廊——“世界第一长廊”，长达728米。游动性的廊弯弯曲曲形成动态空间，使视线得到连续(见图2-43)。

图2-43　园林中的走廊

2.6.3 空间的方向性

1. 三种空间形态

(1)正方形平面空间形态。

人站在这个空间中,前、后、左、右的方向感是等强度的。此种空间在心态上显得凝重,多用于纪念性建筑,产生庄重与肃穆之感。

正方形平面空间形态,如周恩来纪念馆,正方形平面,正方台基座,正方锥形屋顶,用材和色调简洁、庄重,纪念性效果强(见图2-44)。

毛主席纪念堂也用正方形平面,形态庄重(见图2-45)。

图2-44 周恩来纪念馆

图2-45 毛主席纪念堂

(2)矩形平面空间形态。

矩形平面空间形态需要有一定的方向性,如教室、会议室等。但不宜太狭长,否则不实用,且方向性太强,有停不住与坐不稳之感,如过道。适宜长宽比为1.5∶1左右为宜,如一般教室,长宽9.3m×7.9m左右,一般卧室长宽5.4m×3.9m左右。

(3)三角形平面空间形态。

其目的是为了增多空间的方向感,每个界面产生两个方向,一个垂直于界面,一个平行于界面。

如果是直角三角形,空间有四个方向,两直角边的两个界面,方向性是等价的,加上斜边的两个方向,共四个向度。

2. 空间实体的方向性

空间的方向性不但是空间的形象性质,同时也受空间内的实体的方向性的影响。空间内的实体也是有方向感的。如一列柱,排成一列产生方向感。

圆柱,柱列的方向感明确。横向矩形柱,方向感比圆柱更为强烈。纵向矩形柱,产生两个方向性。如校门与公司大门就采用这种形式。

2.7 建筑与色彩

2.7.1 色彩与建筑的色彩

1. 色彩

色彩学类型包括纯色彩学、艺术色彩学、工业造型色彩学。建筑色彩学属于工业造型色彩学。

工业造型色彩学的三大体系为:蒙塞尔色彩、奥斯瓦尔特色系、工业色标。

2. 蒙塞尔色立体

色觉的三要素为:色相(色的相貌)、明度(色的明暗程度)、纯度(色的饱和度)。

如图 2-46,中间轴为明度轴,只有黑白灰,白点在上,黑点在下。轴的中间横切面,为色彩的纯度面,越往外面,纯度越高。想象这个横切面是一个标准圆,在圆的最外围,则为色环。

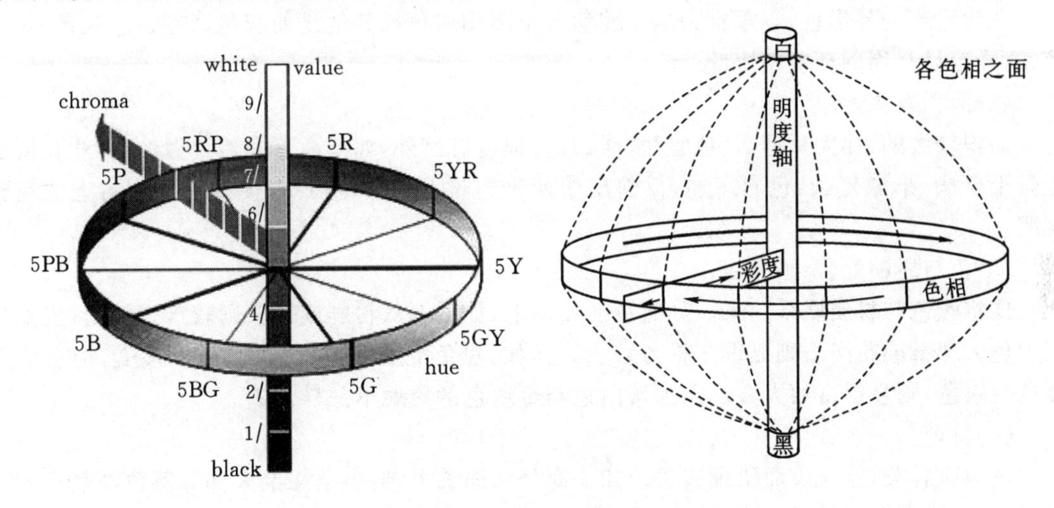

图 2-46 色立体(1)

如图 2-47,色环分五种基本色,红 R,黄 Y,绿 G,蓝 B,紫 P(与三原色意义不同)。五种基本色相邻的两者又产生间色:RY、YG、GB、BP、PR。基本色与间色再作十等分,则产生色立环上的 100 种颜色。

各种色相最鲜艳的颜色明度是不同的,所以横切面不是平的,而是翘曲的。

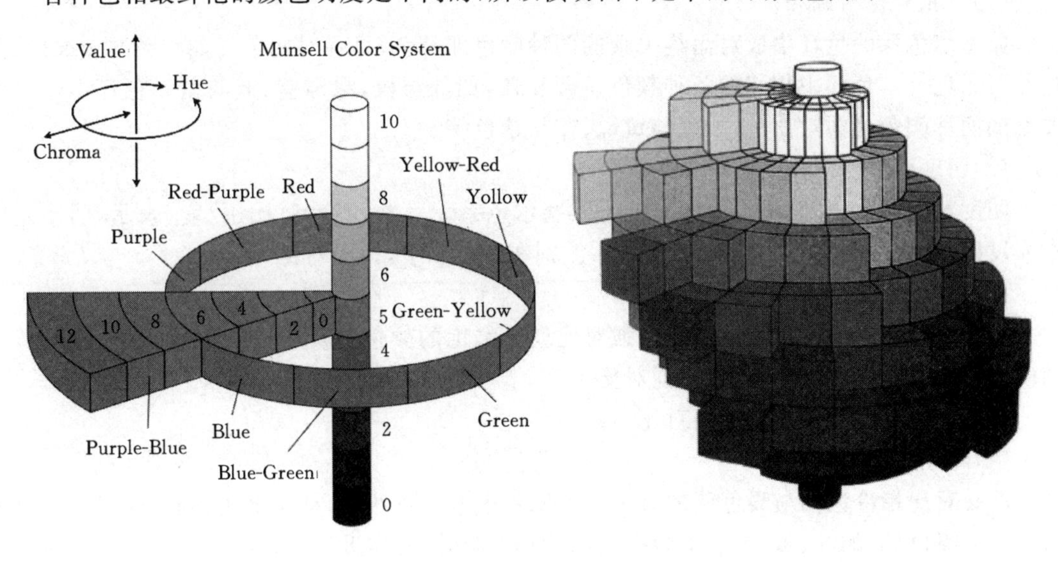

图 2-47 色立体(2)

2.7.2 建筑的外形色

1.建筑外形的设色原则

(1)受环境影响,要与环境相协调。

如江南粉墙黛瓦,与烟水江南相融合,且也有文化气质。如云南大理白族民居,多用黑、白、红、蓝四色,与当地的苍山洱海的风景协调。

现代建筑的外形色,以素雅为上。建筑外形多用白色或其他浅的灰色,如灰红、灰黄、灰蓝等,这样容易与周围环境相协调。

(2)面积效果。

面积较大的,如大片墙面,色宜简、浅、灰。但也有例外,如墨西哥的传统做法,喜欢在墙面上画上壁画,形象复杂,色彩斑斓,反映出墨西哥建筑上的文化传统,使人联想到古老的玛雅文明。

(3)色与质的配合。

要将颜色与材质联系起来。如黑色的使用上,如用石灰粉刷或油漆则较难以接受,但如果用黑色大理石或花岗石则显得庄重与富贵。又如,黑色配上黄色、白色则难以接受,但若配上金色与银色,则显得富丽大方。因为黄白色与金银色的质地不一样。

(4)肌理。

色与质有关,也与表面肌理有关。如上海外滩海关大楼,由下往上大部分颜色都是灰米黄色,但表现肌理上不一样。下部基座用花岗石贴面,凹凸感强烈,而上部水泥抹面,抹得比较平正,使建筑产生坚固、稳重的感觉。

2.建筑设色的色彩关系

色彩具有对比与调和的关系。对比关系包括色相对比、明度对比、纯度对比、冷暖对比、面积对比以及综合对比等。建筑色彩的对比较多的是综合对比。

(1)色相对比与调和。

蒙塞尔色系的色环中成对角线关系的两种颜色即补色,是强对比色。如红色与蓝绿色,紫色与黄绿色等。色环中相邻的两种颜色是调和色,如红与橙,绿与蓝,蓝与紫。色环中成直角关系的两种颜色是弱对比色,如红与黄绿,蓝与紫色等。

(2)明度对比。

明度对比,即色彩的明与暗的对比。蒙塞尔色系无彩轴,明度对比用“度”表示,明度差别在 4 度以上,为强对比,如 2 与 6,4 与 8。差别在 2 度以下,为弱对比,如 2 与 4,5 与 7 等。

(3)纯度对比。

纯度对比即纯色与灰色的对比。强对比就是鲜艳的颜色与灰色的对比,如最鲜艳的黄色纯度为 12 与纯度为 2 的黄色形成强对比。

弱对比即纯度相近的颜色的对比。

(4)冷暖对比。

冷暖对比指冷色调与暖色调的对比。蒙塞尔色系的色环中,从左上角到右下角进行切分,右上半为暖色调,如红、黄,左下半为冷色调,如蓝、紫等,凡靠近切分线的则不冷不暖,如绿、紫红等。

(5)时间对比或连续对比。

如较长时间观看红色，然后将视线移向白墙，就会在白墙上产生蓝绿色的视线感觉，它正是红色的补色。

2.7.3 建筑的室内色

1. 室内的视觉特征

(1)室内空间的照度低于室外。室外光线强烈，长期照射影响眼的机能。室内光线低照度较有益，但以不被人感觉到为好。

(2)室内光源定型。室外光线随太阳方位而改变光源方向，如果室内光源定型，则室内采光配色基本固定。

(3)室内视距短于室外。人在室内活动的时间长，视野较恒定，对室内的光与色更有讲究。室外活动多为行进式。

2. 室内光与色的关系

(1)室内色彩的影响色比室外少。由于室内光和色的定型性，所以反过来也就容易塑造空间的色调。

(2)自然光与人工光结合。室内空间的人工照明，不仅仅是为了补充室内照明度不足，更多是为了某种氛围与气质。

(3)人工色彩。室外光色自然成分多，如天空、山峦、树木等。室内多为人工色，可以自由选择设色，形成丰富内涵。

3. 室内空间色彩处理与颜色视觉问题

(1)色彩的冷暖，这是色相的重要视觉特征。如夏天天气炎热，可适当用冷色调，给人以清凉的感觉，冬天则用暖色调，给人温暖之感。

(2)色彩的进退感。暖色有前进感，即感觉的距离比实际距离近。冷色有后退感。如果要使房间增加深度感，可以在深度方向的壁面上设冷色。如娱乐性空间，投镖、打气枪类，采用冷色能在感觉上扩大视距，增加快乐感。

(3)利用色彩的明度要素。明度对比强烈处，易引起人的兴奋感。相反，则有沉静感。

(4)视野内常有四分之一的绿色，则对人健康有益。充满各种鲜艳色彩的空间，也是和谐的。兴奋型和谐，充满活力。不利健康情况是长时间处于彩度很高的单色相环境中。

(5)幽雅空间，常用大面积的带灰的颜色，如米黄、淡绿灰等，有舒适感，也有益于健康。

(6)室内色彩的旨意作用。如航海场所用色，采用蓝色隐喻海的意象。

4. 以建筑室内功能分类来研究设色手法

(1)居住类。如家庭中的卧室、起居室、餐室，旅馆中的客房，各种机关、公司中的集体宿舍等，不能单一强调色相、冷暖度、明度，而应当在风格和文化上强调其是活泼愉悦还是文静秀美。

卧室重在安卧，应当强调比客厅文静，色不宜多变，且色彩斑斓的挂画不宜大于总墙面的四分之一。

餐厅以进餐为主，空间不大不高，强调以雅为上，明度不宜太高，同时宜暖色调浅灰色为好，同时宜简洁。

(2)学习与研究类。强调静，着色要文静。有以下几个原则：①结合空间内涵。是写作还是文史哲抑或自然科学，内涵不同，风格不同。②结合使用者的个性。是联想型还是抽象思考型。③室内色应当随使用者需求的改变而改变，不是一成不变的。④注意表面材料的高雅，不宜太富贵气。

(3)医院疗养类。医院并非都用白色，手术室内宜用浅蓝绿色。疗养性建筑，房间色同普通卧室或宾馆相近，可适当采用灰色调，如淡青灰与米黄等。

(4)商店与展销类。室内墙面不必做得太精美与昂贵，因为大量墙面要留给商品与展览品陈列。设计者的任务在于设计商品、展览品的陈列空间，应着重考虑顶棚和地面的材料与质地及颜色，且室内色不宜强烈。

(5)文娱体育类。应当结合运动与比赛时的心理效应，强调激情。如排球比赛场，比赛区用橘红色，观众席的座位也是用鲜艳的颜色，红、黄、蓝、绿等。这样做有两个好处：一是便于分区，使观众容易认定自己的座位；二是万一观众较少，空的座位由于颜色很醒目，也使得场内气氛热烈。

(6)纪念与陈列类。通常是庄重与严肃的环境风格。

首先确定设色调子。色相上，对比度不宜太强烈，最好侧重于某一色相，然后在中间利用微差变化。如用蓝 5B，再配以 1～10B，或适当加以 BG、BP 等。

明度要注意方向性，即要明确走向。如纪念建筑周围明度低，纪念物主体明度高。或利用背景色明度对比，背景暗、主体亮或背景亮、主体暗，必须拉开明度档次，使形象突出。

纯度对比，是由不同的纯度使纪念物产生庄重感，即周围与中心产生差异而强调中心感。

第3章 中国木构架建筑的营造美学

3.1 中国木构架建筑概述

➢3.1.1 中国木构架建筑发展概况

中国木构架建筑远在原始社会末期已经萌芽，经过漫长的历史时期，由于各种需要和各族劳动人民的共同努力，逐步形成一个独特的建筑体系，创造了许多优秀的作品，积累了丰富的适应本土特征的建造经验。

根据考古学的研究，至少到新石器时代，我国的先民已经发展了穴居、浅穴居、巢居，逐步形成地面建筑和聚落。商代已有较成熟的夯土技术，到商代后期更建造了规模相当大的宫室和陵墓。经过商周以来的不断改进，木构架已经成为中国建筑的主要结构方式。

中国大致在战国时期进入封建社会，在此阶段出现了我国最早的一部工程技术专著《考工记》，记录了一些工程测量技术，反映了当时许多重要的建筑制度。秦朝的建立，大力推动了大规模建筑的实施。到东汉年间，建筑已经取得很大的进展，大量使用成组的斗栱、木构楼阁，标志着中国木构架建筑体系已经基本形成。

魏晋南北朝时期，战乱频繁，宗教成为人们重要的精神安慰和统治者的统治工具，宗教建筑特别是佛教建筑的大量兴建，出现了许多巨大的寺、塔、石窟和精美的雕塑与壁画，促进了中国传统木构建筑与外来建筑文化的融合。

隋唐两朝，规划严整的都城、宫殿、木构殿堂、陵墓、石窟、塔、桥等，无论布局或造型都具有较高的艺术和技术水平，建筑艺术气度开阔、形象雄健有力。木构架的做法已经相当正确地运用了材料的性能，并已经以“材”作为木构架设计的标准，建筑材料更加成熟和多样化，并出现了专门的都料匠。这些都表明隋唐两朝是中国古代建筑发展的成熟时期。

两宋时期，经济和文化发展迅速，汉以来历代都城的封闭里坊制改为沿街设市的街坊制，宫殿寺庙的布局出现新的手法，艺术形象趋于柔和绚丽。大小木作定型化，并制定了以“材”为标准的模数制，使木构架建筑的设计与施工达到一定程度的规格化。《营造法式》就是总结这些经验的重要文献。宋朝是木构架建筑产生较大转变的时期，并影响到元、明、清的建筑。

元代，随着文化交流的深入，喇嘛教和伊斯兰教的建筑艺术逐步影响到全国，为中亚建筑的装饰艺术和工艺注入了新的血液，使汉族工匠在宋、金传统上创作的宫殿、寺、塔等呈现出若干新的趋向。

明清两代，官式建筑单体完全程序化、定型化，建筑装饰繁琐，但某些组群建筑的布局与形象颇富于变化，民间建筑的类型和形式更加丰富多样，质量也有所提高。另外，在园居生活日益频繁、丰富的要求下，建筑围合园林空间在传统的基础上创造了一些新的手法，留下了一些优秀的案例。明清建筑是继汉、唐、宋之后最后一个重要阶段。

3.1.2 中国木构架建筑审美特征

中国传统建筑长期以来发展出以木构架建筑为主的体系，而不是像其他体系那样发展砖石承重的结构。对此关键问题，中外著名学者已经从社会经济、社会制度、民族文化、宗教信仰、建筑技术、建筑材料等多方面作了深入的探讨，其审美特征自然也与砖石承重体系有着较大的差别，同样也与各个宏观背景原因有着千丝万缕的关系。

1. 虚实相生

我们在谈论建筑艺术、建筑文化时，往往不得不先从砖、瓦、灰、砂、石或木头、玻璃、钢材等建筑材料切入。这些材料经由建筑师以符合于科学和艺术规律的匠心独运，凝聚了建筑师的智慧，组成建筑的整体。材料的质感、色彩、光泽、纹理，本身就是构成整体建筑形象美的要素；材料构成的构件显现的结构美(力的传递逻辑)和构造美(构件穿插交合的逻辑性)，也是建筑美的重要组成；更重要的是，材料是构成整座建筑外部或内部艺术形象——形体和空间，最重要的要素，只有通过它们，"建筑"才会呈现在我们眼前。

由建筑材料构成的墙壁、屋顶、地面等几个界面围合成的建筑内部空间，其实也是建筑艺术的欣赏对象。老子《道德经》里说："埏埴以为器，当其无，有器之用。……凿户牖以为室，当其无，有室之用。……有之以为利，无之以为用。" 这段被西方现代建筑论奉为圭臬的经典名言，其实揭示了建筑实体"有"与建筑空间"无"的对立统一关系。这种"有无相生"的观念引导人们从对建筑实体的关注转移到对虚形空间的重视，空间的渗透与流动赋予建筑无穷的活力和生动的美感。空间的形状、大小、方向、开敞或封闭、明亮或黑暗，都可以对情绪产生直接的作用。如果把室内室外许多不同性格的空间按照一定的艺术构思串联起来，互相交融渗透，再加上建筑实体的不同处理，人们行进在其中，就会产生一系列的心理情绪变化。

2. 礼乐合一

在中国古典建筑中，一方面是宫殿坛庙的秩序森严，另一方面又是山水园林的浑然天成，儒家重视的礼制制度与道家提倡天人相调有机地统一在一起；一方面是"上古穴居而野处，后世圣人易之以宫室，上栋下宇，以待风雨，盖取大壮"(《周易》)、"天子以四海为家，非壮丽无以重威"(《史记·高祖本纪》)，另一方面又是"夫美也者，上下，内外，大小，远近皆无害焉" (《国语·楚语》)、"高台多阳，广室多阴，远天地之和也，故圣人弗为，适中而已矣"《春秋繁露·循天之道》，"大壮"和"适形"的观点对立统一地共存。这些现象蕴含着情理并重、礼乐合一的深刻内涵，在整体上体现了中国古典建筑丰富的、深沉的美学性。

3.2 中国木构架建筑的空间组织

3.2.1 单体建筑内部空间

中国木构单体建筑类型中，单层的有殿堂、厅堂、居室、亭、廊、榭、舫等，多层建筑则主要有楼、阁、塔。与西方传统建筑相比，中国传统木构架建筑的内部空间似乎比较单调，但中国古人还是对之进行了尽可能的美化，使之显现出变化的趣味。

1. 单层建筑

单层建筑以宗教建筑的殿堂为例，这也是目前我国遗存最多的建筑类型。庙宇的殿堂内一般都供奉着佛、菩萨或神仙塑像，建筑如何与塑像密切配合，使二者契合无间，成为内部空间处理的突出问题。国内唐代遗构山西五台山佛光寺大殿，面阔七间长 34 米，进深四间宽 17.66 米，殿内一圈“金柱”(即外檐柱以内的一圈内柱)把全殿空间分为两部分：“内槽”与“外槽”。内槽部分，在后排金柱之间和南北二列金柱最后二柱之间设“扇面墙”，墙所围的面积为佛坛。佛坛面阔五间，放置五组共三十多尊晚唐造像，主尊居中，左右均侍立弟子菩萨天王诸像。内槽空间较高，加上扇面墙和佛坛，更突出了它的重要地位，上面以方格状的“平棋”和四周倾斜的峻脚椽组成覆斗形的天花，天花下坦露明袱梁架。梁上以三朵简单的十字交叉斗栱承平棋枋，斗栱之间为空档，空间在其间得以“流通”，空灵而通透。雄壮的梁架和天花的密集方格形成粗与细和不同重量感的对比。外槽空间较低较窄，是内槽空间形象的衬托和对比，但其梁架和天花的处理手法又同内槽一致，使内部空间形成很强的整体感和秩序感。所有的大小空间在水平方向和垂直方向都力图避免完全的隔绝，尤其是复杂交织的梁架使空间的上界面朦胧含蓄，绝无僵滞之感。这一实例表明，唐代建筑匠师已具有高度自觉的空间审美能力和精湛的空间处理技巧(见图 3-1、图 3-2)。

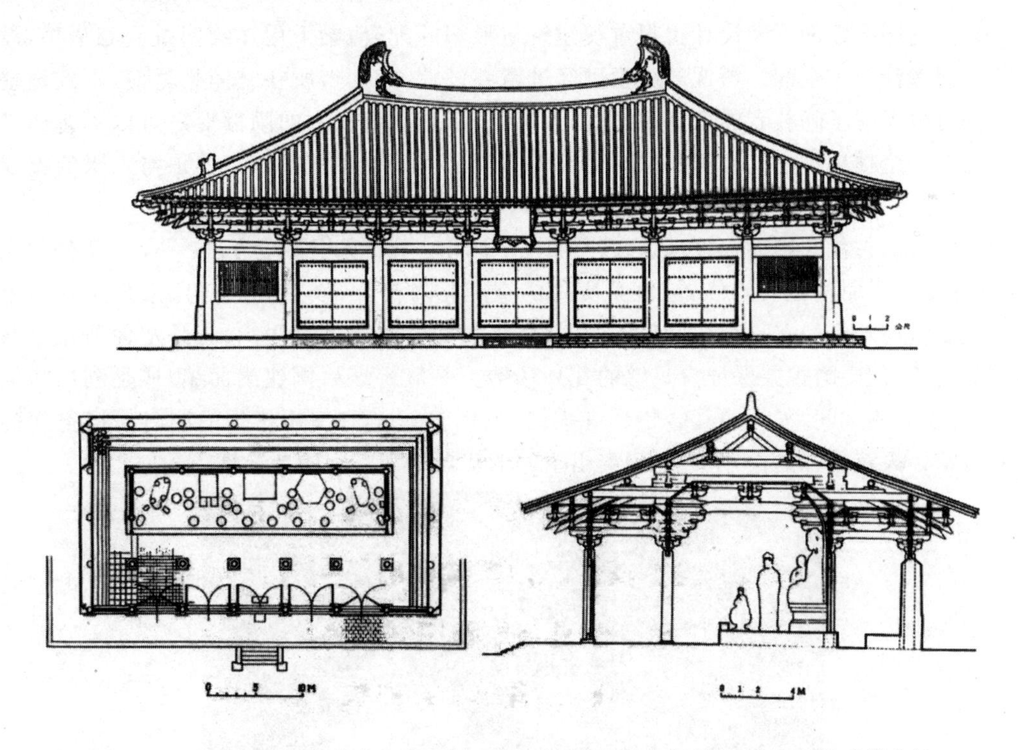

图 3-1 山西五台山佛光寺大殿立面、平面、剖面图(选自刘敦桢《中国古代建筑史》)

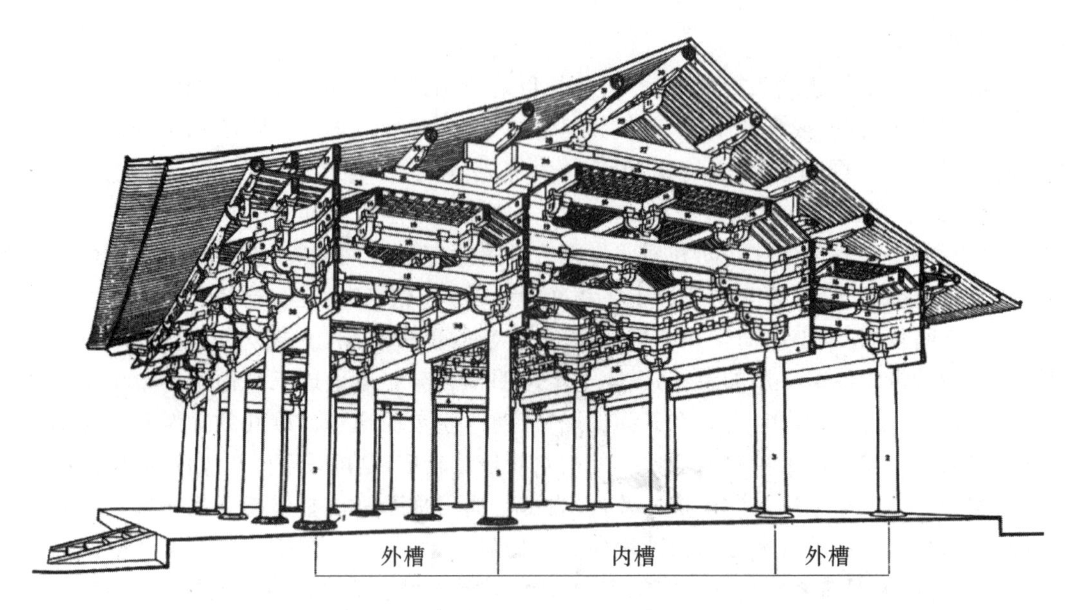

图 3-2　山西五台山佛光寺大殿梁架结构示意图(选自刘敦桢《中国古代建筑史》)

另外,这座大殿的梁架设计也很重视建筑与雕塑的配合,梁下用连续四跳偷心华栱,没有横栱,为塑像让出了空间。塑像的高度也经过精心设计,使其与所在空间相适应,不致壅塞和空旷,同时也考虑了瞻礼者的合宜视线:当人位于殿门时,金柱上的阑额恰好可以不遮挡佛像背光,左右二金柱也不遮挡此间塑像的完整组群;当人位于金柱一线时,佛顶与人眼的连线仍在正常的垂直视野以内,不需要特意抬头。

总体来说,古代匠师们在处理宗教建筑内部空间时主要采用三个方法:一是尽量使塑像处在平面深度一半而稍偏后的位置,使其所处的空间相对高大,以空间的对比来强调它的重要性;二是尽量使塑像处在一个相对独立的、具有较强的完整感的空间内;三是塑像前景尽量开阔,减少遮挡,便于瞻视并保证有足够的礼拜场地。一般佛坛后侧建扇面墙,或是利用塑像的巨大背光来分割空间,如大同辽金华严寺大殿(见图 3-3),在突出佛像的同时保证空间的完整性,再结合天花藻井的设计,进一步突出空间的庄严感和空间的装饰性。

图 3-3　大同华严寺大殿内部(选自萧默《中国建筑艺术史》)

3. 多层建筑

多层建筑以天津蓟县辽代观音阁为例。观音阁平面五开间，内部有一圈金柱，外观两层，因腰檐和平座形成一个暗层，所以结构实为三层。阁内有高达16米直通三层的观音塑像。全阁采用套筒式结构，平座层和上层都是中空的，周绕由金柱向内出挑斗栱承托的两层勾栏(栏杆)，人们可围绕勾栏在大像的中部和上部瞻仰塑像。平座层勾栏平面长方，上层勾栏平面收小，形状改为长六角形。在大像头顶还有更小的八角形藻井。由下仰视，两层勾栏至藻井层层缩小，平面形式发生有规律的变化，富有韵律且增加了高度方向的透视错觉，建筑和塑像配合得非常默契。上层除藻井外，内外槽都有"平棋"即以小方木组成的格网天花，外槽平棋较低，内槽提高与藻井底平，强调了观音塑像所在的空间(见图3-4、图3-5)。

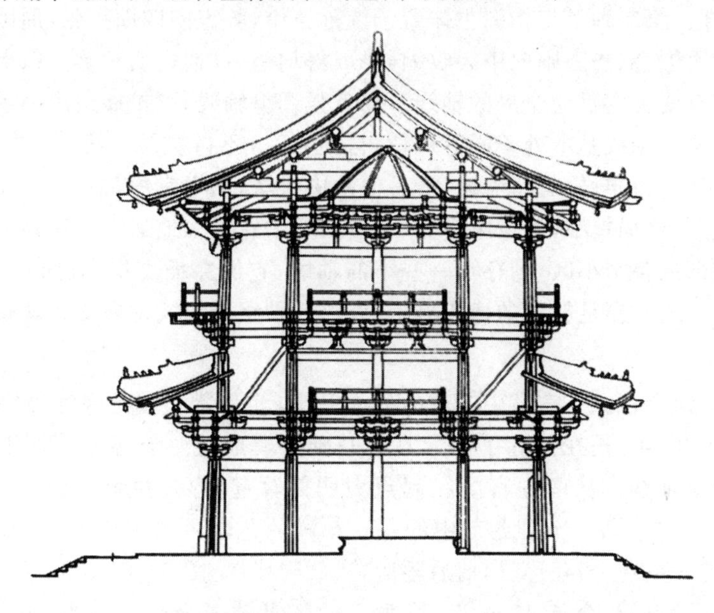

图3-4　天津蓟县观音阁剖面图(选自刘敦桢《中国古代建筑史》)

图3-5　天津蓟县观音阁内景

3.2.2 院落空间

欣赏中国传统木构架建筑，不仅要欣赏某座建筑单体的造型，如它的体、面、线的变化，内部空间所造成的气氛以及装饰的运用，而且要以更宏大的目光，着眼于欣赏建筑群的整体处理，包括单座在群中的作用，单座与单座的关系等，可以说，“美在关系”这句话在中国建筑中体现得最为鲜明。中国传统建筑通过院落空间的组合，通过各单体之间的烘托对比、院庭的流通变化、空间与实体的虚实相映、室内外空间的交融过渡，以形成总体上量的壮丽和形的丰富，渲染出强烈的气氛，给人以深刻的感受。

中国建筑院落虚实相生的经营，大约有三种基本形式：第一种为四合院式，内虚外实，就像紫禁城各院落一样。第二种是将构图主体置于院落正中，势态向四面扩张，周围构图因素尺度比它远为低小，四面围合，势态则向中心收缩，也取得均衡，可谓内实外虚。以上两种方式都可称之为规整式，都有明确的贯通全局的轴线。前者强调纵轴线，可扩展组成一系列纵向串联的院子；后者的纵横两条轴线基本处于同等地位，自足自立，不再扩展。第三种方式的院落外廓不规整，院内建筑作自由布局，势态流通变幻，但乱中有法，动中有静，初看似觉粗服乱头，了无章法，其实规则谨严，格局精细，可谓虚实交织，在园林中有更多地运用。这种形式没有贯通全局的轴线，但在内部的各个小区，则存在一些小的轴线，它们穿插交织，方向不定，全局则可大可小，可名之曰自由式。在足够大的建筑群中，以上三种组合方式常常交相辉映。

1. 宫殿

中国建筑群的组合特征在宫殿中体现的最为突出，北京紫禁城是保存最完整的典范。北京紫禁城建成于1420年，是在拆除了的元宫的基础上建成的。全宫有一条从南至北的纵轴线，也是建筑群的中轴线。从南头宫殿区起点大明门算起，穿过皇城、宫城，至景山，全长约2500米，又可分为三节。每一节和各节中的每一小段的艺术手法和艺术效果各有不同，但都围绕着渲染皇权这一主题，相互连贯，前后呼应，一气呵成(见图3－6、图3－7)。

第一小节为前导空间，全长1250米，恰为宫殿区纵轴线全长的一半，由承天门(今天安门)、端门和午门前的三座广场组成。

大明门建于平地，体量较小，形象也不突出，只是一座单檐庑殿顶的三券门屋，砖建。门内天安门广场呈丁字形。先是丁字长长的一竖，两旁夹建长段低平的千步廊，以远处的天安门为对景。纵长的广场和千步廊的透视线有很强的引导性，千步廊低矮而平淡的处理意在尽量压低它的气势，为壮丽的天安门预作充分的铺垫。至天安门前，广场忽作横向伸展，横向两端各有一座类似大明门的门屋。高大的天安门城楼立在城台上，面阔九间，重檐歇山顶，城台开有中高边低的五个券门，门前有金水河和正对五个门的五座石拱桥。洁白的石桥栏杆、华表和石狮，与红墙黄瓦互相辉映，显得十分辉煌，气氛开阔雄伟，与大明门内的窄小低平形成强烈对比，是前导序列的第一个高潮。这种欲扬先抑的处理是中国建筑群体构图经常采用的手法。中国建筑不屑于一目了然、急于求成，而是讲究含蓄和内在，天安门广场是其杰出范例(见图3－8)。

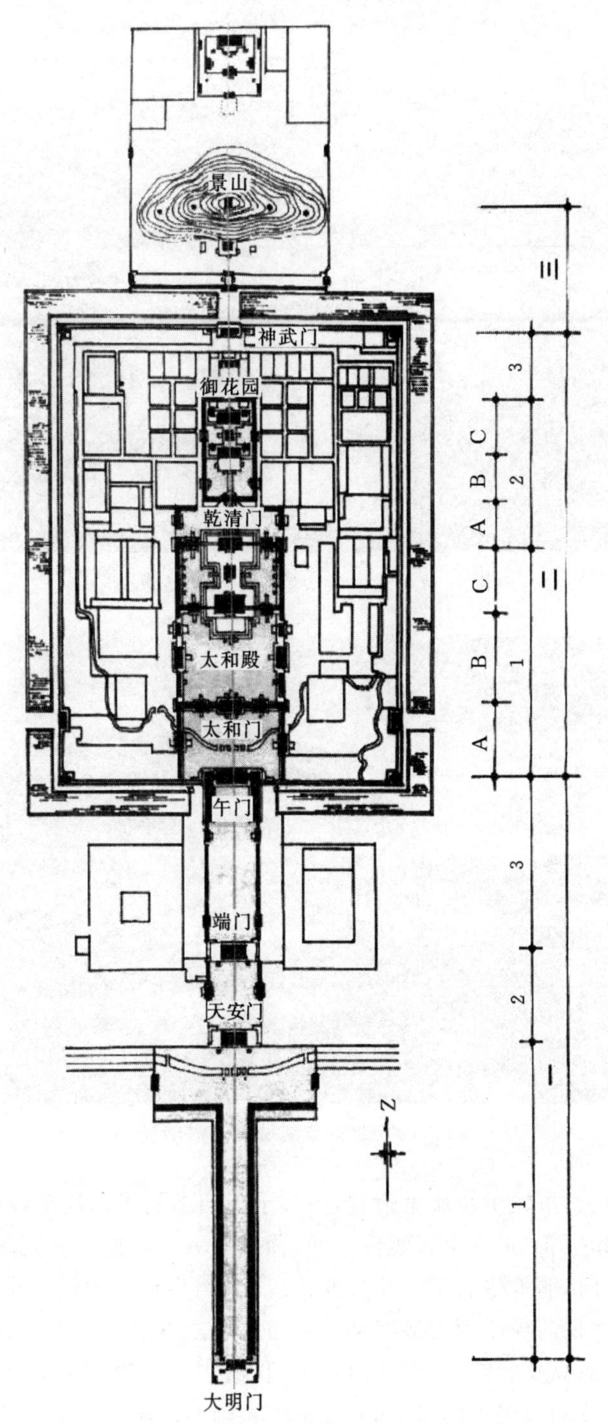

图 3-6 北京紫禁城总平面图

图 3－7　北京紫禁城总体模型鸟瞰图

图 3－8　北京紫禁城天安门广场

端门广场方形略长，虽较千步廊甬道宽，但较承天门前的横向尺度收缩很多，四面封闭，气氛为之一收，性格平和中庸，是一个过渡性空间，预示着另一个更大的高潮。

午门作为宫城正门，继承隋唐至元一贯的传统，作凹字形。午门是紫禁城的最高建筑，作为宫殿的正式入口，也是前导序列的最高潮。午门广场以下的艺术手法，很好地完成了其艺术使命：首先，采用封闭而纵长的广场，出端门到午门，沿中道行进需要较长的时间，情感可以得到充分的酝酿；其次，从端门望午门，较远的视距将会削弱广场尽头主体建筑的体量感，午门呈凹字的平面左右前伸，拉近了与人的距离，扩大了水平视角，丰富了整体造型；再次，当人距午门越来越近时，呈凹字形平面三面围合的巨大建筑扑面而来，高峻单调的红色城墙渐渐占满整个视野，封闭、压抑而紧张的感受步步增强；最后，广场左右的长列朝房被尽量压低，更有意地缩小尺度，反衬出午门的雄伟壮丽。午门的三个门洞都是很少见的方形，比圆拱更加严肃，应该也是一个有意识的处理（见图 3－9）。

图 3－9 北京紫禁城午门广场

第二小节为空间的高潮，由前朝、后寝和御花园三段组成，长约 950 米。

过午门至太和门广场，空间横向展开，气氛较午门广场大为缓和，成为从大明门起三个宫前广场气氛层层加紧之后的缓冲和过渡(见图 3－10、图 3－11)。

太和殿广场与太和门广场同宽，为正方形，是整个宫殿区乃至整个北京城的核心。大殿高踞于层层收进的三层汉白玉台基之上。从广场地面至殿顶高 35.05 米。巨大的体量及金字塔式的立体构图，显得异常庄重而稳定、严肃和凛然不可侵犯，象征皇权的稳固。微微翘起的屋角和略微内凹的屋面也表现出沉稳的性格。台侧两座不大的门屋与大殿形成品字形立面，是大殿的陪衬。廊庑围合，左右两座楼阁，形成横轴(见图 3－12)。

图 3－10 北京紫禁城太和门广场

图 3－11 自太和门看太和殿

图 3－12 北京紫禁城太和殿

从大明门开始到太和殿以至后廷，全用大砖和石头铺砌，没有绿化，显示出严肃的基调。但太和殿广场和午门广场、太和门广场相比，在统一的严肃基调中又有微妙的不同：它没有午门广场那么威猛森严，其性格内涵更为深沉丰富，是在庄重严肃之中蕴含着平和、宁静与壮阔。庄重严肃显示了“礼”，“礼辨异”，强调区别君臣尊卑的等级秩序，渲染天子的权威；平和宁静寓含着“乐”，“乐统同”，强调社会的统一协同，维系民心的和谐安定，也规范着天子应该躬自奉行的“爱人”之“仁”。所以，不能一味地威严，也不能过分的平和，而是二者的对立统一。在这里既要保持天子的尊严，又要体现天子的“宽仁厚泽”，还要通过壮阔和隆重来彰示皇帝统治下的这个伟大帝国的气概。建筑艺术家通过这些本来毫无感情色彩的砖瓦木石和在本质上不具有指事状物功能的建筑及其组合，把如此复杂精微的思想意识，抽象却又十分明确地宣示出来了。必须提到，像这样一种在封建社会中几乎已成为全民意识的群体心态，这种包涵着深刻意义的一整套社会观念，也只有通过建筑这种抽象形式的艺术，才能够充分地表现出来。

太和殿与中和殿、保和殿同在一座三层台基上，有宋金元工字殿的遗意。工字台基前凸出大月台，依上南下北方位，则呈“土”字。按中国金、木、水、火、土的五行观念，土居中央，最为尊贵(见图 3－13)。

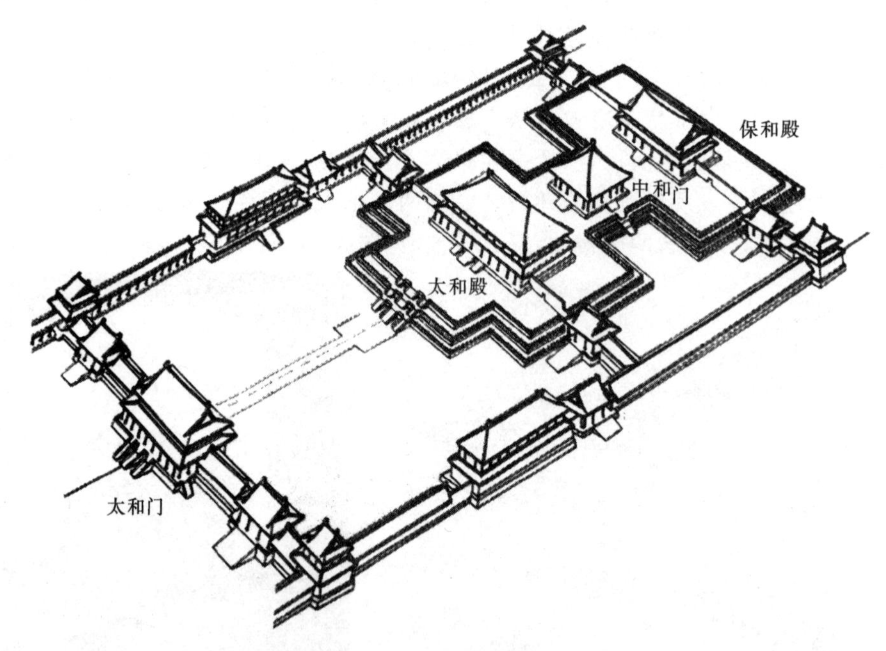

图 3－13　北京紫禁城三大殿

后寝以横向的乾清门广场(称天街)为前导，内部分前中后三院。三殿共同坐落在一个一层高的工字形石台基上。后寝的建筑和院落都比前朝小得多，面积正当前朝四分之一，但比例与前朝相同，其组合规制和建筑形象也与前朝相似，仿佛是交响乐曲主题部的再现。

前朝后寝以后为御花园，因其位于严整的宫殿群之中，布局对称，但其中古木参天、浓阴匝地，是宫内最富于生活情趣的地方(见图 3－14)。

图 3－14　北京紫禁城御花园

第三小节为空间系列的收束，自神武门至景山峰顶，长约 300 米。景山又名“镇山”，含有镇压元朝王气的寓意，山下正好压着元宫的延春宫。

沿山脊列五亭，建于清乾隆间(1751 年)，中心峰顶上的万春亭顶尖距地面高约 60 米。紫禁城沿轴线而来的汹汹气势需要一个有力的结束，体量不能过小，任何建筑都不可能担此重任，且建筑过大，也必将夺去宫殿本身的气势，在此堆筑起颇大的景山而在山顶建造不大的亭子，是非常巧妙的处理(见图 3－15)。宫城需要一座背景和屏障，丰富在宫城内能看见的天际线，提示宫城的规模，也是宫城与宫城外部大环境的联系，景山恰可完成此责。乾隆皇帝说：“宫殿屏康，则日景山。”

图 3－15　北京景山、紫禁城角楼及西苑(来源待查)

2. 坛庙

天坛是坛庙建筑类型的典范。作为一种原始崇拜，对天的祭祀在中国出现的很早，从夏商起，就有所谓“明堂”“世室”“重屋”“辟雍”之称，都与祭祀天帝有关。

北京天坛是世界级艺术珍品，始建于明永乐十八年(1429 年)，其艺术主题为赞颂至高无上的“天”，全部艺术手法都是为了渲染天的肃穆崇高，取得了非常卓越的成就。

天坛是明清两代皇帝祭天的场所。范围很大，东西 1700 米，南北 1600 米，有两圈围墙，南面方角，北面圆角，象征天圆地方。由正门（西门）东行，在内墙门内南有斋宫，供皇帝祭天前住宿并斋戒沐浴。再东是由主体建筑形成南北纵轴线。圜丘在南，为三层石砌圆台。圜丘北圆院内有圆殿皇穹宇，存放“昊天上帝”神牌，殿内的藻井非常精美。再北通过称作丹陛桥的大道，以祈年殿结束（见图 3 - 16）。

图 3 - 16　北京天坛总体鸟瞰图

天坛的外部空间处理以突出“天”的主题，建筑密度很小，覆盖大片青松翠柏，涛声盈耳，青翠满眼，造成强烈的肃穆崇高的氛围。内墙不在外墙所围面积正中而向东偏移，建筑群纵轴线又从内墙所围范围的中线继续向东偏移，共东移约 200 米，加长了从正门进来的距离。人们在长长的行进过程中，似乎感到离人寰尘世愈来愈远，距神祇越来越近了。空间转化为时间，感情可得以充分深化。圜丘晶莹洁白，衬托出“天”的圣洁空灵。它的两重围墙只有 1 米多高，对比出圆台的高大，也不致遮挡人立台上四望的视线，境界更加辽阔。围墙以深重的色彩对比出石台的白，墙上的白石棂星门则以其白与石台呼应，并有助于打破长墙的单调。长达 400 米，宽 30 米的丹陛桥和祈年殿院落也高出在周围地面以上，同样也有这种效果。

祈年殿圆形，直径约 24 米，三重檐攒尖顶覆青色琉璃瓦，下有高 6 米的三层汉白玉圆台，连台总高 38 米。青色屋顶与天空色调相近，圆顶攒尖，似已融入蓝天。所有这些，都在于要造成人天相亲相近的意象（见图 3 - 17）。

图 3－17 祈年殿

3. 民居

民居是分布最广泛的建筑类型，中国汉族民居主要有两种，即院落型民居和天井型民居。

北京四合院是院落型民居的优秀代表。它所显现的向心凝聚的气氛，也是中国大多数民居性格的表现。院落的对外封闭、对内开敞的格局，可以说是两种矛盾心理明智的融合：一方面，自给自足的封建家庭需要保持与外部世界的某种隔绝，以避免自然和社会的不测，常保生活的宁静与私密；另一方面，根源于农业生产方式的一种深刻心态，又使得中国人特别乐于亲近自然，愿意在家中时时看到天、地、花草和树木。

北京四合院多有外、内二院。外院横长，宅门不设在中轴线上而开在前左角，有利于保持民居的私秘性和增加空间的变化。进入大门迎面有砖影壁一座，由此西转进入外院。在外院有客房、男仆房、厨房和厕所。由外院向北通过一座华丽的垂花门进入方阔的内院，是全宅主院。北面正房称堂，最大，供奉“天地君亲师”牌位，举行家庭礼仪，接待尊贵宾客。正房左右接出耳房，居住家庭长辈。耳房前有小小角院，十分安静，也常用作书房。主院两侧各有厢房，是后辈居室。正房、厢房朝向院子都有前廊，用“抄手游廊”把垂花门和三座房屋的前廊连接起来，廊边常设坐凳栏杆，可以沿廊走通，或在廊内坐赏院中花树。正房以后有时有一长排“后照房”，或作居室，或为杂屋（见图 3－18）。

图 3-18　北京四合院模型鸟瞰

南方院落民居多由一个或更多院落合成，各地有不同式样，如浙江东阳及其附近地区的“十三间头”民居，通常由正房三间和左右厢房各五间楼房组成三合院。上覆两坡屋顶，两端高出“马头山墙”。院前墙正中开门，左右廊通向院外也各有门。此种布局非常规整，简单而明确，院落宽大开朗，给人以舒展大度、堂堂正正之感。南方大型院落民居典型的布局多分为左中右三路，以中路为主。中路由多进院落组成，左右隔纵院为朝向中路的纵向条屋，对称谨严。在宅内各小庭院中堆石种花。庭院深深，细雨霏霏，花影扶疏，清风飘香，格调甚为高雅。浙江东阳邵宅是其比较典型的代表，有时大型民居也可改为祠堂（见图 3-19）。

图 3-19　浙江东阳邵宅

另外，南方盛行的天井型民居中的"天井"其实也是院落，只是较小。南方炎热多雨而潮湿，在山地丘陵地区，人稠地窄，民居布局重视防晒通风，也注意防火，布局紧凑，密集而多楼房，所以一般中下阶层家庭多用天井民居。天井四面或左右后三面围以楼房，阳光射入较少；狭高的天井也起着拔风的作用；正房即堂屋朝向天井，完全开敞，可见天日；各屋都向天井排水，风水学称之为"四水归堂"，有财不外流的寓意。外围常耸起高大山墙，利于防止火势蔓延。墙面一般不作过多装饰，明朗而素雅，只在重点部位如大门处作一些处理。

3.3　中国木构架建筑的实体构成

3.3.1　平面构成

中国传统建筑平面多为长方形，也有正方形、多边形、十字形、圆形、扇形、梅花形的平面，这些建筑平面都以"间"为单位组织，平面分间以立柱中线为界定线。两榀梁架之间或四柱所围之空间为"间"或"开间"；间的横向称为"阔"或"面阔"；间的纵向称为"深"或"进深"；若干面阔之和称之为"通面阔"，若干进深之和称为"通进深"（见图 3-20）。在一栋房屋开间中正面正中的那一间，宋称作"心间"，清称作"明间"，而其两旁的间均称为"次间"，之外的均称为"梢间"。在间之外有柱无隔墙的称为廊，宋时称为"副阶"。

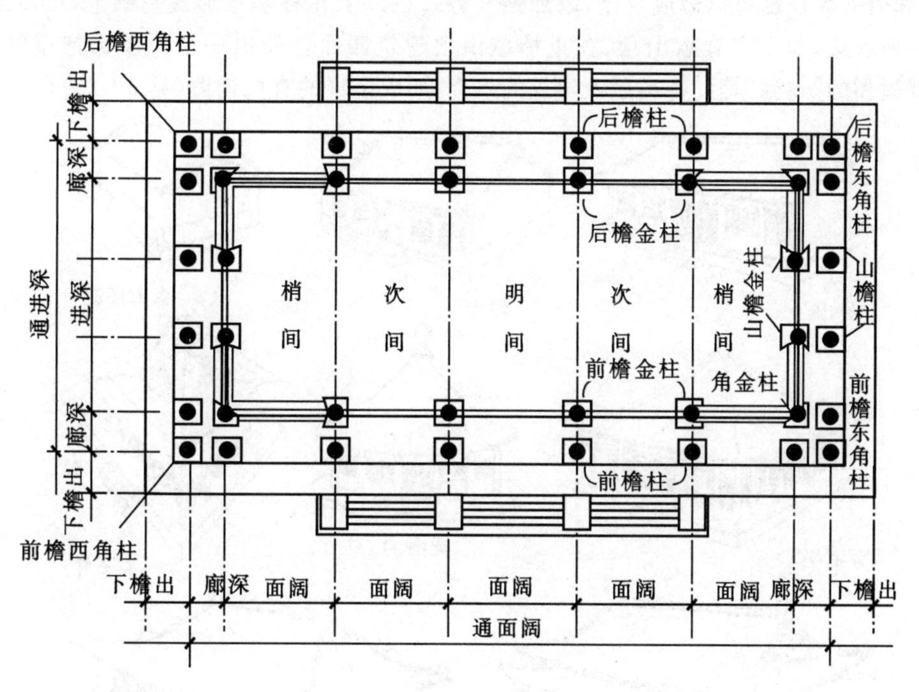

图 3-20　中国传统建筑平面开间图（选自刘敦桢《中国古代建筑史》）

3.3.2　立面构成

从整体来说，中国传统木构架建筑分为台基、屋身和屋顶三段。其中台基为位于最下方防潮防水的构造部分,它形制和做法将在本章后面小节中分析。中间屋身部分由柱木、梁枋、檩椽等多种构件按一定方式架构而成,房身外围柱木间安装门窗隔扇或砖砌墙垣,涉及的梁架结构、门窗墙体及装饰与装修也将在后面部分进行解读。中国建筑的屋顶在艺术审美方面起很大作用,在此作详细的介绍。

1.屋顶类型

中国建筑的屋顶按其等级可分为庑殿、歇山、悬山、硬山和攒尖五种基本形式(见图 3-21)。庑殿顶最为尊贵,四面坡,共有一条正脊和四条垂脊,又称为五脊殿,庑殿顶的建筑平面通常长边较长,以保证正脊不致过短。由于它体量大且庄重,在古代社会里,它是体现皇权、神权等最高统治阶级权威的象征,因此一般是只用于宫殿、坛庙、重要门楼等建筑,如北京故宫太和殿、午门等。歇山顶次之,下部四坡,共有一条正脊、四条垂脊和四条戗脊,又称为九脊殿。歇山建筑屋顶有两种构造,分别是尖山顶和卷棚顶,由于它具有造型活泼优美、姿态表现适应性强等特点,因此在园林中得到广泛应用,厅堂楼阁等皆可用此种形式。悬山顶为两面坡,屋面在山墙处外挑以保护墙面不过多受雨水侵蚀,只用在民居、大型建筑群的附属建筑或小型建筑群的次要殿堂。硬山顶同样为两面坡,屋面在山墙(左右端墙)处终止,不再挑出,此屋顶形式在明清之后烧制砖普遍用于民间建筑后在全国广泛应用。攒尖用于平面为正方、正多角形或圆形的建筑,屋顶向平面中心聚成尖形,随平面可称为四角、六角、八角攒尖,或圆攒尖。庑殿、歇山和攒尖屋顶都可以做成重檐,以加强气势。在以上几种基本形式基础上,可以演化或组合出多种形式,如十字脊歇山顶、在重檐歇山顶建筑四面各伸出一个小歇山抱厦的“龟头屋”、脊部圆和的“卷棚”等。各类屋顶建筑的组合,形成全群的有机构图(见 3-22)。

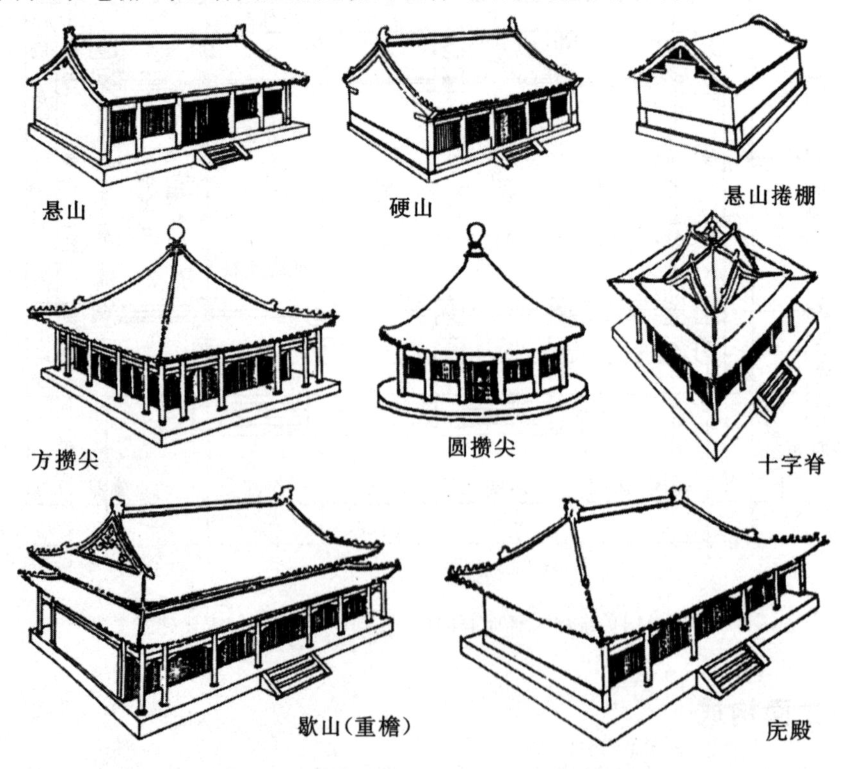

图 3-21 中国传统建筑屋顶形式(选自刘敦桢《中国古代建筑史》)

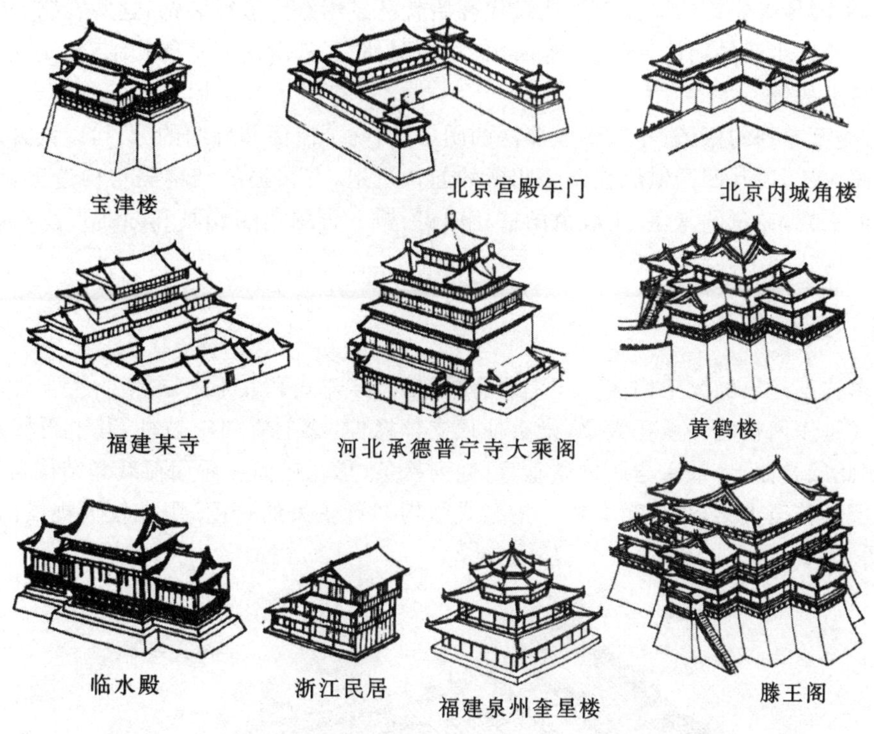

图 3-22　丰富的建筑屋顶组合(选自刘敦桢《中国古代建筑史》)

2.屋顶处理手法

其实,类似上述五种基本式样的屋顶在其他建筑体系中也存在(虽然构造方式可能不同),但后者的屋檐和屋脊都是直线,屋面为直坡,屋角呈直角,显得僵滞、笨重,过于庞大。中国式屋顶则特别富有曲柔的韵味,这是由下面几种处理手法造成的。

首先,中国建筑的屋面通常都是凹曲面,即从上至下屋面不是平直的,而是中部微凹。控制曲度的方法,宋称"举折",清称"举架",做法实极简单,只需调整大梁以上各层短柱的高度即可。庞大的屋顶倚靠它得以"软化",显得轻柔若定。唐代屋顶的坡度比起后代甚为平缓舒展,凹度十分得体。唐以后坡度渐陡,至明清而更甚,不如唐代的含蓄有致。有时,在水平方向,屋面也是中部微凹,这只需在檩条近端处垫起一块内高外低的"枕头木"就可以轻易地做到。

其次,庑殿、歇山和多角攒尖屋顶的屋角都呈上翘状,南方的翘度更为显著,称"屋角起翘"。屋角起翘结构复杂,大约至东汉才出现雏形,唐代渐多,宋金以后普及。屋角起翘大大减弱了屋顶的沉重感,意态轻扬而富于韵味(见图 2-23)。

图 3-23　太和殿屋顶局部

另外，中国传统建筑的屋面至少从汉代开始就已经用脊饰进行装饰，这些脊饰一方面表达了中国人对美好生活的向往，同时又与防雨、防渗漏、防瓦件滑落等功能相结合，实现了精神需求与功能需求的统一。

最后，檐下布列的椽子、斗栱形成深深的阴影，明确了屋面和墙面的分界，以其繁复与上下的简洁大面对比，以其凹凸错综强调了阴影的起伏进退，有很强的结构美与构造美，形成装饰美。从整体来看，白色的基座、暗红色的柱枋门窗、檐下青绿色的彩画和凹曲形屋面的青灰色瓦，庄重醇酽，达到了高度和谐。

3.3.3 结构体系

我国木构架建筑的梁架构成方式主要有抬梁式、穿斗式和井干式。

抬梁式是以两根立柱承托大梁，梁头柱顶支撑檐檩，梁上立两根短柱，其上再置短一些的梁和檩，如此层叠而上，最后与诸檩条垂直，铺列椽条，承托屋面。屋面荷载和结构自重通过各层梁柱层层下传至大梁，再传至立柱。抬梁式结构拥有较大的跨度，用在较大规模的屋宇，如殿堂(见图 3－24)。

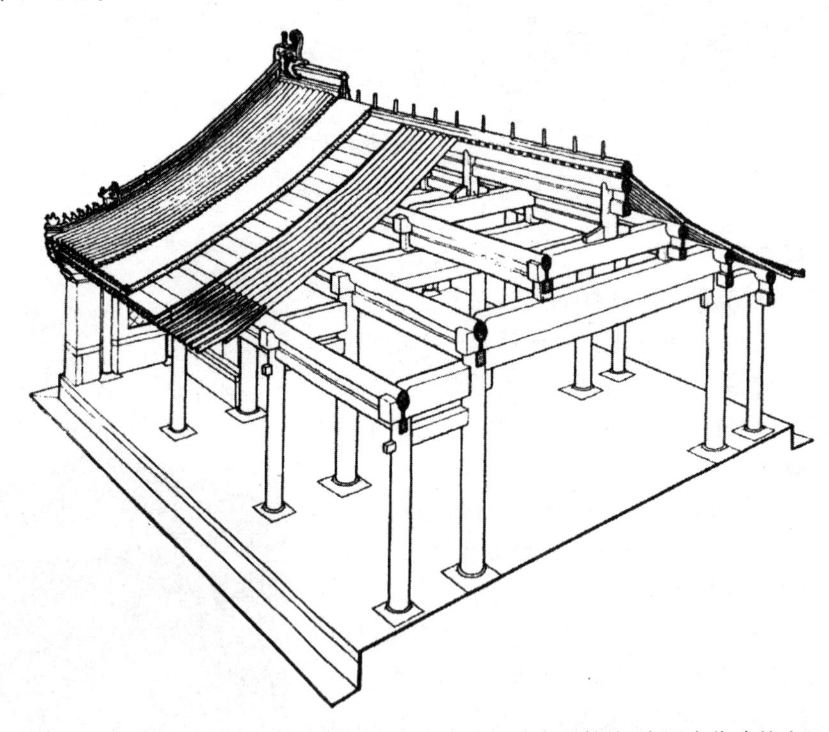

图 3－24 抬梁式梁架(清，七檩硬山大木小式)(选自刘敦桢《中国古代建筑史》)

穿斗式梁架中檩子较细，每条檩子下多有直达地面的柱子，或中隔一至两条短柱再以长柱下达地面，横向以多条水平穿枋将各柱联系起来。两根长柱之间的短柱骑到穿枋上。穿斗式的檩、柱密而细，结构更为轻便，但落地柱较多，不适宜需要大空间的大型建筑，多用在民间规模较小的屋宇，如厅堂，南方尤其多见。也有三排架或五排架屋宇，中间几个排架是穿斗式，左右山墙是抬梁式(见图 3－25)。

井干式木构架是以天然圆木或方形、矩形、六边形断面的木料，层层叠垒构成房屋的整体。

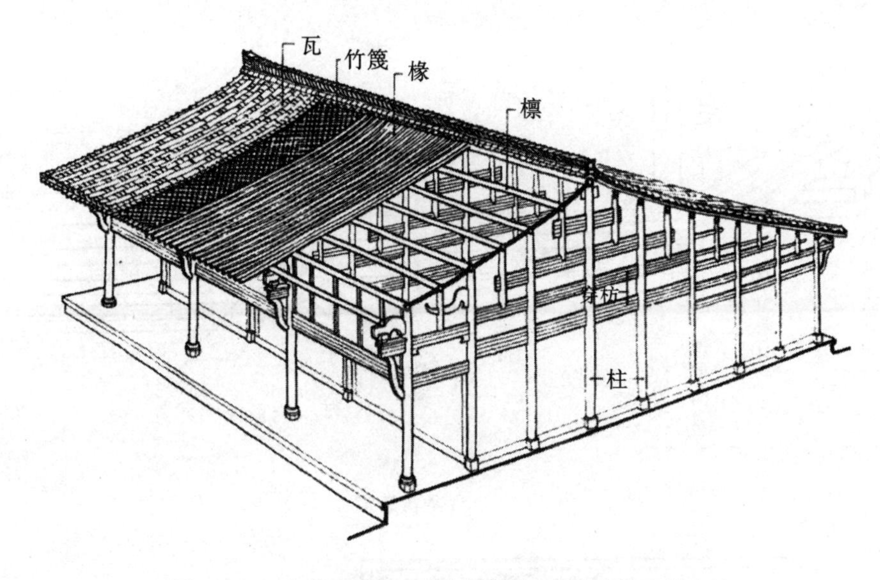

图 3-25　穿斗式梁架（选自刘敦桢《中国古代建筑史》）

井干式结构方法产生于商代之前，并至少在汉代已有井干式建筑的房屋，既可以直接建于地面之上，也可建于干阑式木架之上。目前除少数森林地区外已很少使用。

3.4　木结构构件的形制和做法

3.4.1　台基、踏跺与铺地

1. 台基

建筑下施台基，最早是为了防御洪水和隔绝潮气，后来则是出于外观及等级制度的需要。台基是由地面上的方台和埋在庭院地面下的埋头两部分组成的，台基下、埋在庭院以下的石材称为"土衬石"（见图 3-26）。形式有独立的台基、建筑在台上的台基、与台组结合为一体的台基以及直接利用台作为建筑的台基。常见有砖石、陡石、虎皮石、石雕须弥座台基等。

须弥座为有多层雕饰的台座，后演化为古建筑中较高等级的台基处理形式，多用于宫殿、寺庙的主殿建筑。须弥座是由数层简单枭混线条组成发展到有束腰、莲瓣角柱等复杂程式化的雕饰，一般自上而下分层为上枋、上枭、束腰、下枭、下枋、圭角（龟脚）。层间有皮条线，各层高度均有定制（见图 3-27）。

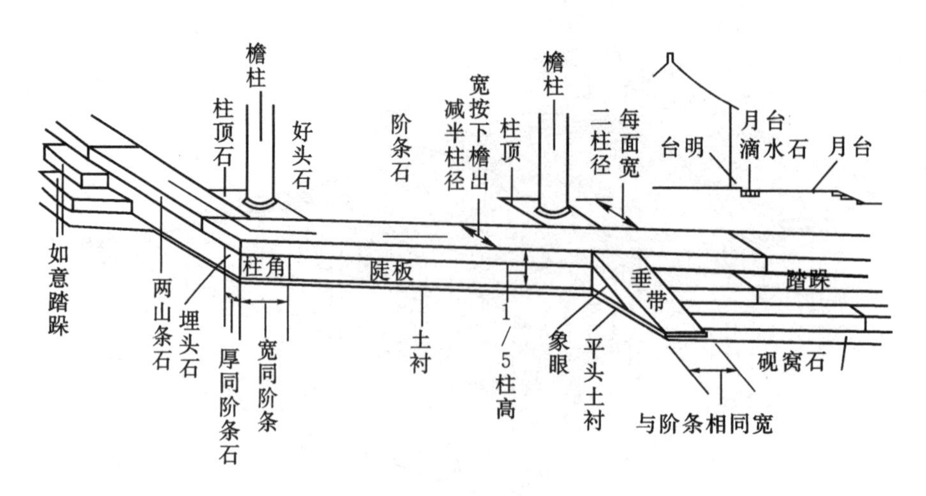

图 3－26　台基构造做法

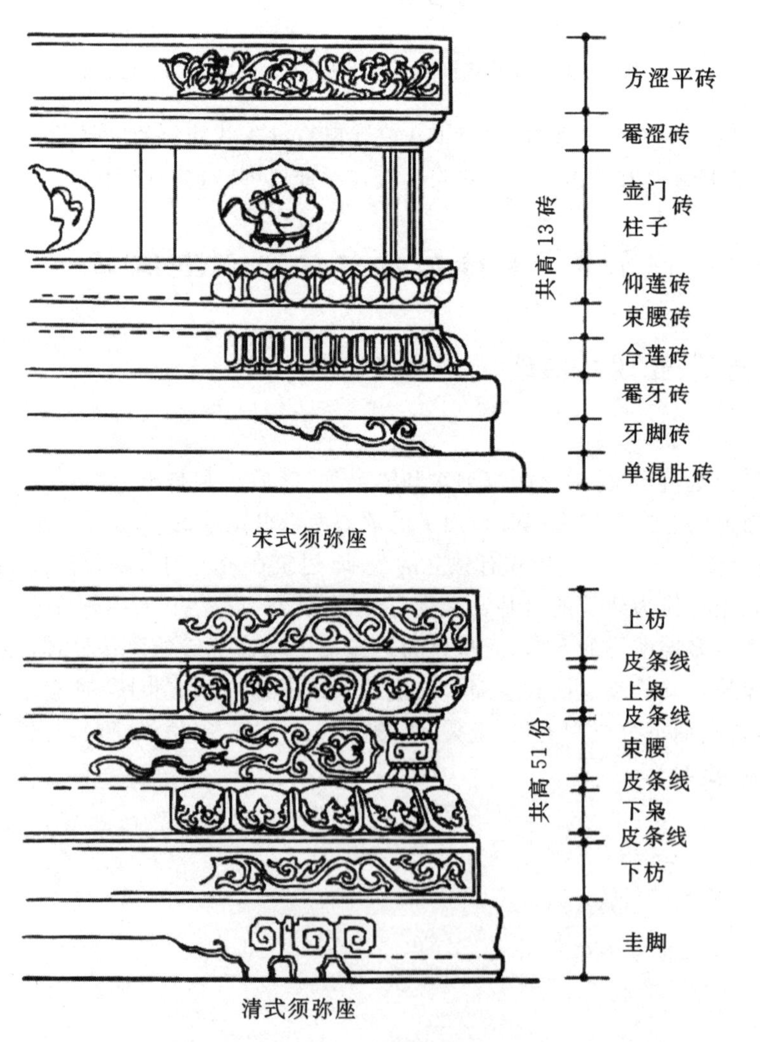

图 3－27　宋式与清式须弥座台基(选自刘敦桢《中国古代建筑史》)

2. 踏跺

踏跺即台阶，形式有垂带踏跺（见图 3－28）、如意踏跺、御路踏跺（见图 3－29）、自然石踏跺和锯齿形坡道的礓礤。

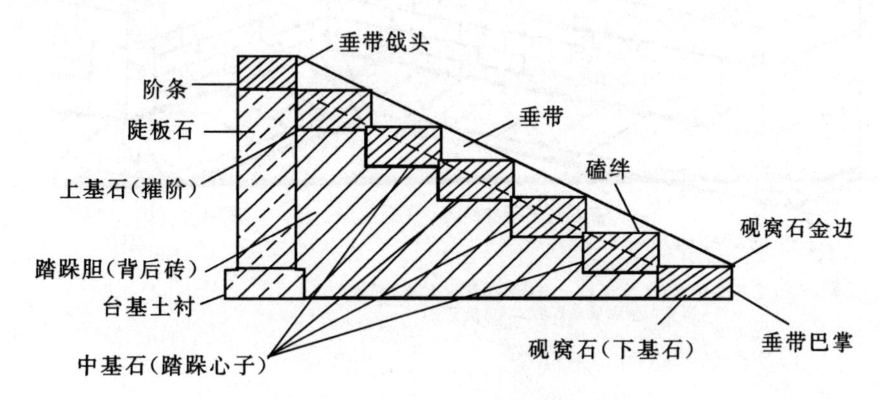

图 3－28　垂带踏跺构造做法

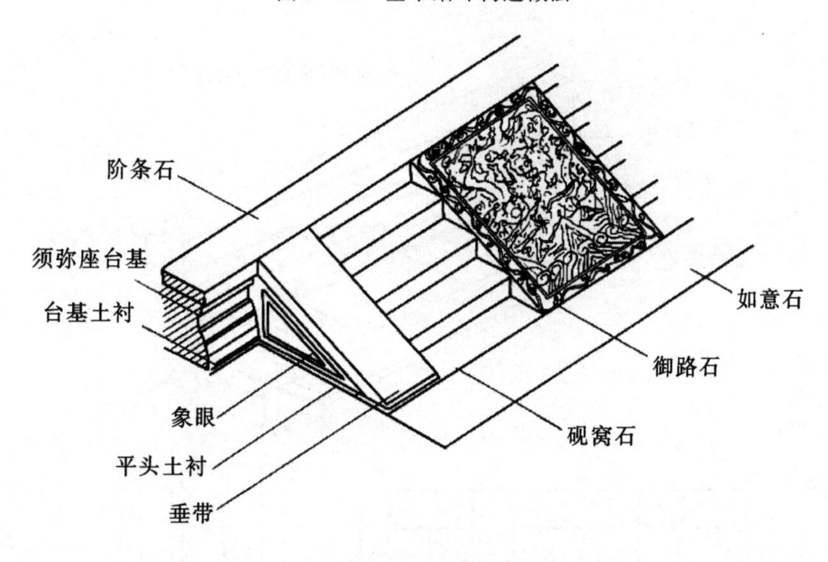

图 3－29　御路踏跺构造做法（来源待查）

3. 铺地

在建筑物台基四周有泛水的排水部分铺地墁砖为散水（见图 3－30），其铺设方式有一品散水、一砖半铺墁（褥子面或人字面）、二砖铺墁（八见方）、五砖铺墁（四整两破）（见图 3－31）。一般室外平台、甬路有用普通青砖或方砖墁地的，较高级别的多采用条石、石板或片石、卵石铺地（图 3－32）。

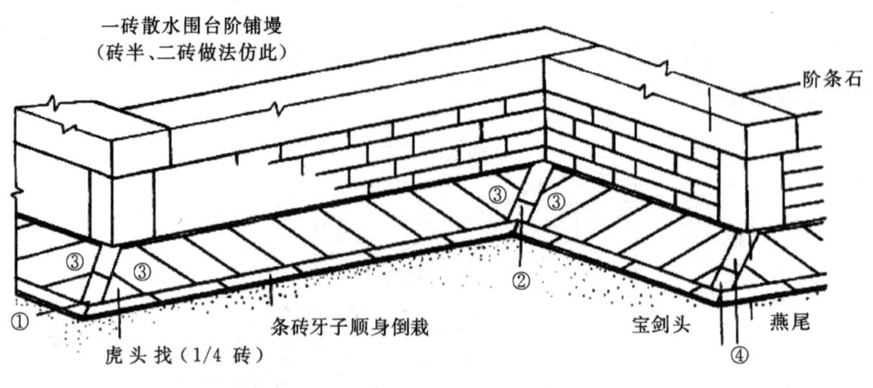

图 3-30 砖散水(台基或墙脚用)

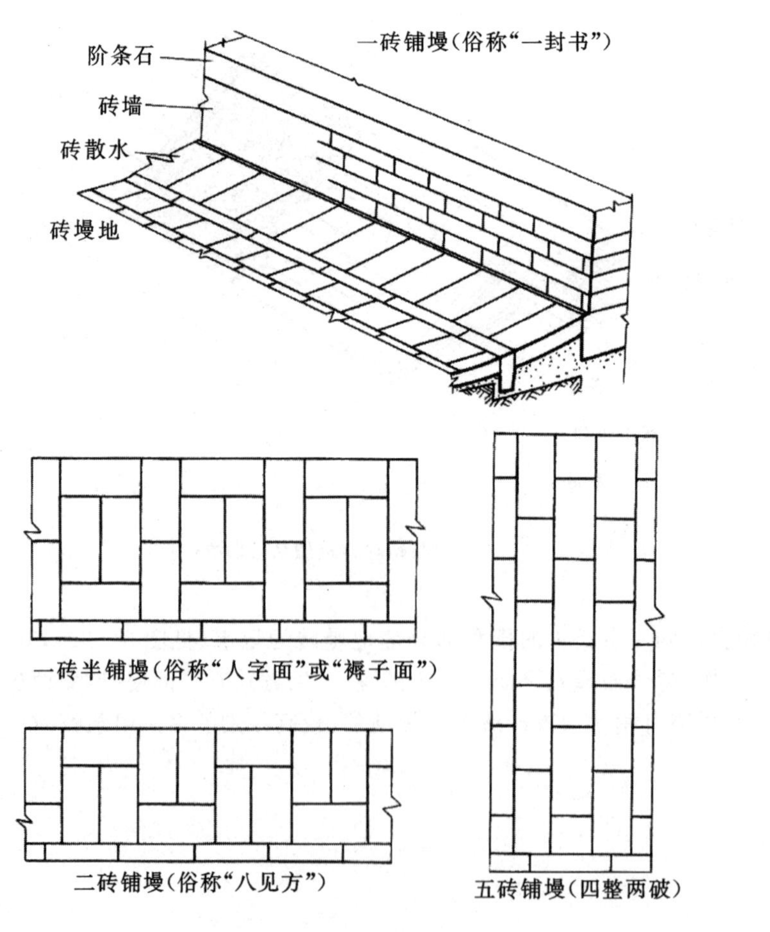

图 3-31 砖散水的几种形式

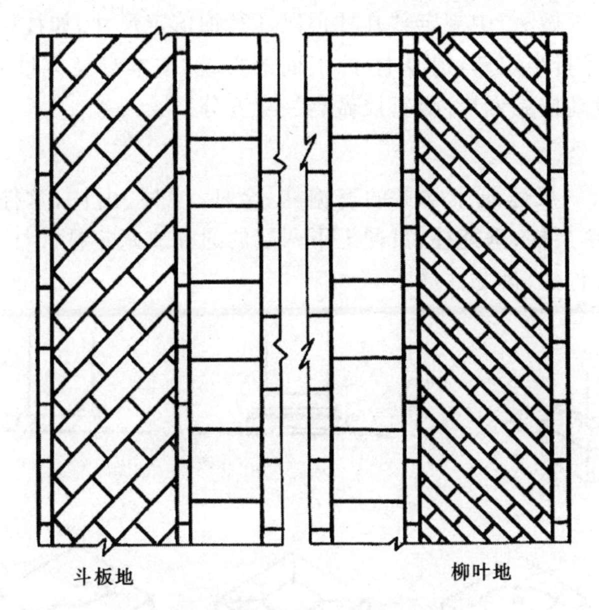

正殿当中甬路(中间三、五方砖宽)

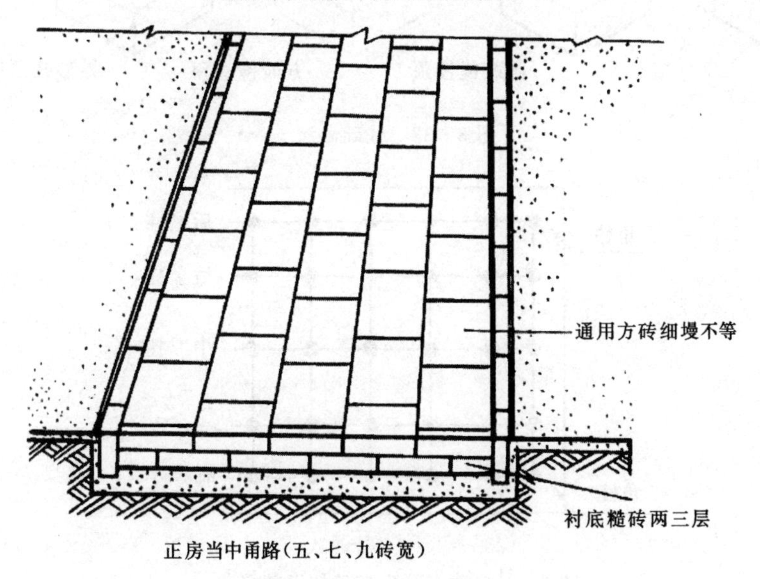

正房当中甬路(五、七、九砖宽)

图 3-32 砖墁甬路做法

➢3.4.2 柱与柱础

1. 柱础

柱础是支撑木柱子的基石,又称柱顶石、鼓蹬、磉石,起承传上部荷载并保护柱脚及防潮作用(见图 3-33),主要形式有古镜柱础、铺地莲花柱础、覆盆式柱础、高柱础及素平柱础 。

柱础尺寸的确定是以木柱的柱径为依据的。宋代《营造法式》中说:"早柱础之制,其方倍柱之径方一尺四寸一下者,每方一尺厚八寸。方三尺以上者,厚减方之半。方四寸以上者,以厚三尺为率。若造覆盆,每方一尺,覆盆高一寸,每覆盆高一寸,盆唇厚一分。如仰覆莲花,其高加覆盆一倍。"清代《工程做法》中规定："凡柱顶以柱径加倍定尺寸，如柱径七寸，得柱顶石见方一尺四寸。以见方尺寸折半定厚，得厚七寸，上面落古镜，按本身见方尺寸内每尺得六寸五分，为古镜的直径。古镜高按见方尺寸，每尺做高一寸五分。"

2. 柱

按结构所处的部位，一般建筑中常见的有檐柱、金柱、中柱、山柱、童柱等（见图 3－34）。此外还有瓜柱、雷公柱、草架柱、垂莲柱、贯通上下两层的通柱或永定柱。柱子的外观，有直柱、收分柱、梭柱、凹楞柱、束竹柱、盘龙柱等。

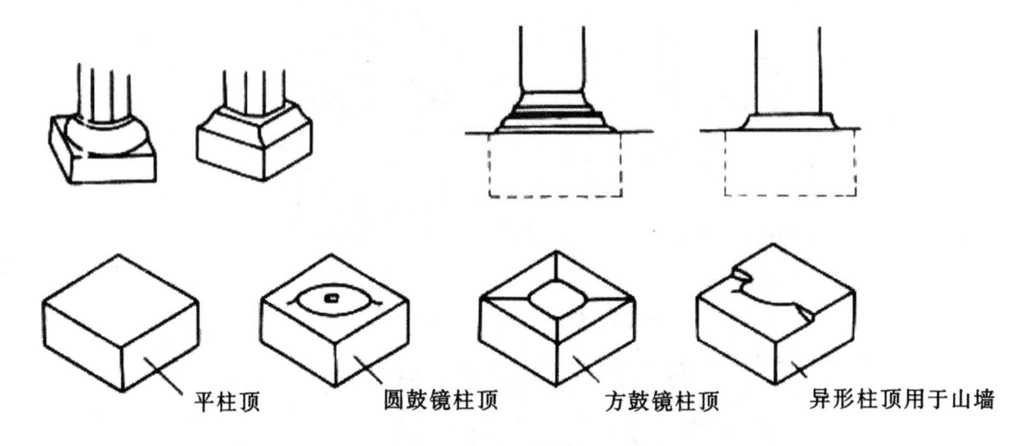

图 3－33　柱础做法

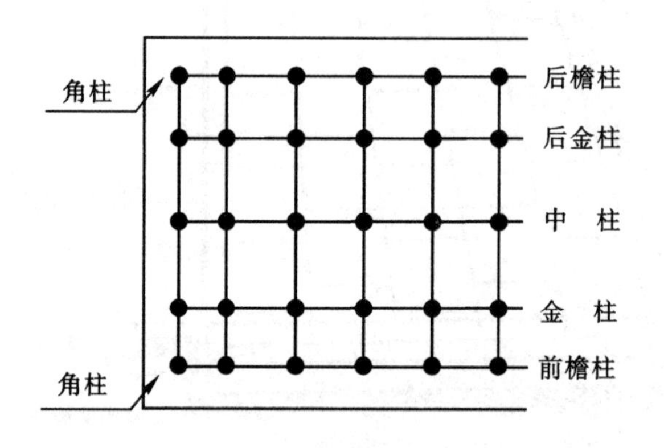

图 3－34　建筑平面各种柱子的名称

柱的断面、高度与建筑的尺度关系，在《营造法式》里规定："凡用柱之制，若殿阁，即径两材两栔至三材；若厅堂柱，则径两材一栔；余屋，即径一材一栔至两材。若厅堂等内柱，皆随举势定其短长，以下檐柱为则。"由于人们对建筑材料的结构特征有一个认识的过程，所以柱径与柱高之间的比率也有一个变化的过程，总体发展趋势由大至小（见表 3－1）。

表 3－1　中国木构建筑柱高比变化趋势

朝代	汉	唐宋	明清
柱高比	1/2～1/5	1/8～1/9	1/10～1/3（民间 1/15）

早期木柱的断面大多为圆形，秦代已有方柱，汉代石柱更增加了八角、束竹、人像柱等形式，柱身也有直柱和收分较大的两种。南北朝时受佛教影响，出现束莲柱以及印度、波斯、希腊

式柱头。宋代以圆柱为最多，另有八角柱和瓜楞柱。宋代《营造法式》对梭柱的做法有明确的规定，将柱身依高度等分为三，上段有收杀，中、下段平直。

宋辽建筑的檐柱由当心间向两端升高，使得檐口呈现缓和的曲线，这在《营造法式》中称为“生起”。它规定当心间不升起，次间柱升 2 寸，以下各间依此递增。

另外，为增加建筑的稳定性，宋代建筑规定外檐柱在前、后檐均向内倾斜柱高的 10/1000，在两山向内倾斜 8/1000，而角柱则向两个方向都有倾斜，这种做法称之为“侧脚”。如为楼阁建筑，则楼层于侧脚之上再加侧脚，逐层向内收。

3.4.3　墙壁

墙壁的使用非常广泛，通常有围绕城市的城墙以及宫殿、坛庙外围的宫墙，还有甲地、住宅中的宅墙等。单栋建筑中，按照使用位置可分为槛墙、廊心墙、前檐墙、后檐墙、后金墙、山墙、防火墙、扇面墙、隔断墙等(见图 3－35)；按构造可分为承重墙、维护墙和混合墙；按照建造材料则有土墙(夯土或土坯)、砖墙、石墙、木墙、编条夹泥墙等。

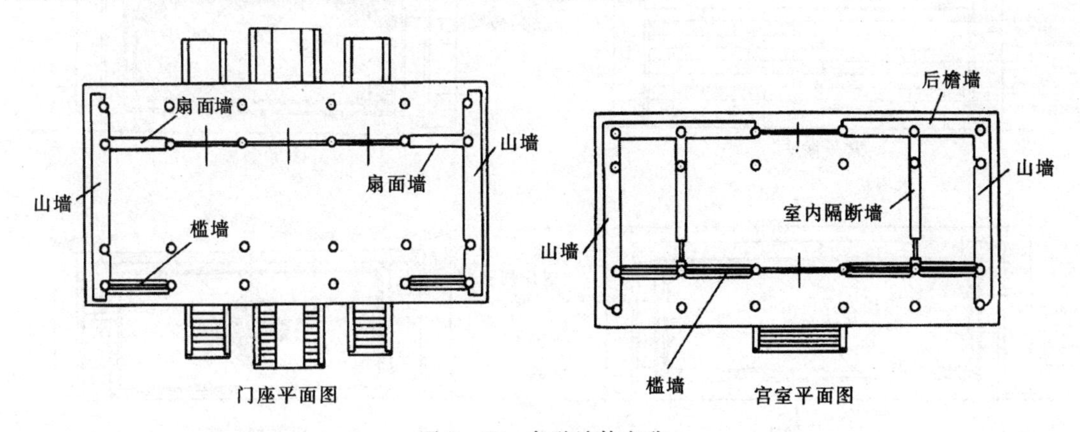

图 3－35　各种墙体名称

1. 槛墙

槛墙为窗槛以下至地面的矮墙，一般为清水墙，有的槛墙作砖雕纹饰(见图 3－36)。与柱交接处里外砌成八字形。

2. 廊心墙

廊心墙为山墙廊间金柱与檐柱之间的墙体，一般指墙的内侧部分(见图 3－37)。下肩与山墙砌法相同，上身可简单粗砌抹灰，但多将中间砌成长方形的廊心，并作出线脚、砖雕纹饰，或在廊心白灰罩面绘画题字。

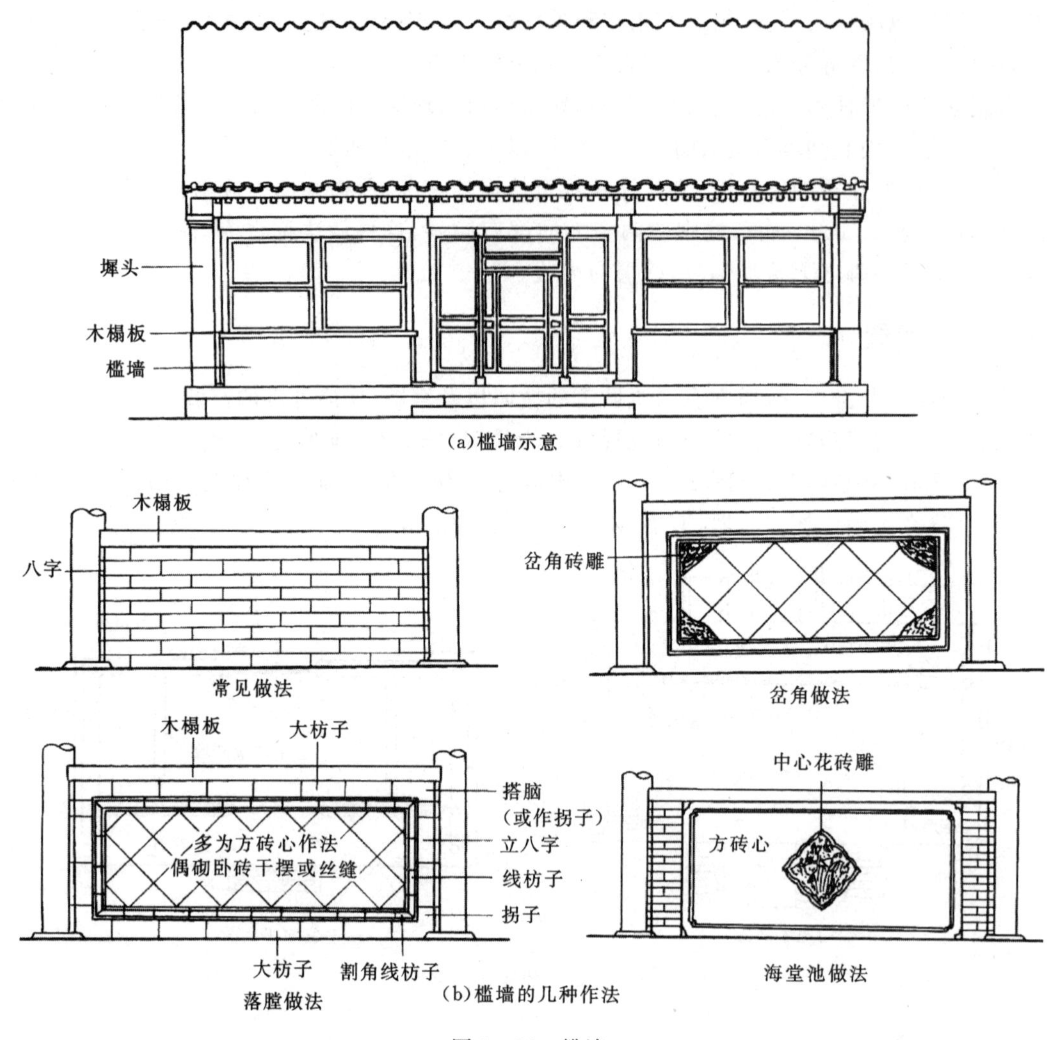

墀头
木槅板
槛墙
(a)槛墙示意
木槅板
八字
常见做法
岔角砖雕
岔角做法
木槅板
大枋子
搭脑
(或作拐子)
多为方砖心作法
偶砌卧砖干摆或丝缝
立八字
线枋子
拐子
大枋子
割角线枋子
落膛做法
(b)槛墙的几种作法
中心花砖雕
方砖心
海棠池做法

图 3-36　槛墙

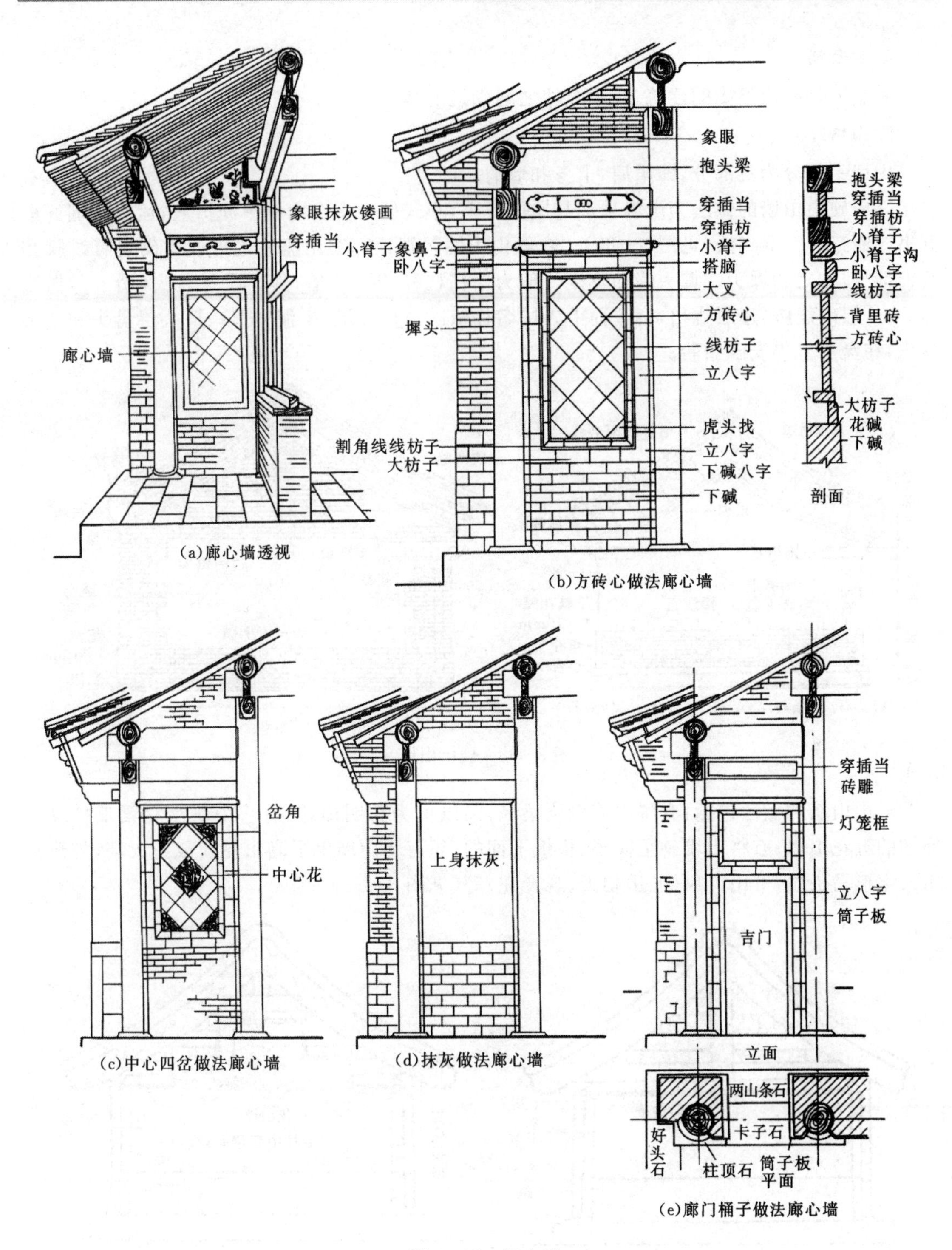

图 3－37 廊心墙

3. 檐墙

檐墙为檐柱之间的墙体，有前、后之分，前檐墙一般用于普通民居。

4. **后金墙**

后金墙是有后檐廊的建筑，在后金柱之间砌筑的墙体。

5. **山墙**

山墙一般分为三部分，即裙肩、上身和墙肩。

其中硬山山墙的做法为山墙顶部与屋面齐平，小式硬山多在山墙中间抹灰，运用两端五进五出或圈三套五等砌法（见图 3-38）。在硬山山墙两端顶部突出檐柱之外通常砌筑有线脚和装饰部分，称之为墀头。墀头墙的宽度一般为檐柱柱径的 1.6 倍，其上段为盘头（梢子），做法为 5～6 层砖线脚，逐层挑出，自下而上各层名称依次为荷叶墩、半混、炉口、枭头层盘头和二层盘头，在盘头上再安戗檐砖。

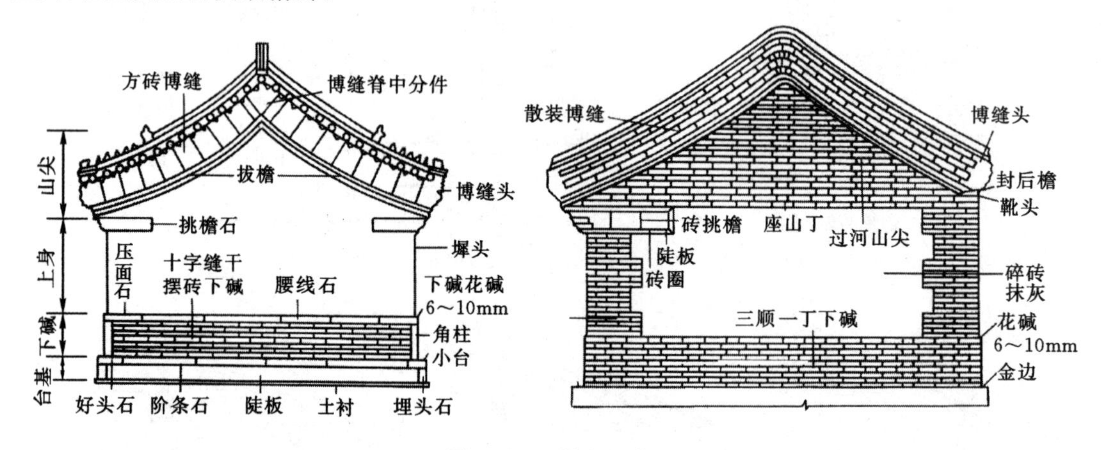

图 3-38　硬山山墙

悬山山墙的做法包括：有将山墙砌至梁底，梁以上为露明山花；有将山墙沿柱梁瓜柱砌成梯形的五花山墙；有将山墙砌至椽子、望板下面的；还有将山墙砌了高出屋面成封火墙，外形常用人字形马头墙、五山屏风（五岳朝天、观音兜）等（见图 3-39）。

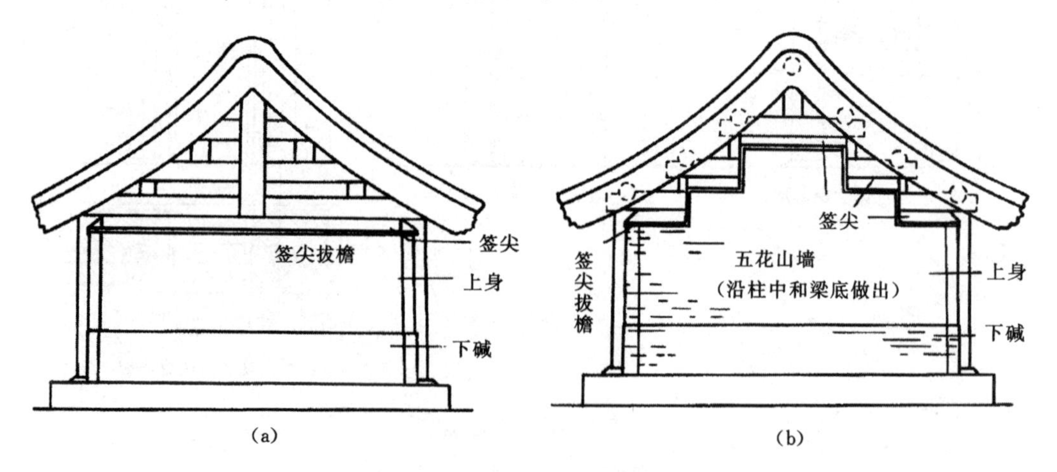

图 3-39　悬山山墙

3.4.4　梁架与斗栱

1. 梁架

梁、枋、檩、椽为梁架系统的主要构件，彼此以榫卯方式连接组合成框架体系(见图 3－40)。

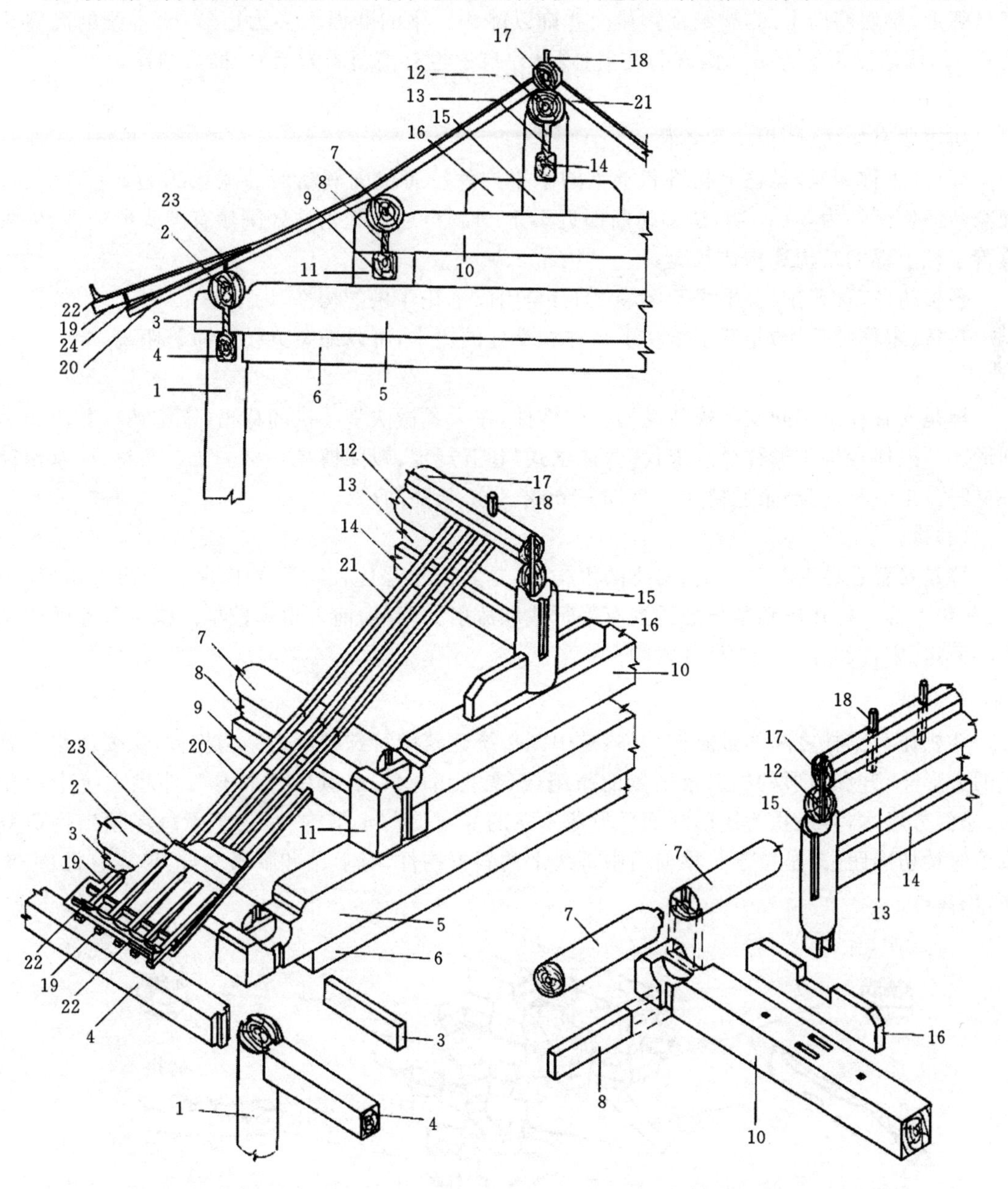

1. 檐柱；2. 檐檩；3. 檐垫板；4. 檐枋；5. 五架梁；6. 随梁枋；7. 金檩；8 金垫板；9. 金枋；10. 三架梁；11. 柁墩；12. 脊檩；13. 脊垫板；14. 脊枋；15. 脊瓜柱；16. 角背；17. 扶脊木(用六角形或八角形)；18. 脊桩；19. 飞檐椽；20. 檐椽；21. 脑架椽；22. 瓦口与连檐；23. 望板与里口木；24. 小连檐与闸挡板

图 3－40　清式梁架分件图

(1)梁。

按照梁在构架中的位置,可分为单步梁(抱头梁)、双步梁(宋称乳栿)、三架梁(平梁)、五架梁(四椽栿)、七架梁(六椽栿)、顺梁、扒梁、角梁等。宋梁栿的名称是按它所承的椽数确定,清代则以梁上所承桁或檩的多少为其步架名称。梁的外观可分为直梁和月梁,后者的特征是梁肩呈弧形,梁底略向上凹,梁侧常作琴面并饰以雕刻。梁的断面大多为矩形,宋木梁的高宽比为 3∶2,明清则近于方形。南方的住宅、园林建筑中也有用圆木为梁的,称为圆作。

(2)枋。

枋主要有额枋、平板枋和雀替。

额枋(宋称阑额)是柱上联络和承重的水平构件。唐代阑额断面高宽比约为 2∶1,宋、金阑额断面比例约为 3∶2,明、清额枋断面近于 1∶1。自辽代起角柱处阑额有出头的处理,大大改善了柱上部的结构和构造状况。

平板枋(宋称普拍枋)平置于阑额之上,是用以承托斗栱的构件。

雀替(宋称绰幕枋)是置于梁枋下与柱相交处的短木,可以缩短梁枋的净跨距离。

(3)檩。

檩是安置在梁架间支承椽和屋面板的构件,在大式做法带斗栱的称桁(宋称槫),其段面为圆形。一般槫径等于檐柱径。宋代《营造法式》卷五规定:殿阁槫径一材一栔或两材;厅堂槫径一材三分至一材一栔;余屋槫径一材加一分或二分,长随间广。

(4)椽。

椽是安置在檩上与之正交、密排的木构件,是直接承受屋面荷载的构件。断面有矩形、圆形、荷包形等。椽在屋角部分的排列有平行式和放射式两种,前者出现较早。椽径尺寸随建筑大小而定,宋代约在 6～10 材分之间。

2. 斗栱

斗栱作为梁柱之间的过渡性构件,是中国传统建筑中特殊的承力结构构件,主要由水平放置的方形斗、升和矩形的栱以及斜置的昂组成(见图 3-41)。其中斗和升为斗栱系统中承托翘、昂的方形木构件;栱为矩形断面弓形短木条的受弯受剪水平构件,用于承载屋顶出挑荷载或缩短梁枋净距;昂是位于斗栱前后中轴线上的斜置构件,有上昂和下昂之分,形式有批竹、琴面、象鼻等。

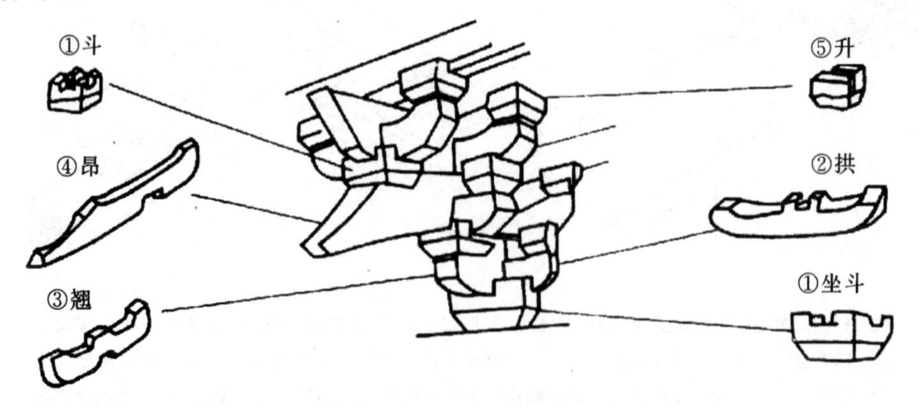

图 3-41　斗栱的组成(选自刘敦桢《中国古代建筑史》)

按照斗栱所在的具体位置，可分为柱头斗栱（宋称柱头铺作，清称柱头科）、柱间斗栱（宋称补间铺作，清称平身科）、转角斗栱（宋称转角铺作，清称角科），另外还有平作斗栱和支承在檩枋之间的斗栱等。

宋代采用"材栔制"，规定了栱、昂等构件的用材制度，并将"材"的高度划分为 15 分，宽度为 10 分；将上、下栱间距离称为"栔"，高 6 分，宽 4 分，单材上加"栔"，谓之"足材"，高 21 分。宋代《营造法式》中，按建筑等级将斗栱用材分为八等，具体应用如表 3－2 所示。

表 3－2　宋《营造法式》规定斗栱用材

等级	每分尺寸	材断面尺寸		应用范围
		广(高)15 分	厚(宽)10 分	
一等	0.6	15×0.6=9	10×0.6=6	9 至 11 间殿身
二等	0.55	15×0.55=8.25	10×0.55=5、5	5 至 7 间殿身
三等	0.5	15×0、5=7.5	10×0.5=5	3 至 5 间殿或 7 间堂
四等	0.48	15×0、48=7.2	10×0.48=4.8	3 至 5 间厅堂
五等	0.44	15×0.44=6.6	10×0.44=4.4	小殿 3 间或堂大 3 间
六等	0.4	15×0.4=6	10×0.4=4	亭、榭、小厅堂
七等	0.35	15×0.35=5.25	10×0.35=3.5	小殿、亭榭
八等	0.3	15×0.3=4.5	10×0.3=3	藻井、小亭榭

注：表中所列尺寸以寸为单位

清代大式建筑中以坐斗斗口宽度作为建筑及构件尺度的计量标准，单材的高、宽比为 14∶10，足材为 20∶10，斗口按建筑等级分为十一等。其中一、二、三等斗口均未见实例，四等、五等斗口尺寸用于城楼，六等至八等斗口尺寸用于殿宇，九等至十一等斗口尺寸用于小建筑。

3.4.5　屋顶构架

1. 举折和举架

举折和举架分别为宋代和清代定屋顶坡度及屋盖曲面线的方法（见图 3－42、图 3－43）。"举"是指屋架的高度，常按建筑的进深和屋面的材料而定。所谓的"折"是因为屋架各檩升高的幅度不一致，所以屋面横断面坡度由若干折线所组成。

宋代的举折之法，按《营造法式》规定，先确定建筑屋顶的总举高，其曲线则按每榑中线，自上每缝减去举高之十分之一，次缝减二十分之一，以此类推。愈低而减愈少，然后联缀以成屋顶断面之曲线，谓之折屋。

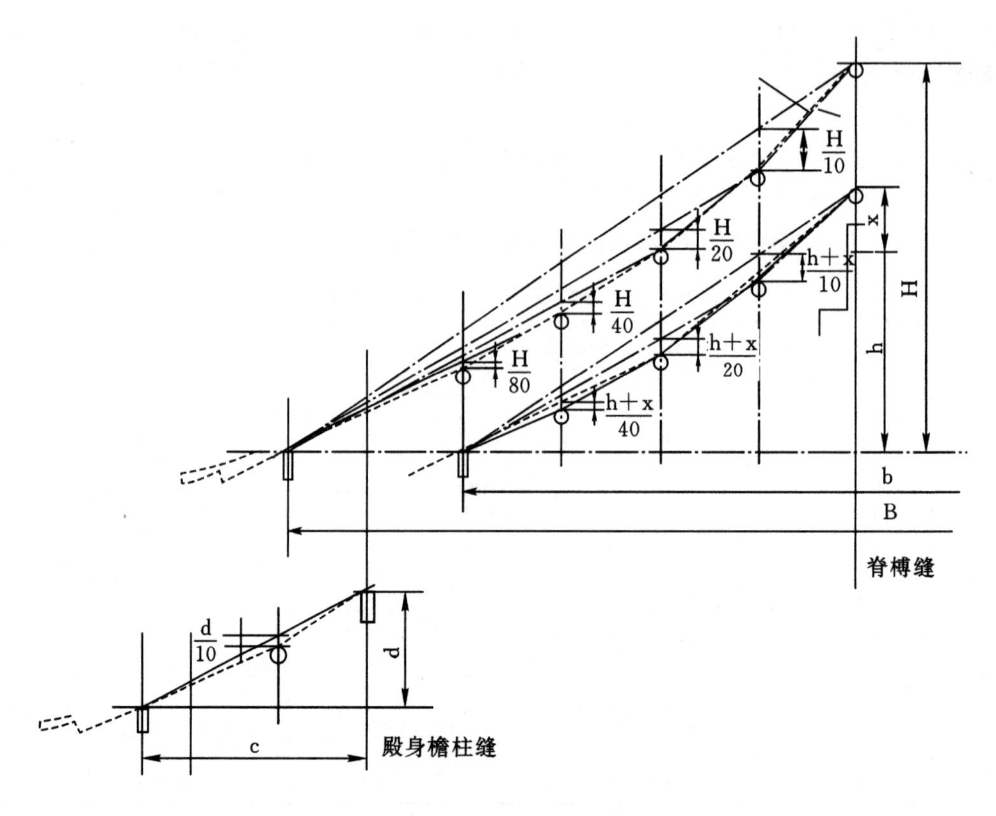

图 3－42　宋代《营造法式》大木作举折之制

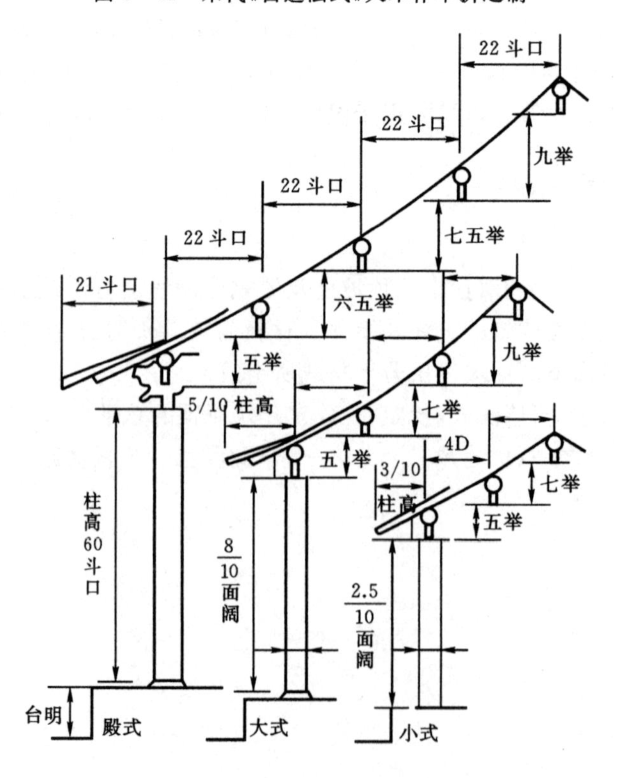

图 3－43　清式建筑举架

清代的举架之法计算由下而上，各举高如表 3－3 所示。表中的五举，表示此步升高是水平距离的 0.5，六五举即 0.65。整体屋面的坡度越往上越陡。

表 3－3　清式建筑各步举高

	飞檐	檐步	下金步	中金步	上金步	脊步
五檩	三五举	五举				七举
七檩	三五举	五举		七举		九举
九檩	三五举	五举	六五举		七五举	九举
十一檩	三五举	五举	六举	六五举	七五举	九举

2. 庑殿木构架

庑殿木构架是于山面檐柱正心檩上退一步置顺趴梁、立交金瓜柱，在其上安山面与前后金檩，再设顺趴梁和交金瓜柱，直到在上金檩与三架梁间置太平梁与雷公柱，以承推山伸出的脊檩（见图 3－44）。

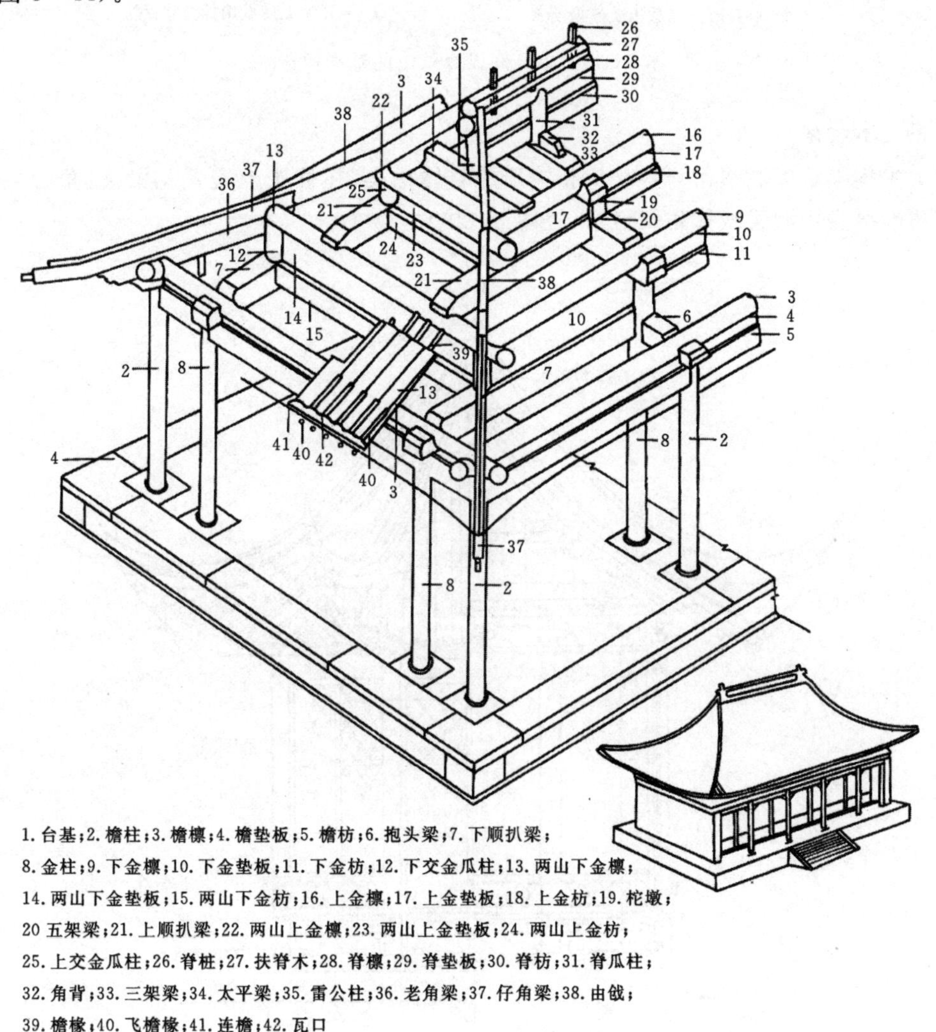

1. 台基；2. 檐柱；3. 檐檩；4. 檐垫板；5. 檐枋；6. 抱头梁；7. 下顺扒梁；
8. 金柱；9. 下金檩；10. 下金垫板；11. 下金枋；12. 下交金瓜柱；13. 两山下金檩；
14. 两山下金垫板；15. 两山下金枋；16. 上金檩；17. 上金垫板；18. 上金枋；19. 柁墩；
20 五架梁；21. 上顺扒梁；22. 两山上金檩；23. 两山上金垫板；24. 两山上金枋；
25. 上交金瓜柱；26. 脊柱；27. 扶脊木；28. 脊檩；29. 脊垫板；30. 脊枋；31. 脊瓜柱；
32. 角背；33. 三架梁；34. 太平梁；35. 雷公柱；36. 老角梁；37. 仔角梁；38. 由戗；
39. 檐椽；40. 飞檐椽；41. 连檐；42. 瓦口

图 3－44　庑殿木构架

3. **歇山木构架**

歇山木构架的山面以上与悬山构架相同，山面以下与庑殿构架基本相同，在顺梁上退一步安交金墩以承踩步金，在山面正心檩向内收一个檩径安脚踏木，再于其上设草架柱(方形)以托脊檩(见图 3-45)。

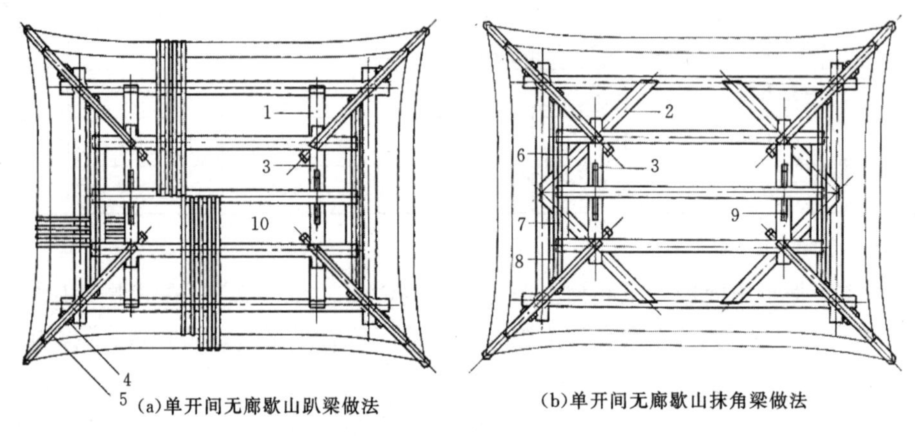

图 3-45　单开间无廊歇山的基本构造

4. **攒尖木构架**

攒尖木构架是以檐垫枋与各柱头相连形成整体构架，在柱头上安置花梁头(角云)承托檐檩。多边形攒尖用顺梁或抹角梁做法(见图 3-46)。

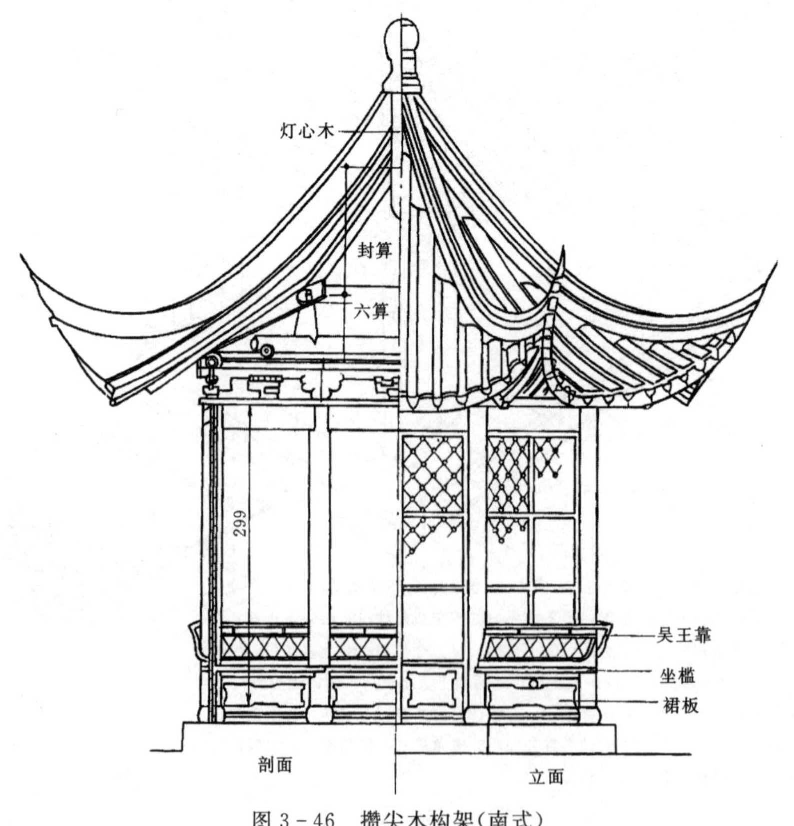

图 3-46　攒尖木构架(南式)

3.5　木结构的装饰与装修

3.5.1　装饰

中国传统木构建筑十分注重结构及构件的形式美，建筑装饰除了满足美化建筑分隔空间等基本实用功能外，还有营造氛围、诠释礼教、祈盼吉祥、传承文化的深层内容。按照分布的部位，主要有屋面的脊饰（以琉璃构件、瓦饰、灰塑为主）、墙面上的壁画和雕刻、木构梁架及柱间的木雕和彩画等。

1. 脊饰

屋顶脊饰包括正脊、垂脊、戗脊以及正吻、垂兽、戗兽、走兽等（见图3-47）。这些构件不仅美化了建筑，反映古人们的美好愿望，更主要的是满足了建筑功能上的要求。如屋脊，它是两个坡屋面的交线，下部是重要的木构梁架，防止雨水从中间缝隙渗漏是首先要满足的功能要求。在各地的古建筑中屋脊部分有多种的做法，有多层构件砌筑的，有饰以琉璃构件、灰塑、砖雕图案的。又如正吻，位于前后两垂脊和正脊交接处，在此位置上放置的吻，既可以满足防止雨水渗漏的功能，又是屋顶上重要的装饰构件。

图3-47　历代吻兽形式

2. 壁画

壁画这种艺术形式出现的很早，据记载商代就已出现在宗庙内壁绘制山川神鬼的例子。汉、晋的实物多见于墓中，内容大多是主人生前生活和护墓神祇。唐代建筑中施壁画十分盛行，著名画家辈出。在大型唐墓中（如懿德太子墓），由墓道到后室的墙上绘制了大量的壁画，是我们研究唐代社会生活与建筑文化的重要资料。明代以后，建筑中施壁画渐少，艺术水平也有所下降。

3. **雕刻**

雕刻按形式可分为浮雕和圆雕两种，使用的材料有石、砖、木等。

现遗存的古代建筑石刻以汉代为最早，汉代至宋代遗存的各种石室、石阙、石窟、石墓、石塔、经幢等有大量仿木构建筑的雕刻，从整体到细节都忠实地反映了当时建筑的特点。宋代《营造法式》中对石料加工总结为六道工序，即打剥、粗搏、细漉、褊棱、斫砟、磨砻。清代延续了这些做法，直至今天仍然主要是这几道工序，其名称改为打荒、砸花锤、剁斧、刷錾道、磨光。

砖雕常置于牌坊、门楼、照壁、墙头、门头、须弥座或墓葬中，内容有生活起居、人物故事、仙灵野兽、山水花木、几何图案、吉祥文字等，一般采用浮雕的形式。现存最早的砖雕见于汉墓中的画像砖，以表现当时的社会生活和城市建筑为主。

4. **彩画**

木构梁架上施以彩画至少从战国的时候就开始了，汉代彩画的题材常采用云气、仙灵、动植物等，六朝时常用莲瓣，唐宋及以后几何图形和植物花纹渐多。

宋代彩画可分为五彩遍装、碾玉装、青绿叠晕棱间装、三晕带红棱间装、解绿装、解绿结华装、丹粉刷饰、黄土刷饰、杂间装九种。清代彩画共有和玺彩画、旋子彩画、苏式彩画三种。其中和玺彩画一般用于宫殿和寺庙的主殿，以龙凤为主题，主要线条都沥粉贴金；旋子彩画一般用于官署和寺庙的主、配殿及牌楼，以在藻头内画旋涡状的图案为主要特点；苏式彩画一般用于园林建筑和民居，主要是将木构架中的檩、垫、枋中心部分围合成一个半圆形，在其内画人物花卉、虫鱼鸟兽、亭台楼阁、山水风光等，主题内容丰富多彩。

南方住宅和园林建筑大多用栗色或黑色漆涂梁柱等木构件，其上不施彩画，整体色调素雅。一般的民居如穿斗式建筑，其柱枋间常施清漆以保留木材本色，墙面涂以白垩，效果简洁清新。

4.5.2 装修

装修可分为外檐装修和内檐装修：前者主要包括建筑室外或分隔室内外的门窗以及室外装修构件楣子、座凳、栏杆等；后者主要包括安置在建筑内部分隔空间的隔断、罩、屏风、屏门、太师壁、博古架以及天花、藻井等。

1. **门**

门主要有板门、槅扇门两种（见图 3 - 48、图 3 - 49）。板门多用于大门处，常见的为实榻门、棋盘门、撒带门，一般为两扇。板门又有棋盘板门与镜面板门之分：前者用木枋钉成框架，外钉木板；后者完全用厚木板拼合，背面用横木联系。槅扇，又称格子门，其形式如落地的长窗，布置于建筑的整个开间，每间可用四、六、八扇，具体数量根据建筑开间大小来定，每扇宽高比在 1∶3 到 1∶4 左右，都为内开式。

与门相关的还有许多配件如连楹、门簪、门钉、门跋、门、连二楹、门枕石和抱鼓石（见图 3 - 50）等。这些配件起到装饰大门、表明身份地位等作用。例如门簪，它是将安装门扇上轴所用连楹固定在上槛的构件。门簪数量为两颗或四颗，其多少体现等级的高低，等级较高的金柱大门、蛮子门均有四颗门簪，而等级较低的如意门只有两颗门簪。

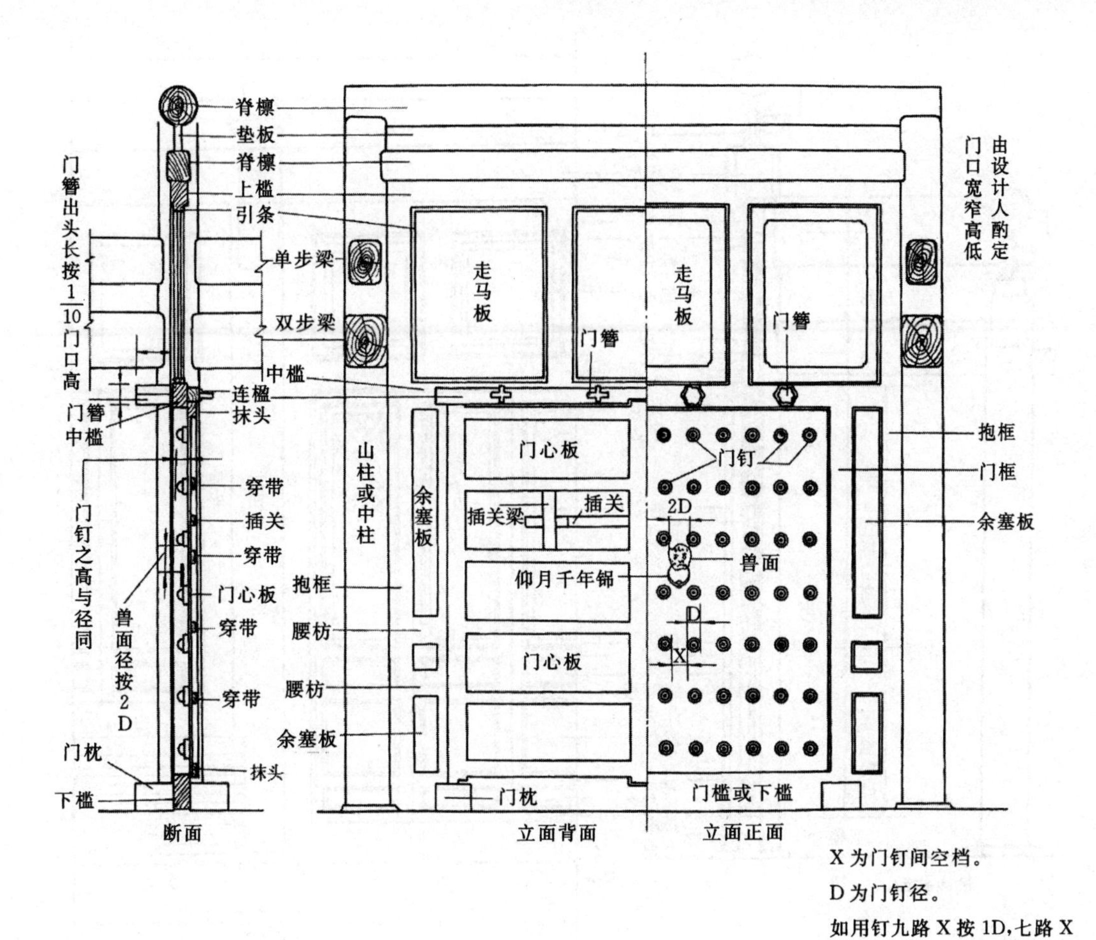

X为门钉间空档。

D为门钉径。

如用钉九路X按1D,七路X按$1\frac{1}{2}$D;五路X按2D。

图3-48　大门装修

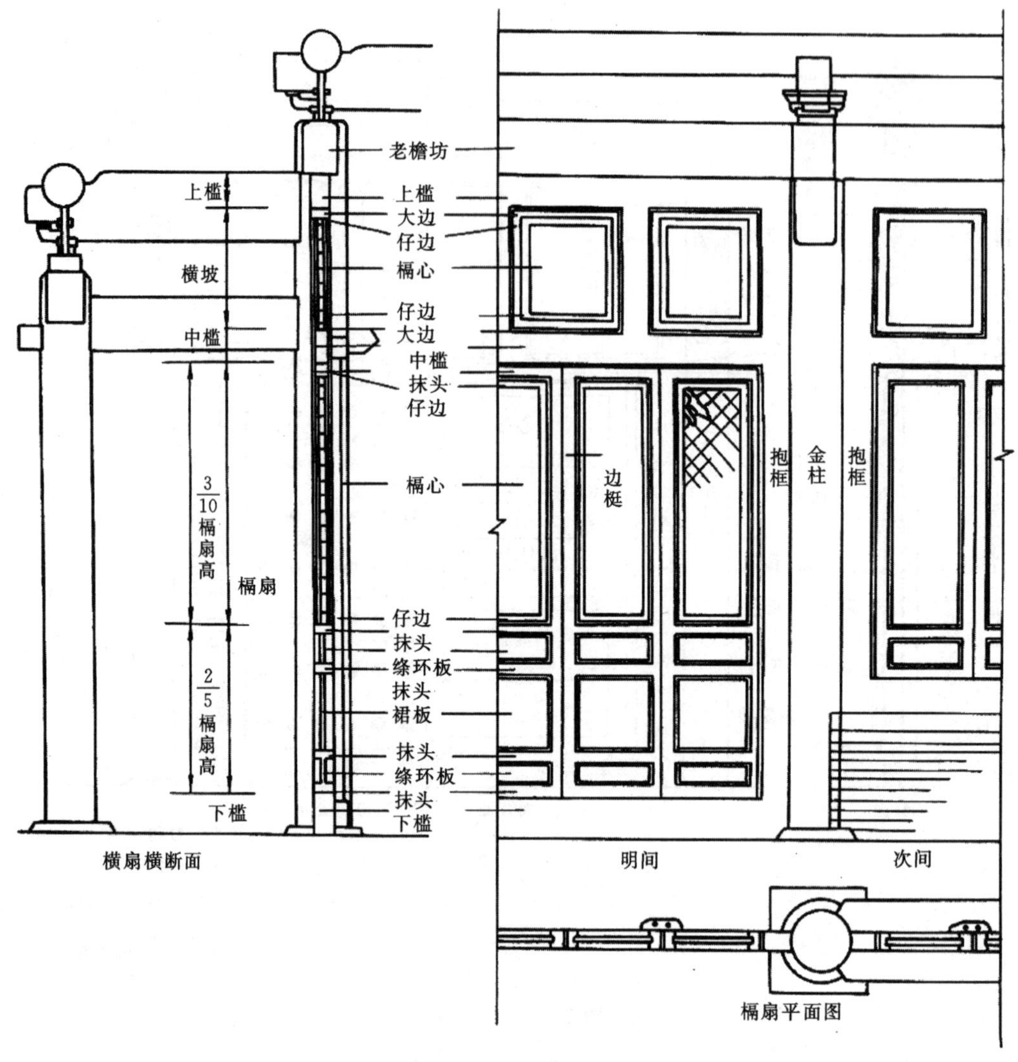

图 3-49　槅扇装修

图 3-50　抱鼓石详图

2. **窗**

传统建筑的窗兼具采光通风与装饰作用，其主要有直棂窗、槛窗、支摘窗、横披窗、漏窗等。

直棂窗固定不能开启，是唐代以前建筑最常用的窗户形式，常见立于柱间或建在殿堂门侧的槛墙上。

槛窗，与槅扇门大致相同，只是没有裙板部分而立于槛墙之上，常与槅扇配套使用，可使建筑物立面和谐统一，但槛窗笨重、开关不便，所以民居中绝少使用（见图 3－51）。

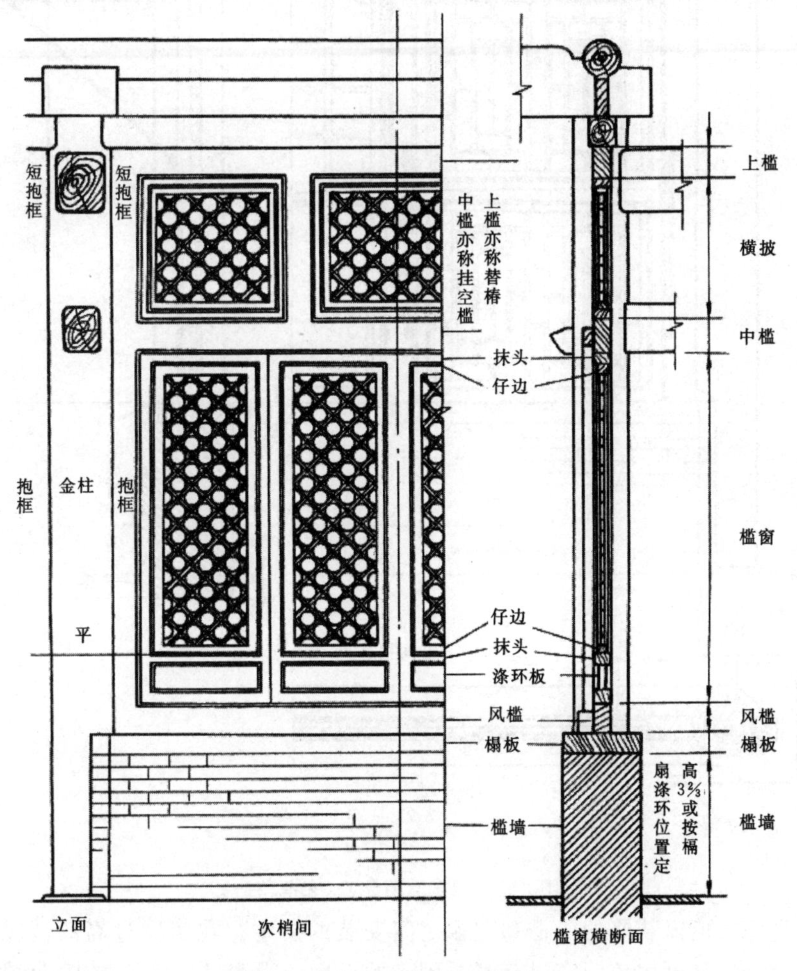

图 3－51　槛窗装修（来源待查）

支摘窗的特点是能支撑又能摘下，是用于民居、住宅建筑的一种窗，安装于建筑物的前檐金柱或檐柱之间。支摘窗一般都做内外两层，外层糊纸或安玻璃，用于保温，内层为纱屉，便于夏季通风。北方的支摘窗通常对半分为上下两部分，上部可支，下部可摘；南方的支摘窗因夏季通风需要，面积较大（见图 3－52）。

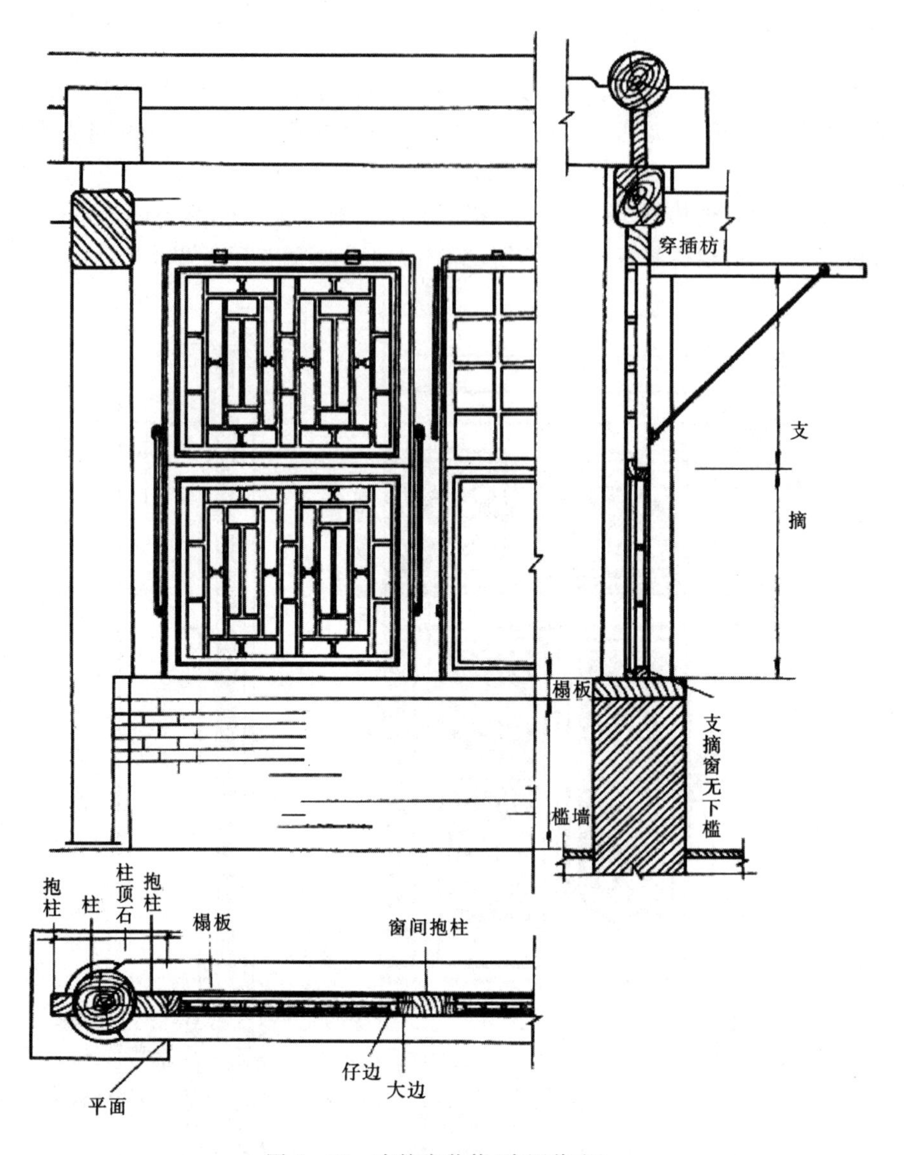

图 3－52　支摘窗装修(来源待查)

横批窗是槅扇槛窗装修的中槛和上槛之间安装的窗扇。在房屋过高的情况下,设置横披窗既可通风、采光,又可避免门窗过高开关困难的毛病。明清时期的横批窗,通常为固定扇,不开启。

漏窗窗孔形式多样,有圆形、方形、多边形、扇面等,以砖瓦、竹木片、泥灰等构成几何图案或动植物形象。漏窗在园林建筑中使用尤其广泛,是表达园主人审美意趣的重要手段。如苏州狮子林中著名的“琴棋书画”四连漏窗,表现了文人雅士的生活情趣,在假山竹石的掩映下显得极为风雅。又如苏州沧浪亭的漏窗以植物题材为主,有象征富贵的牡丹与海棠,有高洁的荷花,有多子的石榴,更有佛教题材的贝叶。

3. 栏杆

栏杆也称钩栏,由寻杖、斗子蜀柱、华板、望柱和地栿组成。栏杆形式有栏板栏杆、罗汉栏板、花式栏杆、坐凳栏杆和靠背栏杆,栏杆材料有木作、砖作和石作(见图 3－53、图 3－54)。

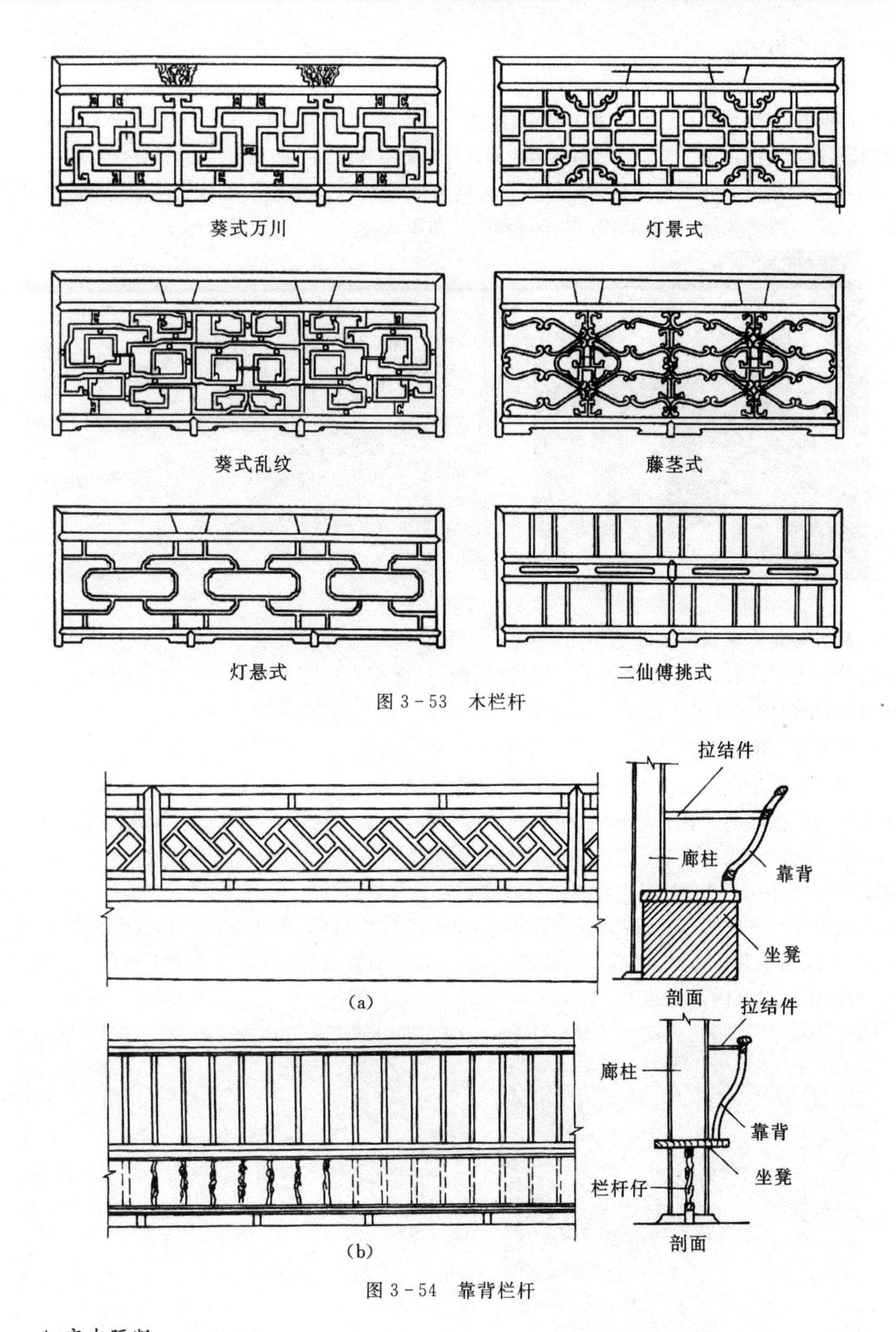

图 3-53　木栏杆

图 3-54　靠背栏杆

4. 室内隔断

室内隔断主要有槅扇、花罩、博古架几种，它们制作精巧秀丽，与室内的家具、陈设配合形成舒适的室内环境。

槅扇又叫"碧纱橱",形式与外檐装修上的扇门类似,一般作为建筑进深上的隔断使用。碧纱橱主要由槛框(包括抱框,上、中、下槛)、槅扇、横披等部分组成,通常有6～12扇槅扇。除两扇能开启外,其他的均为固定扇。碧纱橱槅扇的裙板和绦环上做各种精细的雕刻,装饰性极强。

花罩是室内半分隔的构件,使室内空间具有似分又合的意趣。形式上尤其丰富,有几腿罩、落地罩、落地花罩、栏杆罩、炕罩、圆光罩、八角罩等(见图3-55、图3-56)。

图3-55　几腿罩

图3-56　圆光罩

博古架兼有家具与隔断的作用,使室内空间获得既有分隔又有联系的艺术效果。博古架通常分为上下两段,上段为博古架,下段为柜橱,里面用来储存书籍器皿。花格的组合形式多种多样,格内用来陈设工艺品、书籍等。

5. 天花、藻井

天花是用于室内顶部的装修,有保暖、防尘、限制室内高度以及装饰等作用(见图3-57)。宋代按构造做法将天花分为平闇、平棊和海墁三种,在明清则分为井口天花、海墁天花两种。

藻井起源于汉代。宋、辽、金时期的藻井多采用斗八形式,即由八个面相交,向上隆起形成穹隆式顶(见图3-58)。明清时期的藻井随着发展越来越华丽,由上、中、下三层组成,常见形式为四方变八方变圆,即下层为方井安斗栱,中层通过抹角枋、套枋叠置使井口由方形转成八角井,上层为圆井。藻井上施彩画、做雕镂,形成天花的重点装饰部分,多用于宫殿、寺庙中帝王、神佛座顶或室内天花的中心位置。

图3-57　天花

图3-58　藻井

第4章 西方石结构的建筑美学

在工业文明未发展以前，西方的建筑结构主要以砖石建筑为主，发展出的建筑结构是与之相应的结构形式，其建筑中空间组合和建筑形式都较为单调。古典的西方建筑非常注重形式、装饰、平衡感等，尽量建造出和谐统一的气氛，像对待装饰一样对待建筑。西方追求形式美，还表现于对美的理性分析，甚至用数学来表达美的比例，这种做法从希腊罗马时期一直延续至今。

西方建筑以和谐作为主线，其表现为从优美到宏丽、从崇高到以人为本、从追求扭曲变异到柔美纤细等变化。

4.1 古希腊

公元前8世纪起，在爱琴海的岛屿上有许多的奴隶制的城邦，它们虽然没有完成形式上的统一，但其之间的关系却是息息相关的、紧密联系的，被总称为古代希腊。古希腊主要分为四个时期：公元前12—前8世纪的荷马时期(英雄时期)；公元前7—前6世纪的古风时期(大移民时期)；公元前5—前4世纪的古典时期；公元前4—前2世纪的希腊化时期。

4.1.1 和谐美

古希腊以追求和谐美为最高标准，其中以古希腊学者亚里士多德所总结的美的特性“秩序、匀称、明确”为代表，明确表达了当时古希腊对于美学以及生活幸福的追求和向往。在古希腊时期形成了两种不同制度的城邦：一种是以意大利、伯罗奔尼撒半岛等为首的奴隶制城邦；另一种是以爱琴海、小亚细亚等为首的共和政体城邦。而这些国家是古希腊最为先进和繁荣的城市，平民百姓在这里有更多的自由，其创造出的城市反映更多的是和谐之美，雅典卫城就是其典范。

在共和制的城邦中公元前8—前6世纪的雅典经济最为繁荣发达，这个时期的主要建筑内容是圣地建筑与庙宇建筑。以德尔斐的阿波罗圣地(见图4-1)为代表，体现了建筑与自然相协调，顺应地形不强求完全对称，由庙宇统一全局，形成一种建筑与自然和谐之美的景色。而与此同时的意大利与西西里的寡头专政城邦，其卫城主要是贵族的聚居地，与平民缺少交互，庙宇也有严格的修建规定，成排布置因此缺少与环境的结合导致其风格与阿波罗圣地的和谐之美全然不同。

正因其两种政权，两种建筑群布局原则的对立，更加强了人们对于自由的向往和热爱，在后期的建筑群发展中以自由为核心，融合环境与自然和平共处的做法更为受人欢迎，并成了主流，最终修建了公元前5世纪的雅典卫城。

图 4-1　阿波罗圣地模型

1. 数理比例之美

在古希腊的建筑上，他们非常重视协调性，并且将美学以“数”的方式进行统一。随着平民的人本主义世界观的发展，其对人体美的崇拜反映在了建筑之上，深深地影响了柱式以及建筑的发展。

在城市规划中，很多城市采用了方格网系统，但有些却非常明显地区分出奴隶主与平民、商人之间的边缘，且奴隶主的府邸差不多和整个街坊一样大。而在公元前 5 世纪中叶，曾经有过街坊面积接近的情况，希望给平民以平等的居住条件。整体城市规划建设反映出对于数理和谐的探寻和具有次序的整体之美。古希腊晚期的建筑和城邦也被古罗马所继承，大大推进了奴隶时代建筑，使其达到世界最高峰。

在建筑设计中，为了达到理性的美，古希腊人对建筑的一切都追求次序和统一，建筑的各个部分都需要按照“数”来确定，例如比例关系、对称关系、数量关系以及模数制的建立。从古希腊的神话中就能够看到当时的平民的人本主义世界观，其也深刻影响到了建筑的设计，他们认为：人体才是世界上最美的东西。因此在著名的维特鲁威所著的《建筑十书》中曾这样写道：“建筑物需按照人体的各部分进行制定严格的比例。”在古希腊的神庙建筑中，如圆柱、柱顶、槽口、山墙等，都以一定的比例及数量关系得到确定，并根据模数，以计算出整体及其各部分的数量关系，为希腊建筑建立了比例与数量关系等艺术规则，体现出古希腊人对抽象、纯真理想的追求。

在柱式设计中，也制定了非常详细的比例关系：从基坐到柱头的高度、柱子和柱子之间的间距、檐部的比例关系等组成了柱式的设计规则（见图 4-2）。柱式各部分之间有一定的比例关系。一般以柱下部的半径为量度单位，称作“母度”。例如：小亚细亚共和制城邦中兴起的爱奥尼柱式（见图 4-3），柱身与柱径比例为 8∶1，柱头部分常有两个涡卷，形态显得较为修长、灵秀、柔美，常被称之为“女性柱”。在西西里一带兴起的多立克柱式（见图 4-4），柱身与柱径比例为 6∶1，无柱础且柱头部分比较简洁，形态显得刚劲有力、短粗、沉重，常被称之为“男性柱”。科林斯柱式（见图 4-5）的柱头部分为忍冬草叶片样式，其余部分与爱奥尼柱式基本相似，还未产生出自身独特特征，但装饰性更强。三种柱式之间的区别详见表 4-1。

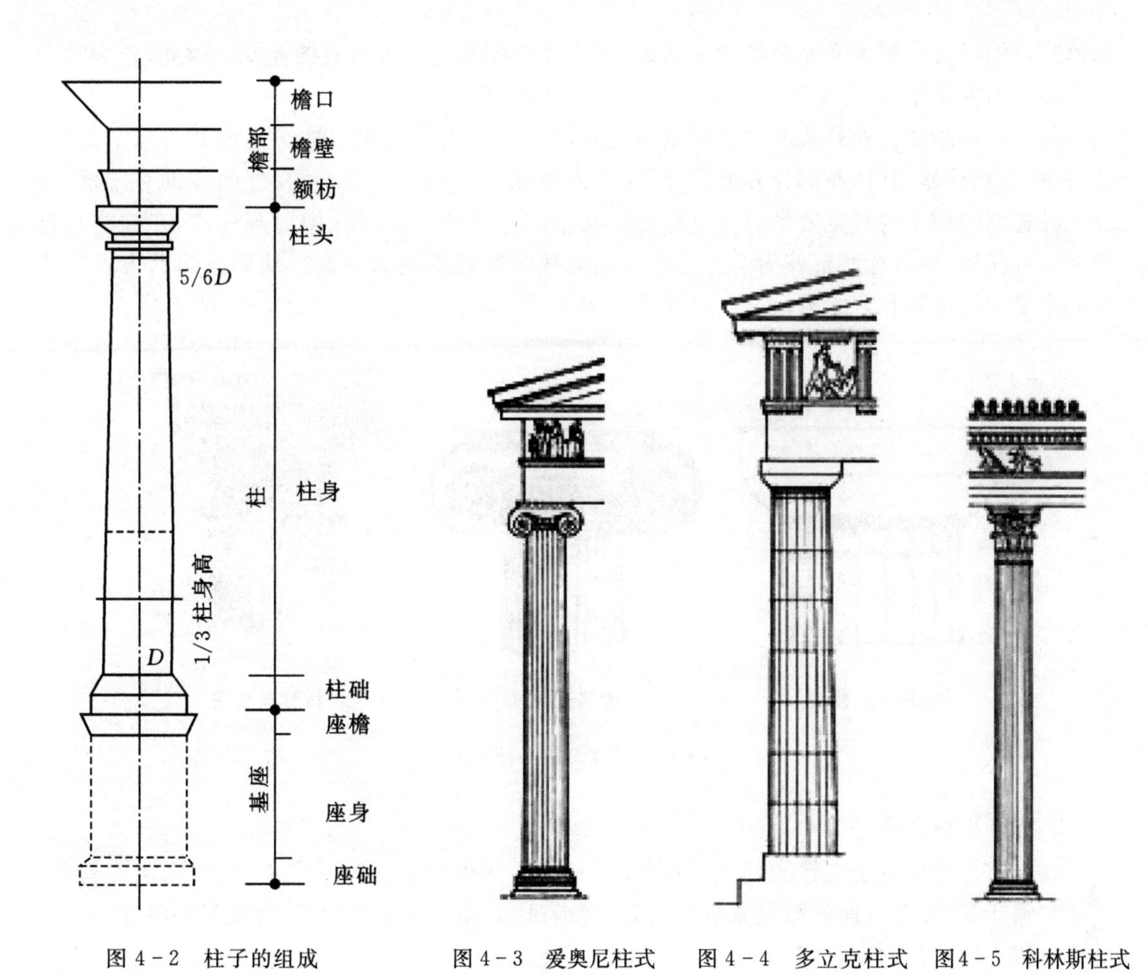

图4-2 柱子的组成　　图4-3 爱奥尼柱式　　图4-4 多立克柱式　　图4-5 科林斯柱式

表4-1 古希腊三种柱式

名称部位	多立克柱式	爱奥尼柱式	科林斯柱式
柱础	无柱础	有弹性的柱础	有弹性的柱础
柱径 柱高比	1∶4～6 比例粗壮	1∶9～10 比例修长	1∶10
柱身凹槽	20个尖齿凹槽	24个平齿凹槽	24个平齿凹槽
柱头	简单的倒圆锥 台,粗壮有力	两个涡卷, 优美典雅	毛茛叶饰组 成,纤巧华丽
檐部	高大厚重	轻巧	纤巧
整体	仿男体, 威武雄健	仿女体, 柔美秀丽	借鉴爱奥尼 装饰性更强

2. **力学之美**

对于建筑来说,除了遵循各种美学原则之外,最为重要的就是遵循建筑力学,当建筑力学和建筑功能以及建筑美学完全融为一体的时候,才能创造出令人折服的建筑。因此,作为对和谐美追求的古希腊人,在建筑力学上也追求着均衡的感受。

例如古希腊的古典柱式的做法可以看到其对均衡的力学之美。柱子主要分为三个部分:柱头、柱身和柱础,其柱身部分并非完全平直,而是越往上略有收分,且在外侧常刻有凹槽,形成一种稳固的向上的视觉效果以及支撑力。其檐部分额枋、三陇板、檐冠等构件,在柱头与檐部之间有托板,所有这些都使力学性能和人们的视觉观感都更为平衡。从而成为西方古代建筑的主要支撑结构和艺术典范。三种柱头如图4-6所示。

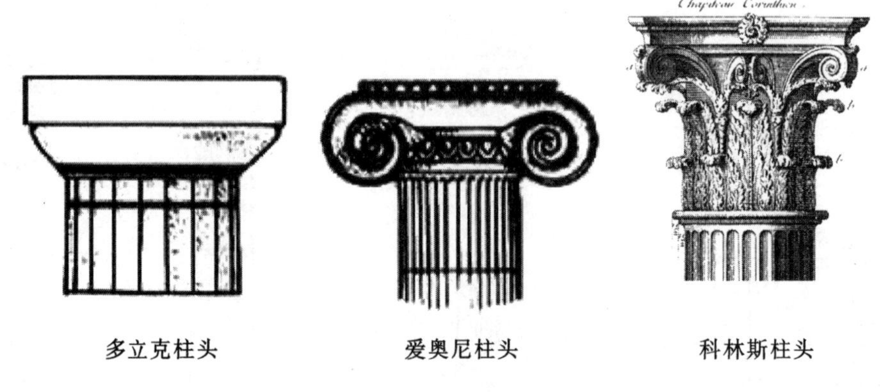

图4-6　古希腊三种柱头

3. **人体比例之美**

在希腊神话中对于人性的赞美是真挚的,充满了征服自然的英雄主义,赞美人类的智慧、勇敢和强壮等,古典时期的雕刻家费地认为:"没有比人体更为完美的了,因此我们将这一完美形象也赋予给我们的神灵。"

毕达哥拉斯认为,人体的美也由和谐的数的原则统辖着,当物体的和谐度与人体和谐度相吻合的时候,人们则认为它是美的。古希腊的建筑处处充满人情味,表现出优美的气息,在城市的建设上处处都能够看到用人体的雕塑,甚至在雅典卫城(见图4-7)的神殿上也能够看到布满人类形态的众神以及用女性形态雕塑而成的女神柱(见图4-8)。

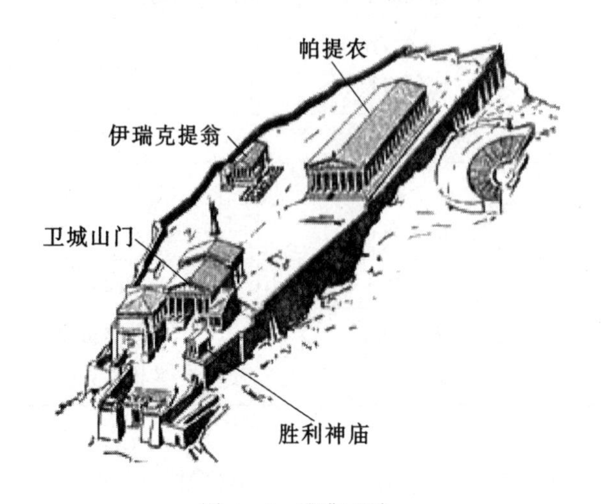

图4-7　雅典卫城

图4-8　伊瑞可提翁女神柱

4.1.2　和谐之美的雅典卫城

公元前5世纪的古典时期，民主政治、经济文化在自由民主制度中的雅典都达到了最为鼎盛的时期，这时的成就都处于全希腊之首。作为希腊的战后建设，雅典卫城是全希腊最为神圣和重要的圣地，也是宗教和文化中心，因此不惜一切人力物力来建设雅典卫城。

对于向往自由民主的雅典人民来说，雅典卫城在建筑中表现出明显的人文意识以及对自然环境的谦逊态度。建筑群不单纯追求平面视图上的平整、对称，而是顺应和利用各种复杂的地形，以构成活泼多变的建筑群景观。作为一种早期的人本主义和自然主义布局手法，整个城市多由庙宇来统率全局，在城市规划史上获得很高的艺术成就。最具代表性的雅典卫城，它的建筑群布局以自由、与自然环境和谐相处为原则，既考虑到静态的欣赏效果，又强调置身其中的动态视觉美，堪称西方古典建筑群体组合的最高艺术典范。

雅典卫城也称为雅典的阿克罗波利斯，希腊语“阿克罗波利斯”，原意为“高处的城市”或“高丘上的城邦”。雅典卫城处于一个不高的孤立的山岗上，起伏不高，相对高度在70～80m。全区只能通过西端的一条道路进行攀登。卫城建筑群的建筑负责人是雕刻家费地。

卫城唯一的山门（见图4-9）建于公元前437—前432年，基本形式是从爱琴文化宫殿的工字形平面大门取材，拥有5个门洞，中间门洞前设计坡道可过车辆马匹，其余门洞均设置踏步。山门是多立克式的，柱子则有多立克和爱奥尼两种，如图4-10所示。

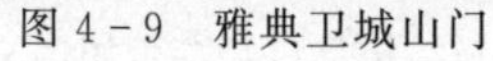

图4-9　雅典卫城山门

图4-10　雅典卫城山门复原图

距离山门南边最近的是胜利神庙（见图4-11），建于公元前449—前421年，属于爱奥尼式，台基面积仅有5.38m×8.15m，很小。檐壁上雕刻有一圈浮雕，主要表现希波战争的场面，整体建筑主要是为了庆祝卫国胜利这一主题。

帕提农神庙（见图4-12）是卫城的主题建筑，处于建筑群的中心，位于整体卫城的最高处，里面供奉着雅典的守护神雅典娜，因此又被称为“处女宫”。整体建筑属于多立克式庙宇，也是卫城上唯一的围廊式庙宇，形式最为隆重，全部用白色大理石雕刻而成，铜门镀金，山墙尖上的装饰也是金的，陇间板、山花和圣堂墙垣的外檐壁上都是雕刻，装饰颜色以红蓝为主，夹着金箔，建筑整体既严肃又欢乐。建筑内部分为两个部分：朝东一半为圣堂，里面供奉着12m高的雅典娜雕像，整体用黄金和象牙制成；朝西一半则主要用作存放国家财务和档案。帕提农神庙代表古希腊多立克柱式的最高成就。

图 4-11 胜利神庙

图 4-11 帕提农神庙

位于帕提农神庙以北近 40m 的地方坐落着公元前 421—前 406 年修建的伊瑞可提翁神庙(见图 4-13)。它创造在神迹之地,传说中断坎之下有雅典娜手植的橄榄林和波塞顿用三叉戟戳出的井。神庙建立在断坎之上,东部是雅典娜的正殿圣堂,西部是波塞顿和伊瑞可提翁的圣堂,比东部低 3.206m。南立面(见图 4-14)是一片封闭的石墙,为了接引帕提农神庙过来的仪仗队,于是在石墙外建造了一排女神柱廊,它建造于雅典和斯巴达的伯罗奔尼撒战争之后,是希腊古典盛期的最后一个作品。

图 4-13 伊瑞可提翁神庙

图 4-14 伊瑞可提翁神庙南立面

其实,不仅仅建筑,古希腊的神话、史诗,也一样呈现出一种和谐、清新之美,它没有希伯莱神话那样阴郁,也没有印度史诗那样神秘,它像一个儿童的梦,充满着天真、甜蜜的好奇。因此,人们评论古希腊建筑学像正午的骄阳映照碧蓝的大海,直接闪耀着美,“单纯的高贵、静穆的伟大”是 18 世纪德国美学家温克尔曼所概括的古希腊造型艺术特征。

➢4.1.3 雅典卫城的由来

传说希腊人的众神之王宙斯,与智慧女神墨提斯结婚了。但宙斯顾虑重重,担心墨提斯生出的儿子,会比自己更强大,日后可能夺取自己的王位。他越想越害怕,就在妻子怀孕的时候,施展法术,张口把墨提斯吞进了肚子。从此,宙斯就得了头痛病,脑袋越肿越大,他既不能吃饭,也不能睡觉。后来,他叫人拿来一把斧子把自己的脑袋劈开了。不料,从裂缝中蹦出一个全副武装的女孩,她就是雅典娜。雅典娜不仅具有父亲的威力,而且具有母亲的智慧,宙斯十分宠爱她。

有一天，雅典娜出游人间，看到希腊中部的一个城市一派繁荣兴旺的景象，她自言自语地说："我要用我的名字给这个城市命名，让我来庇护这座城市吧。"

不料，此话传到了海神波塞顿的耳中，正巧他也看上了这座城市，也想把它作为自己的庇护地。他们俩为此事争吵起来，谁也不肯让步。这件事让宙斯知道了，急忙招来众神召开会议，让众神做出公断。众神商量了一阵，决定让他俩比试一番，谁能给人类带来一件有用的东西，这个城市就归谁保护。

比试开始了。先上场的是波塞顿，只见他威风凛凛，手握三叉戟，把它往地上用力一插，立即山崩地裂，从大地的裂缝中跳出了一匹烈马，风驰电掣地向天空奔去。这是战争的象征，波塞顿给人类带来的礼物是互相征战。

轮到雅典娜出场了，众神目不转睛地注视着她。只见她用长矛在地上轻轻一点，地上很快长出了一棵绿色的橄榄树，树上挂满了香甜的果子。雅典娜兴高采烈地喊道："伟大的神王宙斯！尊敬的众神！我给人类带来的礼物比波塞顿的好！他所给的战马，将给人类带来战争和痛苦。而我带来的橄榄树，是和平、幸福、自由和丰收的象征（见图 4－15）。难道这个城市不该用我的名字来命名吗？"宙斯和众神听了连连点头。于是，这个城市便被命名为雅典。

图 4－15　雅典娜和波塞冬

4.2　古罗马

公元前 3 世纪罗马统一了整个意大利并且一直向外扩张，在公元前 1—3 世纪时期是古罗马帝国最为强大的时期，也是罗马建筑最为繁荣的时期。通过罗马不断地扩张也使更多的地区的文化相互碰撞，产生了更多的文化交流。且这个时期正是奴隶制的极盛期，凭借着强大的生产力发展出了具有超高技艺的建筑。

4.2.1 宏丽之美

古罗马的审美观与古希腊人基本近似，都非常崇尚和谐之美，但古罗马人更为偏向壮丽或崇高的审美。也有人认为崇高不仅不诉诸人的感情，而且也不诉诸人的理智，它是“专横的、不可抗拒的”，它“会操纵一切读者”。假如说在对和谐美即对优美的鉴赏中，人与对象处于一种默契、统一之中，那么，在崇高美的鉴赏中，人则处于被动的、压抑的状态。这是因为，崇高的根源在于“庄严伟大的思想”“强烈而激动的情感”以及“运用词藻的技术”和“高雅的措辞的艺术手法”。

古罗马能够创造优秀的建筑离不开优秀的技术，券拱技术是古罗马的最大特色与最大成就，促进这一结构发展的是天然混凝土技术。混凝土主要由活性火山灰、碎石、石灰等材料配比组合而成，使用时甚至不需任何石块，从墙脚到拱顶都是天然混凝土的整体。古罗马建筑的尺度宏伟，拱和券的新结构技术甚至已经把梁柱降到充当装饰的地位。

古罗马人传袭着古希腊的柱式，并且将其发展壮大。古罗马在希腊柱式的基础上加上原有的古罗马塔司干柱式，同时又加上了由爱奥尼与科林斯混合而成的混合柱式，被后人称为古罗马的五柱式(见图 4-16)。其柱式的规范程度非常高，柱式成为古典建筑构图中最基本的内容，或为西方古典建筑的最鲜明特征。在形式上，古罗马的柱式趋向于细长的比例，复合的线脚，华丽的雕刻，柱子更多的是用作墙面的装饰，不再具备结构骨架与传递力的作用，只是在立面构图中表现着其不可替代的存在价值。

塔斯干柱式　多立克柱式　爱奥尼柱式　科林斯柱式　复合式柱式

图 4-16　古罗马五柱式

古罗马时期的公共设施是非常齐全的，例如尼姆城的输水管横跨戛合河谷有 275m 长，是一个三层叠加的连续券修筑而成的，最大跨度甚至达到 24.5m，最高处有 49m，承载着的水可以连续不断地供给罗马城。罗马城中一般都有剧场，最有名的就是马彩鲁斯剧场和法国南部的奥朗治剧场以及小亚细亚的阿斯潘达剧场等。除了剧场以外斗兽场也遍布整个城市，它们主要为奴隶主和游氓们角斗而建。现存的罗马斗兽场(见图 4-17)就是其中之一，可供

5万～8万人进行观看，整体材料经济合理，采用天然混凝土制成，高48.5m，分为4层，拥有充足的交通空间和座位席。公共浴场是古罗马的又一成就，最为出名的是卡拉卡拉浴场和戴克利提乌姆浴场。建筑并非单体，而是将运动场、图书馆、音乐厅、演讲厅、交谊厅、商店等公共设施都融入其中，是一种建筑群的形式。卡拉卡拉浴场(见图4-18)占地575m×363m，内部有采暖设施，穹顶直径达35m，结构非常出色，内部空间也非常丰富，可同时供3000～5000人同时使用。空间组织关系简洁多变，三大浴室在中轴线上，两侧有更衣室处于次轴线上，轴线大小纵横交错，采用不同的穹顶和拱顶变换空间，内部流畅贯通变化丰富。

图4-17　罗马大角斗场

图4-18　卡拉卡拉浴场

宗教建筑如万神庙是包罗万象式的宏大塑造。万神庙是为了纪念屋大维打败安东尼和克委帕特拉所建造的神庙，是献给"所有的神"，因此取名为"万神庙"(见图4-19)。万神庙的穹顶采用集中式布置，直径达43.3m，和顶端高度一致，中间开了一个直径8.9m的圆洞。墙厚6.2m，使用混凝土浇筑而成，穹顶部分越往上越薄，采用混凝土和砖砌成。内部墙面贴着15cm厚的大理石板，穹顶抹灰，每个凹格点缀一朵镀金铜花。另外纪念性建筑提图斯凯旋门的盛气凌人的气氛渲染、图拉真纪念柱趾高气扬的表达、奥古斯都立像的不可一世的形象刻画等建筑，无不具有磅礴的气势和惊人的效果。

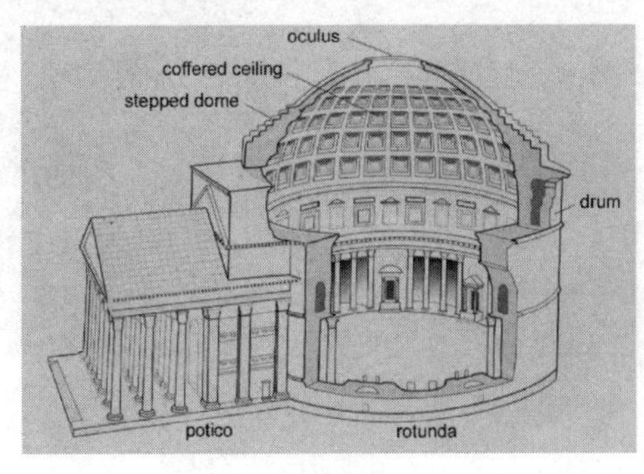

万神庙剖面

万神庙入口

图4-19　罗马万神庙

➤4.2.2　实用之美

古罗马时期人们的价值观和审美观均发生了很大的转变，古罗马比古希腊更为追求现实的幸福感，因此人们对于事物的哲学观点也发生了改变，将很多原本处于哲学范畴的对象变为更加专业化的方向发展，例如几何学、天文学、力学、建筑学、地理学、历史学和文学等方面。

在对待自然的问题上，古罗马人重视强大而现实的人工实践，他们不像希腊人那样尊重自然和利用地形，而是倾向于强有力地改造着地形，并以此来显示力量的强大和财富的雄厚。无论是建筑设计还是城市规划，他们基于实用哲学，并采取“拿来主义”艺术手法，用于表现古罗马的沉着、威严与权力。

罗马的居民住宅建筑主要分为两类，一类是继承希腊的传统建筑模式天井式，一类是公寓式的集体住宅。例如庞贝古城出土的天井式住宅，它的中心围绕着一间矩形的大厅进行修建，屋顶中央有一个露天的天井口，地上设置相对应的池子，这里是整个家庭的中心。侧面是餐厅、书房、藏书室、卫生间等。而一般的古罗马居民则是住在公寓式建筑中，这是一种以出租为主要形式的楼房类建筑。在共和时期，有的公寓已经可以修到5～6层高，底层设有商铺，作坊位于后院，连续几户沿着进深方向布置采光通风都较差。

宫殿建筑主要以巴拉丁山宫殿群(见图4-20)、戴克利提乌姆宫和哈德良离宫(见图4-21)较为著名。巴拉丁山从公元前1世纪奥古斯都时代起就是历代皇帝居住的地方，经过多次大规模营建，建有宏伟的宫殿建筑群。它的北部有第比留皇宫和卡里古拉皇宫，中央是杜米善皇宫，南端是赛维鲁斯宫殿。皇宫从巴拉丁山一直向东绵延到埃斯基里纳山，现只留下少量遗迹，其余部分压在埃斯基里纳山西坡图拉真浴场下面。哈德良离宫建于公元126—134年，位于距罗马城24km的替伏里，处于两条河流的交汇点上，地势复杂，总布局很凌乱。建筑群包括宫殿、浴场、图书馆、剧场、神庙和花园等，以及有35个水厕，30个单嘴喷泉，12个莲花喷泉，10个蓄水池，6个大浴场，6个水帘洞等。周圈约5公里占地120公顷，相当于两个古罗马城。所有的建筑物都有对称轴线，但各个建筑物之间的关系似乎很随意，没有规则。

图4-20　巴拉丁山宫殿遗址

图4-21　哈德良离宫遗址

4.2.3　永恒之美

古罗马的建筑师非常追求完美的永恒的“秩序感”，他们有序地布置开敞的空间取代古希腊追求的自由不规则的城市空间，能够使用轴线布置将整个城市规划在整体有序的范围内。

随着建筑的发展，建筑学的著作也随之产生。目前流传至今的《建筑十书》就是一本建筑学经典之作。它是由奥古斯都的军事工程师维特鲁威于公元前84—前14年所著。其中包含了古罗马时期对建筑师的修养教育、建筑构图的基本原则、柱式、城市规划原理、市政设施、庙宇、公共建筑物以及住宅设计原理、建筑材料性质、生产使用做法、施工操作等，涵盖内容非常全面和详细。它奠定了欧洲建筑科学基本体系。这部著作按照古希腊的传统，把理性原则和直观感受结合起来，把理想化的美和现实生活中的美结合起来，论述了一些基本建筑艺术原理；同时将数理和谐与人文主义统一起来，强调城市与建筑的关系、建筑整体与局部以及各个要素之间的比例关系，形成了完善的建筑与城市的艺术法则。

古罗马的广场(见图 4－22)作为城市的主轴线，将整个城市布局变得生动而有序。最早期的广场是封闭式的，后而由自由转为严整并运用轴线的延伸与转合、连续的柱廊、巨大的建筑、规整的平面、强烈的视线和底景等空间要素，使得各个单一的建筑实体从属于整体的广场空间，从而使这些广场群形成华丽雄伟、明朗而有秩序的空间体系，表现出强烈的人工秩序。位于罗马城中心的罗曼努姆广场长越 115m，宽约为 57m，它是完全开放的，城市主干道从广场中心穿过，周围围绕着元老院、艾米利巴西利卡等重要建筑。公元前 54—前 46 年，在罗曼努姆广场旁边建造了恺撒广场(见图 4－23)，是一个封闭的小广场。广场总面积为 160m×75m，中间筑有恺撒的骑马青铜像。而恺撒的继承人奥古斯都后来又在恺撒广场旁边建造了一个奥古斯都广场(见图4－24)，纯粹是为奥古斯都歌功颂德之用。公元 109—113 年真正统一罗马全境的帝王图拉真在奥古斯丁广场旁又修建了图拉真广场(见图4－25)，是古罗马最为宏大的广场。其广场内横放的乌尔比亚巴西利卡是古罗马时期最大的巴西利卡之一。巴西利卡这个词来源于希腊语，原意是“王者之厅”。巴西利卡(见图 4－26)是古罗马的一种公共建筑形式，其特点是平面呈长方形，外侧有一圈柱廊，主入口在长边，短边有耳室，采用条形拱券作屋顶。而后期基督教沿用了罗马巴西利卡的建筑布局来建造教堂。因此从罗曼努姆广场到图拉真广场的演变可以看出从共和制过渡到帝制的演变，由皇权加强至神化的过程。公共建筑不仅规模宏大，而且富丽豪华，用于歌颂权力、炫耀财富、表彰功绩。

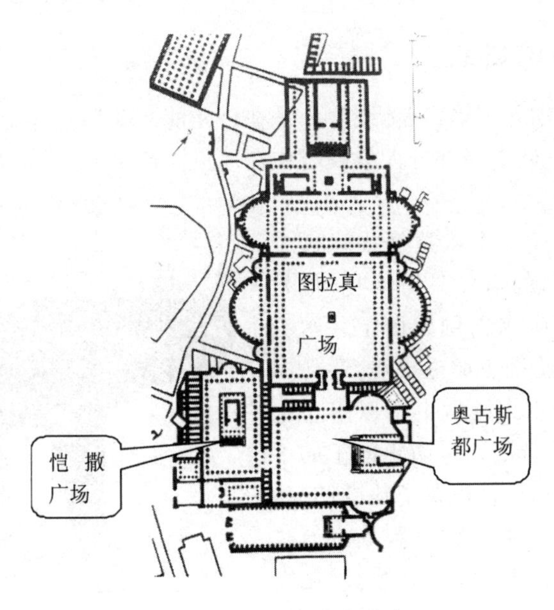

图 4－22　罗马广场分布

图 4-23　凯撒广场遗址

图 4-24　奥古斯都广场遗址

图 4-25　图拉真广场

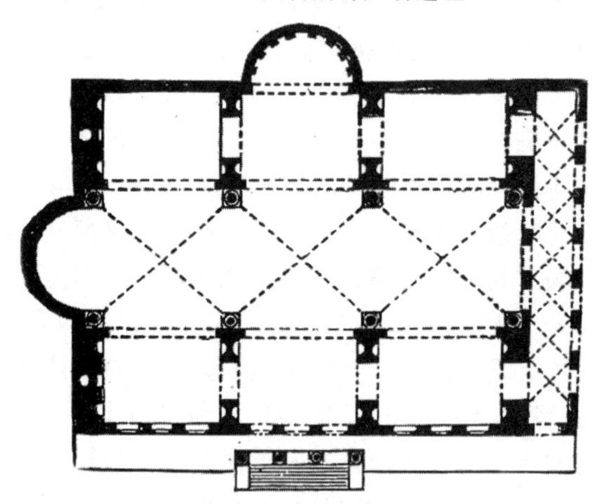

图 4-26　巴西利卡平面

➢4.2.4　古罗马城的建立

罗马城市建立的日期并不确定，传统认为是在公元前 753 年 。这已经广泛地为考古发现所证实，尽管可能此前已经有一部分人早就居住在那里。传统上，罗马人把罗马城的建立归功于英雄罗穆卢斯。

罗马历史学家提图斯·李维这样描述这个神话故事：这对孪生兄弟的祖父是努米托，他是罗马东南部阿尔班山区阿尔巴国的国王。国王邪恶的兄弟阿穆利乌斯将国王驱逐出境，还让国王唯一的女儿雷娅·西尔维娅做贞女以阻止她生儿育女（贞女是不准生育的），以防止国王的子孙报仇。但是雷娅·西尔维娅违背了他的约束，与战神马耳斯相爱并生下了一对双胞胎。当这对双胞胎被遗弃在台伯河畔时，一只母狼（见图 4-27）哺育了他们，后来又被一位牧羊人发现，他的妻子将他们抚养大。长大后，这对孪生兄弟成为了绿林首领。在孪生兄弟之一瑞摩斯被俘，

图 4-27　罗马母狼雕像

被带给国王阿穆利乌斯后，他的兄弟罗慕洛斯带领手下救出了他，并杀死了阿穆利乌斯。此时，孪生兄弟身世大白，他们的外祖父努米托恢复了王位。兄弟俩离开外祖父，在被牧羊人发现的地方创建了自己的城市。在决定谁来做城市的主宰时，神谕告诉他们要由看到的预示成功的飞鸟来决定。瑞摩斯站在阿文廷山上看到了6只秃鹫，罗慕洛斯站在巴拉丁山上看到了12只秃鹫。后者的数字更幸运，但瑞摩斯是最先看到征兆的人。结果兄弟间发生了争吵，罗慕洛斯最终杀死瑞摩斯，成为新城的国王。他统治了很长时期，死后被接纳到诸神中，成为受人尊敬的战神奎里纳斯。

4.3 拜占廷与俄罗斯

公元395年罗马帝国分裂为西罗马与东罗马两部分，东罗马由于都城建在君士坦丁堡后被称为拜占庭帝国，西罗马首都仍在罗马城。整个欧洲的封建制度是建立在基督教信仰上的，西欧信奉天主教，而东欧则信仰东正教。宗教在这一时期统治着人民的方方面面，包括生老病死、教育、医疗、嫁娶等。宗教建筑也成为最有纪念性、最为重要的建筑，是这一时期的建筑成就最高代表。俄罗斯、罗马尼亚、保加利亚等都是信奉东正教的国家，因此他们的宗教建筑与拜占庭建筑都有一定的渊源关系。

4.3.1 拜占庭建筑

东正教是拜占庭所信奉的教派，它的建筑文化是在继承古罗马建筑文化上发展起来的，又融合了波斯、两河流域、叙利亚等国家的文化，从而形成自己的风格。公元4—6世纪修建了以一个穹隆为中心的圣索菲亚大教堂，它是拜占庭建筑最辉煌的代表。拜占庭的主要成就是创造了把穹顶支承在4个或更多独立支柱上的结构方法，属于集中式建筑形式。这一时期的建筑发展可分为三个阶段：

(1)公元4—6世纪，主要是按古罗马城建设君士坦丁堡，建设规模宏大的要数以一个穹隆为中心的圣索菲亚大教堂，位于土耳其最大的城市伊斯坦布尔。

(2)公元7—12世纪，建筑规模小，占地少而向高发展，中央大穹隆改为几个小穹隆群，并着重于装饰，如威尼斯的圣马可教堂。

(3)公元13—15世纪，拜占庭建筑既不多，也没什么新创造。

1. 圣索菲亚大教堂

圣索菲亚大教堂(见图4-28)是皇帝举行重要仪式的场所，也是东正教的中心。教堂呈集中式布置，内殿东西长为77m，西面连廊道总长100m，廊子前有内院环绕柱廊，中央为洗礼水池。教堂中心有一个直径为32.6m，高度为15m的穹顶(见图4-29)，通过帆拱架在4个宽度为7.6m的柱墩子上。内部平面空间为希腊十字式，东西两侧缩小的半个穹顶既扩大了空间层次又具有向心性，集中突出中间的穹顶，平面形式又非常适合宗教仪式的需要。教堂的内部均采用彩色的大理石贴面，有白、绿、黑、红等颜色，并且组成图案。穹顶和拱顶均采用玻璃马赛克装饰，地面也采用马赛克铺装，其颜色非常丰富多彩，更增添了宗教气息。

图 4-28　圣索菲亚大教堂

图 4-29　圣索菲亚大教堂穹顶

2. 拜占庭建筑的特点

(1)屋顶造型普遍使用穹窿顶。

(2)集中式形制:拜占庭建筑的构图中心,往往是既高又大的圆穹顶 。

(3)结构特征:创造了把穹顶支承在方形空间上的结构方法和与之相应的集中式建筑形制。帆拱使建筑方圆过渡自然,又扩大了穹顶下的空间,是拜占庭结构当中最具有特色的。

(4)装饰特征分为三点:①墙面的装饰:内墙装修有彩画和贴面两种,彩画以粉画为主,贴面材料有大理石、马赛克等。在色彩的使用上,既注意变化,又注意统一,使建筑内部空间与外部立面显得灿烂夺目。②装饰主题是以宗教故事、人物、动物、植物等为主。③石雕艺术:重点部位是发券、柱头、檐口等,题材是几何图案或植物等。

➢4.3.2　俄罗斯建筑

圣索菲亚大教堂之后,拜占庭的建筑规模都很小,穹顶直径最大也不超过 6 米。不过,这些教堂在外形上穹顶逐渐饱满起来,举起在鼓座上,统率整体而成为中心,完成了集中式构图,体形比早期的舒展、匀称。俄罗斯的教堂具有非常鲜明的民族特色,教堂穹顶外采用木构架支起一层铅或铜外壳,被称为站盔式穹顶。

圣民西里升天大教堂(见图 4-30),位于俄罗斯首都莫斯科市中心的红场南端,由俄罗斯建筑师巴尔马和波斯特尼克根据沙皇和伊凡大公的命令主持修建,于 1560 年建成。教堂名称

图 4-30　圣瓦西里升天大教堂

源自于一位名为瓦西里的修道士曾经在此苦修并仙逝于此。它又称为华西里·伯拉仁内教堂，在俄语中“伯拉仁内”是指“仙逝”的意思。教堂是为纪念伊凡四世战胜喀山汗国而建。

教堂拥有八个塔楼，它们的正门均朝向中心教堂内的回廊，因此从任何一个门进去都可遍览教堂内全貌。教堂外面四周全部有走廊和楼梯环绕。整个教堂由九座塔楼巧妙地组合为一体，在高高的底座上耸立着八个色彩艳丽、形体下满的塔楼，簇拥着中心塔。中心塔从地基到顶尖高 47.5m，鼓形圆顶金光灿灿；棱形柱体塔身上层刻有深龛，下层是一圈高高的长圆形的窗子。

4.4 欧洲中世纪

从西罗马帝国灭亡到 14 世纪时期被称为中世纪时期。这个时期的欧洲没有一个强有力的政权统治。封建割据带来频繁的战争，天主教对人民思想的禁锢，造成科技和生产力发展停滞，人民生活在毫无希望的痛苦中，所以中世纪或者中世纪早期在欧美普遍被称作“黑暗时代”，传统上认为这是欧洲文明史上发展比较缓慢的时期。

5—10 世纪，西欧进入封建社会，建筑的体量都不大，且建造也很粗糙。随着封建经济的增长，教堂及各种公共建筑逐渐多起来。

西欧中世纪建筑大体上分三个时期：早期基督教时期、罗曼时期(罗马风)、哥特时期。

4.4.1 早期基督教时期

自从公元 312 年君士坦丁宣布合法化基督教后，基督徒就从被迫害者变为迫害者。他们敌视一切不合乎圣经的东西，包括部分新思想及科学等。历史上就有很多伟大的思想家及科学家被基督徒迫害。到中世纪，更出现罗马教廷的“宗教裁判所”及加尔文的“宗教法庭”等合法机构迫害所谓的“异端”。但在另一方面，教会也相当重视古代知识的传承以及教育，欧洲有许多大学是在教廷资助下建立的。建筑上多半是利用罗马原有的建筑物，主要的建筑有教堂、修道院等。教堂类型如下：早期主要为集中式教堂；中、后期教堂采用巴西利卡式，这时的平面尚未定型，一般包括带回廊的方形或长方形前庭，前廊，主堂，多用木造天花(见图 4-31)。而集中式主要用作坟墓上的纪念堂和洗礼堂；后期平面采用拉丁十字式，建筑为哥特式。

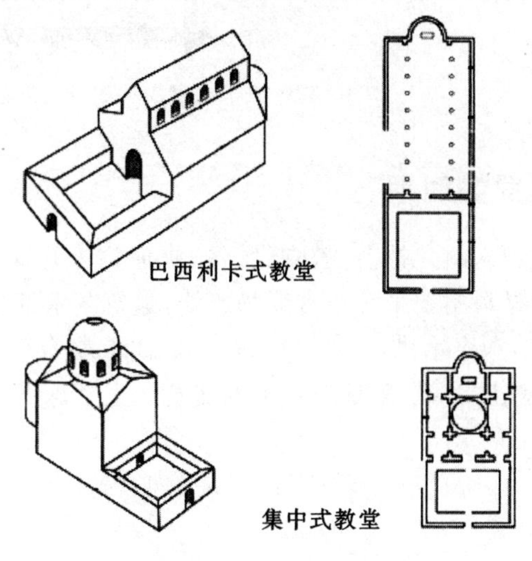

图 4-31 巴西利卡与集中式教堂平面

4世纪时，早期的基督教取得合法地位后，仿照古罗马的巴西利卡建造教堂，巴西利卡是集中性的，早期巴西利卡被称为“早期的基督教堂”

1. **希腊十字**

中间的穹顶和它四面的筒形拱成等臂的十字，得名为希腊十字形。

2. **拉丁十字式巴西利卡**

古罗马晚期，4世纪，基督教公开以后，信众和教会依照传统的巴西利卡的样子建造教堂。巴西利卡是长方形的大厅，纵向的几排柱子把它分为几个长条空间，中央的比较宽，是中厅，两侧的窄一点，是侧廊。中厅比侧廊高很多，可以利用高差在两侧开高窗。大多数的巴西利卡结构简单，用木屋架，屋盖轻，所以支柱比较细，一般用的是柱式柱子。这种建筑物内部疏朗，便于群众聚会，所以被重视群众性仪式的天主教会选中。由于宗教仪式日趋复杂，圣品人增多，后来就在祭坛前增建一道横向的空间，给圣品人专用，大一点的也分中厅和侧廊，高度和宽度都同正厅的对应相等。于是，纵横两个中厅高出，就形成了一个十字形的平面，从上面俯视，更像一个平放的十字架，竖道比横道长得多，信徒们所在的大厅比圣坛、祭坛又长得多，叫作拉丁十字式(见图4－32)。主要用于西欧的天主教堂，与东欧正教的希腊十字式相对，各自与天主教和正教的教义和仪式相适应。

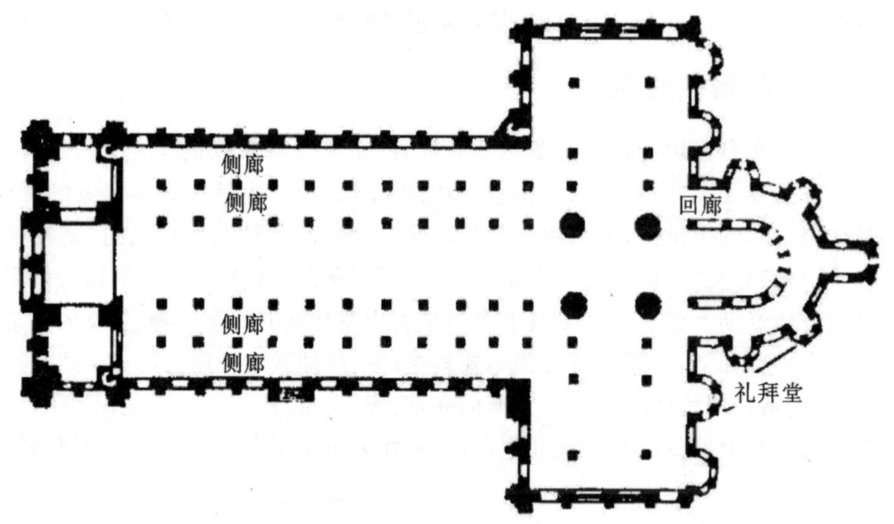

图4－32　拉丁十字

➤4.4.2　中世纪中期罗曼时期

公园9世纪左右，西欧进入封建社会，教堂、城堡、修道院等是这一时期的重点建筑，其规模小于古罗马建筑，但建筑材料主要来源于古罗马废墟，建筑艺术继承了古罗马的半圆形拱券结构，如筒形拱(见图4－33)和十字拱(见图4－34)。形式上略有罗马风格，因此被称为罗马风。这一时期所创造的扶壁、肋骨拱、束柱对后来的建筑产生了深远的影响。

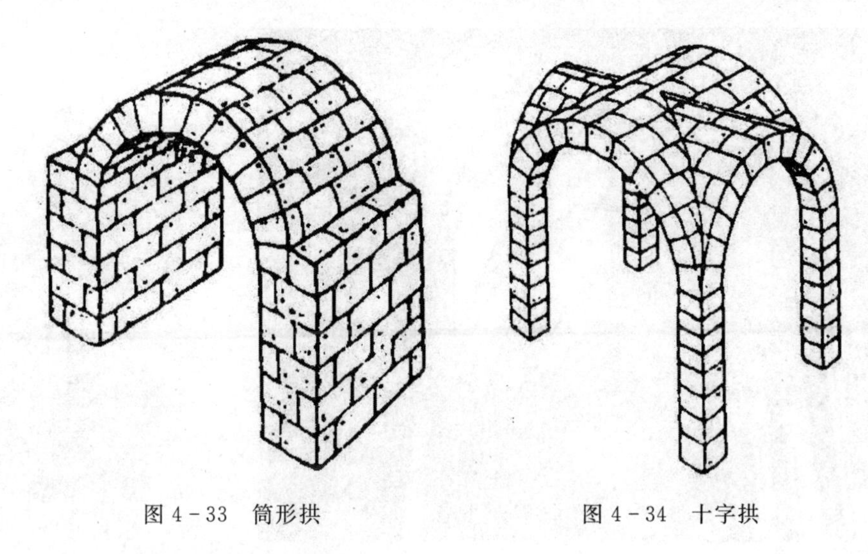

图 4 - 33　筒形拱　　　　图 4 - 34　十字拱

4.4.3　中世纪末期哥特时期

1. 哥特式建筑

哥特式建筑脱离了古罗马建筑的影响，以尖券、尖形肋骨拱顶、陡峭的两坡屋面和教堂中的钟楼、扶壁、束柱、花空棂等为特点。哥特式建筑就是欧洲封建城市经济占主导地位时期的建筑。哥特式教堂为取得神秘的崇高感，则运用了与以往不同的艺术处理手法，在哥特式教堂中，垂直与水平空间存在着无声却又尖锐的对立，因此，人的视线受到两种相反的表象、两种主题和两种空间类型的吸引。同时，在细部处理上，强调与人体尺度明显对立的空间效果，通过空间体系的矛盾对立，引发观者的不平衡感和冲动情绪。

2. 哥特式建筑的特征

(1)结构特点。

①使用骨架券(见图 4 - 35)作为拱顶的承重构件，十字拱成了框架式的，其余的填充围护部分减薄，拱顶大为减轻，侧推力减小，垂直承重的墩子变细。

②骨架券把拱顶荷载集中到每间十字拱的四角，因此彩和独立的飞券在两侧凌空越过侧廊上方，在中厅每间十字拱的四角起脚处抵住它的侧力。飞券落脚在侧廊外侧一片片横向的墙垛上，中厅可以开很大的侧高窗，侧廊外墙也因为卸去了荷载而窗子大开。

③全部使用两圆心的尖券和尖拱(见图 4 - 36)。尖券和尖拱的侧推力比较小，有利于减轻结构。

图 4-35 骨架券

图 4-36 尖券和尖拱

(2)内部空间。

①中厅窄而长,导向祭坛的动势明显。

②中厅高耸,宗教气氛很浓。

③框架式的结构,支柱和骨架券用为一体,有向上的导向性。

④玻璃窗面积大、色彩丰富。

(3)外部空间。

①西立面的构图特征:一对塔夹着中厅山墙的立面,以垂直线条为主。水平方向有山墙檐部比例修长的尖券栏杆和一二层之间放置雕像的壁龛,把垂直方向分为三段。

②挺拔向上直冲云霄之感,突出垂直线条向上升腾。

③水平划分较重,立面较为温和、舒缓。

3. 巴黎圣母院

哥特式建筑的中心是以法国展开的,目前保留下来的这一时期的教堂有很多,如巴黎圣母院、兰斯主教堂、亚眠主教堂、夏尔特尔主教堂以及德国的科隆大教堂、意大利的米兰大教堂等。巴黎圣母院(见图 4-37)建于 1163—1250 年,是早期哥特式建筑的典型实例。教堂平面宽约 47m,深约 125m,可容近万人。正立面是一对高 60 余米的塔楼,粗壮的墩子把立面纵分为三段,两条水平雕饰又把三段联系起来。垂直线条与小尖塔装饰是哥特建筑的特色,特别是高达 90m 的尖塔与前面的那对塔楼,使远近市民在狭窄的城市街道上举目可见。

图 4-37　巴黎圣母院

4. 兰斯主教堂

兰斯主教堂建于 1211—1290 年(见图 4-38),该教堂以形体匀称、装饰纤巧著称。教堂前后建了百余年,由于墩柱形式与装饰主题一致,格调统一。其重要程度绝不亚于巴黎圣母院。这里曾经是法国第一位国王克洛维接受洗礼的地方,而从 1027 年开始一直到法国大革命,这里也是几乎每个法国国王举行他们加冕仪式的地方,先后有 25 位国王在此加冕。其中最有名的一次莫过于 1429 年圣女贞德护送查理七世来这里加冕。

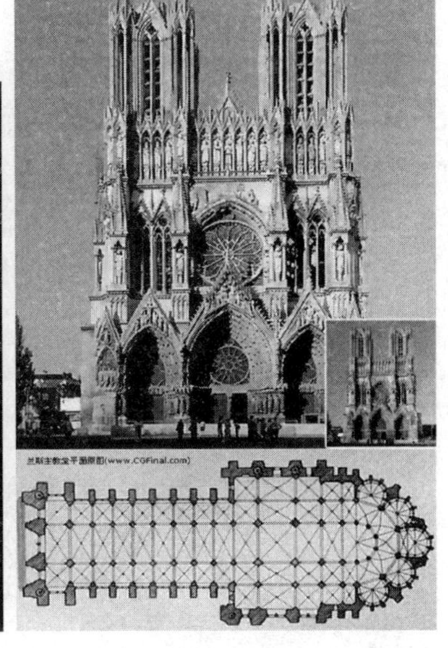

图 4-38　兰斯主教堂

5. 亚眠主教堂

亚眠主教堂(见图 4-39)建于 1220—1288 年,中厅系典型的法国哥特式,宽约 15m,高约

43m，由于起伏交错的尖形肋骨交叉拱和束柱式样的柱墩，看上去比真实的还要高。墙壁几乎被每扇12m高的彩色玻璃覆盖，体现了建筑发展的新观念。教堂共分三层，巨大的连拱占据了绝大部分空间。拱门与拱廊之间用花叶纹装饰，支撑部分是四根细柱和一根圆柱组成的圆形柱。拱廊背面墙壁两侧开有两个玻璃窗，正面拱门上方拱廊内的每个小拱中饰有六柄刺刀，三柄为一束共两束立于三叶拱下，气势宏大，瑰丽夺目。教堂还建有唱诗台，由四个连拱构成，与殿堂分居十字厅两侧，形成完美的平衡，突出了结构上轻松、和谐的格调。亚眠大教堂是法国最大的教堂，同时也是法国最美的教堂之一，从里到外，到处是精美的雕刻物品，林林总总，多达四千多枚。这些雕刻被称为“亚眠圣经”（见图4-40），因为这些木雕石刻生动地再现了圣经中的几百个故事，这在当时，对于中世纪那些众多且不识字的教徒来说，是一套真正的活生生的圣经。

图4-39　亚眠主教堂

图4-40　亚眠主教堂门楣上的雕刻

6.夏尔特尔主教堂

夏尔特尔主教堂（见图4-41）建于1194—1260年，西面两座塔楼建造时间相差400年，形式也不相同。简单的八角形南尖搭建于13世纪初，较精致的北尖塔兴建于1507年左右；值得注意的是两座塔楼本来就是要建得不一样的。然而夏尔特主教堂不只是塔楼具有哥特式的标准风格。夏尔特尔的建筑结构别具一格：地下小教堂、罗马风格的正门、两个箭楼，既简朴洗练，又精美富丽。教堂主体一气呵成，工程用时不足30年，使哥特式建筑艺术又迈出了决定性一步。

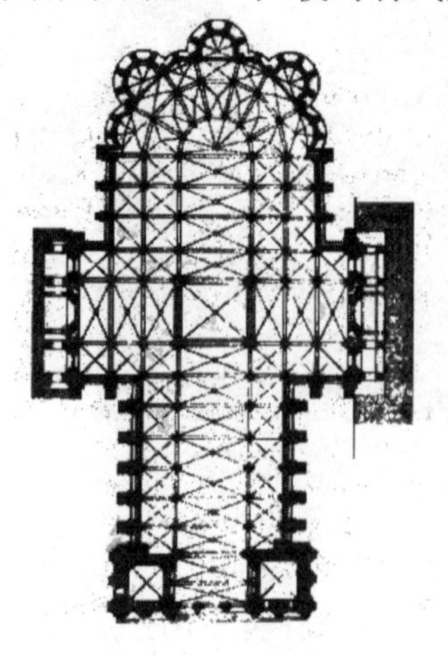

图4-41　夏尔特尔主教堂

7. 科隆大教堂

科隆大教堂(见图 4-42)始建于 1248 年的德国,工程时断时续,至 1880 年才由德皇威廉一世宣告完工,耗时超过 600 年,至今仍修缮工程不断。其中厅宽 12.6m,高 46m。西面的一对八角形塔楼高度超过 150m,教堂内外布满雕刻、小尖塔等装饰,垂直向上感很强。在所有教堂中,它的高度居德国第二(仅次于乌尔姆市的乌尔姆大教堂),世界第三。论规模,它是欧洲北部最大的教堂。由于集宏伟与细腻于一身,它被誉为哥特式教堂建筑中最完美的典范。

图 4-42 科隆大教堂

8. 米兰大教堂

米兰大教堂(见图 4-43)是意大利最著名的哥特式教堂,14 世纪 80 年代动工,至 19 世纪初完成,是耗时 500 年才建成的艺术珍品。

图 4-43 米兰大教堂

米兰大教堂是意大利著名的天主教堂,又称“杜莫主教堂”,位于意大利米兰市,规模居世界第二,是仅次于梵蒂冈的圣彼得教堂。教堂长 158m,最宽处 93m,塔尖最高处达 108.5m,总面积 11700m^2,可容纳 35000 人。教堂内部由四排巨柱隔开,宽达 49m。中厅高约 45m,而在横翼与中厅交叉处,更高至 65m 之多,上面是一个八角形采光亭。教堂的特点在它的外形,尖拱、壁柱、花窗棂,有 135 个尖塔,像浓密的塔林刺向天空,并且在每个塔尖上有神的雕像。教堂的外部总共有2000多个雕像，甚为奇特。如果连同内部雕像总共有6000多个雕像，是世界上雕像最多的哥特式教堂。因此教堂建筑格外显得华丽热闹，具有世俗气氛。这个教堂有一个高达107m的尖塔，出于公元15世纪意大利建筑巨匠伯鲁诺列斯基之手。塔顶上有圣母玛利亚雕像，雕像为金色在阳光下显得光彩夺目，神奇而又壮丽。

4.4.4 黑暗时期的中世纪

1. 科学的影响

自从公元312年君士坦丁宣布合法化基督教后，基督徒就从被迫害者变为迫害者。他们敌视一切不合乎圣经的东西，包括部分新思想及科学等。历史上就有很多伟大的思想家及科学家被基督徒迫害。到中世纪，更出现罗马教廷的“宗教裁判所”及加尔文的“宗教法庭”等合法机构迫害所谓的“异端”。但在另一方面，教会也相当重视古代知识的传承以及教育，欧洲有许多大学是在教廷资助下建立的，然而很多科学家却在这一期间惨遭迫害致死。

(1)哥白尼：波兰著名天文学家，著有《天体运行论》，遭到教会残酷迫害。1543年5月20日病逝。

(2)布鲁诺：他坚持哥白尼“日心说”先被投入监狱，当他听完宣判后，面不改色地对凶残的刽子手轻蔑地说：“你们宣读判决时的恐惧心理，比我走向火堆还要大得多。”后于1600年2月17日在罗马鲜花广场被烧死。

(3)希柏提亚：是史上第一个为人所知的女数学家(375—415)。吉朋在《罗马帝国衰亡史》中叙述时说：“她由车上被拉下来，剥脱衣服到一丝不挂，被拖至教堂，被一群野蛮而无人性的狂徒，用尖利的矛将她的肉由骨上剥削下来，手脚砍下，抛掷火焰之中。”

(4)伽利略：意大利著名物理学家。因捍卫科学真理，于1633年被宗教裁判所迫害，1642年不幸病逝，其时已双目失明。

(5)帕利西因：著名科学家。他说化石是动物的遗体而不是“造物主的游戏”，被“宗教裁判所”判处死刑。

(6)塞尔维特：在《基督教信仰的复兴》一书中提出血液循环的见解，被烤两个多小时后死去。

(7)维萨留斯：比利时生理学家。由于出版了解剖学著作《人体结构》，于1564年被迫去圣地——耶路撒冷作忏悔，归途中遇难。

(8)阿莫里：巴黎大学教授，1210年，因宣扬泛神论被死后追审，墓穴被挖，十个弟子全部被处决。

(9)西克尔：巴黎大学教授，因在物理研究上有所谓异端言论，被教会活活打死。

2. 教会的影响

(1)文献上：各大小修院都保有相当数量的书籍，在隐修院中以本笃会为最。各托钵休会也有大量藏书，并且不断抄写加以扩大。

(2)教育上：修道院的学校是那个动荡年代最安全的教育组织，虽然水平不是很高，但有很负责的教师。他们发展了传统的七艺教育，开创了早期的大学。

(3)思想上：保存并发展了希腊哲学中以亚里士多德为主的学说，“经院主义”虽然繁琐，但却使得形式逻辑更加精致，为后来思想的发展做了准备。唯名论和唯实论之争保存并发展了唯物主义和唯心主义斗争之火。

(4)艺术上:通过宗教音乐,古代曲调被保存,新的音乐理论和方法得到缓慢但坚实的发展。建筑技法被保留,新的建筑艺术和技术在宗教建筑中体现出来。强调激烈情感和深刻体验的绘画雕塑艺术发展起来。

4.5 文艺复兴

文艺复兴(Renaissance)是盛行于14—17世纪的一场欧洲思想文化运动。首先在意大利各城市兴起,以后扩展到西欧各国,于16世纪达到顶峰,带来一段科学与艺术革命时期,揭开了近代欧洲历史的序幕,被认为是中古时代和近代的分界。文艺复兴是西欧近代三大思想解放运动(文艺复兴、宗教改革与启蒙运动)之一。

在建筑上,文艺复兴最明显的特征是扬弃中世纪时期的哥特式建筑风格,重新采用古希腊罗马时期的柱式构图要素,因为古典柱式构图体现着和谐和理性,并且同人体美有相通之处。

文艺复兴的核心是人文主义精神,人文主义精神的核心是提出以人为中心而不是以神为中心,肯定人的价值和尊严,主张人生的目的是追求现实生活中的幸福,倡导个性解放,反对愚昧迷信的神学思想,认为人是现实生活的创造者和主人。

➤4.5.1 春雷——佛罗伦萨主教堂的穹顶

意大利文艺复兴建筑史开始的标志是佛罗伦萨主教堂的穹顶。佛罗伦萨主教堂(见图4-44)又名花之圣母玛丽亚、花之圣母教堂、圣玛利亚大教堂。

它的设计和建造过程、技术成就和艺术特色,都体现着新时代的进取精神。主教堂是13世纪末佛罗伦萨的商业和手工业行会从贵族手中夺取了政权后,作为共和政体的纪念碑而建造的。他们邀请建筑师坎皮奥设计。主教堂的形制很有独创性,虽然大体还是拉丁十字式的,但是突破了中世纪教会的禁制,把东部歌坛设计成近似集中式的。这个8边形的歌坛,对边相距42.2m,预计用穹顶覆盖。15世纪初,伯鲁乃列斯基着手设计了穹顶(见图4-45)。

为了突出穹顶,首先砌了一段12m高的鼓座,并采取了减小穹顶侧推力和重量的有效措施:穹顶轮廓采用矢形的;用骨架券结构,穹顶分里外两层,中间是空的。8边形券顶由一个8边形的环收束,环上压一个采光亭,强化了稳定性。空层内有两圈水平的环形走廊,起加强两层穹顶联系的作用,强化了穹顶的整体刚度。

穹顶的施工也是一项伟大的成就。穹顶的起脚高于室内地面55m,顶端底面高91m。这样的高空作业,脚手架技术发挥了重要作用。伯鲁乃列斯基还创造了一种垂直运输机械,利用平衡锤和滑轮组。得益于这些施工技术,整个工程仅用了十几年时间就完工了。

佛罗伦萨主教堂穹顶的历史意义在于:①它是在建筑中突破教会精神专制的标志。②鼓座的使用,把穹顶全部表现出来。它是文艺复兴时期独创精神的标志。③无论在结构上还是在施工上,穹顶的首创性标志着文艺复兴时期科学技术的普遍进步。

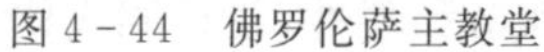

图 4－44　佛罗伦萨主教堂

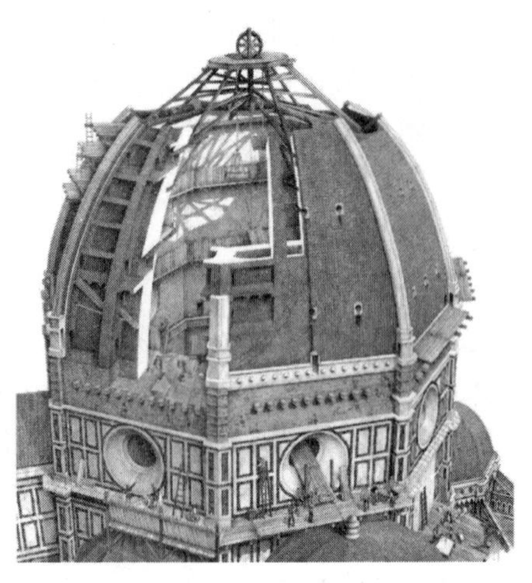

图 4－45　佛罗伦萨主教堂穹顶解剖图

4.5.2　文艺复兴成熟——坦比哀多

15 世纪罗马城成了新的文化中心，文艺复兴运动进入盛期。

这一时期由伯拉孟特所设计修建的坦比哀多(见图 4－46)，又叫圣彼得小教堂，是文艺复兴盛期的代表之作。该建筑位于圣皮埃罗修道院中德柱廊内，是集中式的圆形建筑物。神堂外墙面直径 6.1m，周围有 16 根塔斯干柱式的柱廊围绕，高 3.6m，连穹顶上的十字架在内，总高为 14.7m，有地下墓室，构成鼓筒形，鼓身立于步台座之上，鼓形上部饰有低矮的栏杆，顶部正中冠以一个穹顶。它既不笨重高傲，也不像宫殿那样严厉冷峻，它层次丰富，构图完整，比例和谐，被赞誉为增一分则太多减一分则太少的经典佳作。集中式的形体、饱满的穹顶、圆柱形的神堂和鼓座，外加一圈柱廊，使它体积感很强，层次感亦强，虚实映衬，构图丰富，显得雄健刚劲。

伯拉孟特设计的坦比哀多是文艺复兴时期第一个成熟的集中式纪念建筑，同时它拥有第一个成熟的穹顶外形，它的诞生标志着文艺复兴的盛期到来。

图 4－46　坦比哀多

4.5.3　文艺复兴巅峰与衰落——圣彼得大教堂

圣彼得大教堂，又称圣伯多禄大教堂、梵蒂冈大殿，建于1506—1626年。

圣彼得是耶稣的12个门徒之一，也是耶稣最亲密和忠诚的门徒，教堂就是纪念圣彼得而创建的。1503年犹利二世决定重建圣彼得大教堂。1940年梵蒂冈的发掘者声称，他们在圣坛下发现了圣彼得的遗骨。

圣彼得大教堂代表了16世纪意大利建筑、结构和施工的最高成就，是意大利文艺复兴建筑最伟大的纪念碑，也是世界上最大的天主教堂。圣彼得大教堂凝聚了几代著名匠师的智慧，罗马最优秀的建筑师都曾经主持或参与过圣彼得大教堂的营造，如伯拉孟特、拉斐尔、米开朗琪罗等。

1. 教堂广场

1655—1667年，乔凡尼·洛伦佐·贝尼尼建造了教堂入口广场。广场略呈椭圆形（见图4-47），呈现钥匙孔的形状，地面用黑色小方石块铺砌而成，两侧由两组半圆形大理石柱廊环抱，这两组柱廊为梵蒂冈的装饰性建筑，共由284根圆住和88根方柱组合成四排，形成三个走廊。这些石柱宛如四人一列的队伍排列在广场两边。柱高18m，需三四人方能合抱。顶上有142个教会史上有名的圣男圣女的雕像，雕像人物神采各异、栩栩如生。广场中间耸立着一座41m高的埃及方尖碑，是1856年竖起的，它是由一整块石头雕刻而成的。方尖碑两旁各有一座美丽的喷泉，涓涓的清泉象征着上帝赋予教徒的生命之水。所有走进圣伯多禄广场的人无不为这宏大的场面而感慨。

2. 圣彼得大教堂

教堂穹顶直径41.9m，内部顶高123.4m，穹顶外采光塔上的十字架顶点高137.8m，成为全罗马最高点。穹顶的肋是石砌，其余部分用砖，分内外两层，轮廓饱满而有张力，12根肋加强了这个印象。鼓座上的壁柱、断折檐部和龛造成明确的节奏，与圣坛墙面上的壁柱等相呼应，整体构图很完整。大教堂的外观宏伟壮丽，正面宽115m，高45m，以中线为轴两边对称，8根圆柱对称立在中间，4根方柱排在两侧，柱间有5扇大门，2层楼上有3个阳台，中间的一个叫祝福阳台，平日里阳台的门关着，重大的宗教节日时教皇会在祝福阳台上露面，为前来的教徒祝福。教堂的平顶上正中间站立着耶稣的雕像，两边是他的12个门徒的雕像一字排开，高大的圆顶上有很多精美的装饰（见图4-48）。

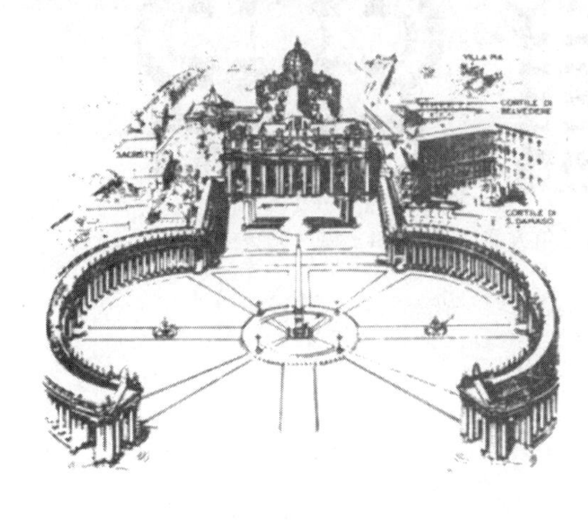

图4-47　圣彼得大教堂广场

图4-48　圣彼得大教堂模型

教堂建造的坎坷经历：

16 世纪初，教廷决定彻底改建旧的中世纪初年的圣彼得大教堂，那是一个拉丁十字的巴西利卡。

经过竞赛，1505 年，选中了伯拉孟特的方案(见图 4－49)。他设计的方案是希腊十字式的，四臂比较长，基本没有考虑到祭坛在哪里，信徒和神职人员位置在哪里，唱诗班又在哪里。伯拉孟特所着意的只不过是建造一座时代的纪念碑。直到 1514 年，当时的教皇犹利二世和伯拉孟特去世。

其后新的教皇利奥十世任命新的工程主持人拉斐尔(见图 4－50)，并且要求他修改伯拉孟特的设计，新的方案必须利用旧的拉丁十字式教堂的全部地段，尽可能多地容纳信徒。拉斐尔是个驯从的宫廷供奉，他依照教皇的意图设计了拉丁十字式的新方案。

1534 年重新进行。负责人帕鲁齐(见图 4－51)虽然很想把它恢复为集中式的，但没有成功。

1536 年，新的主持者小桑迦洛(见图 4－52)迫于教会的压力，不得不在整体上维持拉丁十字的形制。但他巧妙地使东部更接近伯拉孟特的方案，而在西部，又以一个比较小的希腊十字代替了拉斐尔设计的巴西利卡。这样，集中式的体形仍然可以占优势。

1547 年，教皇委托米开朗琪罗(见图 4－53)主持圣彼得大教堂工程。作为文艺复兴运动的伟大代表，米开朗琪罗抛弃了拉丁十字形制，基本上恢复了伯拉孟特设计的平面。不过，大大加大了支承穹顶的 4 个墩子，简化了四角的布局，并在正立面设计了 9 开间的柱廊。

16 世纪中叶，以重新燃起中世纪式信仰为目的的天主教特伦特宗教会议规定，天主教堂必须是拉丁十字式的，教皇命令建筑师玛丹纳拆去已经动工的米开朗琪罗设计的圣彼得大教堂的正立面，在原来的集中式希腊十字式前又加了一段 3 跨的巴西利卡式的大厅(见图 5－54)。在教堂前面，一个相当长的距离内，都不能完整地看到穹顶，穹顶的统率作用没有了。

圣彼得大教堂遭到的损害，标志着意大利文艺复兴建筑的结束。

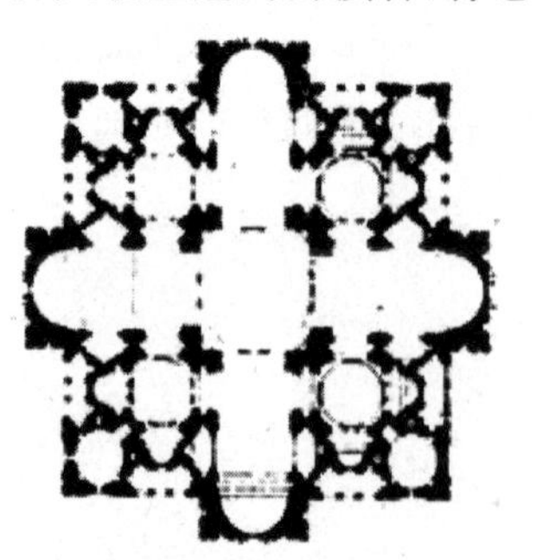

图 4－49　伯拉孟特方案

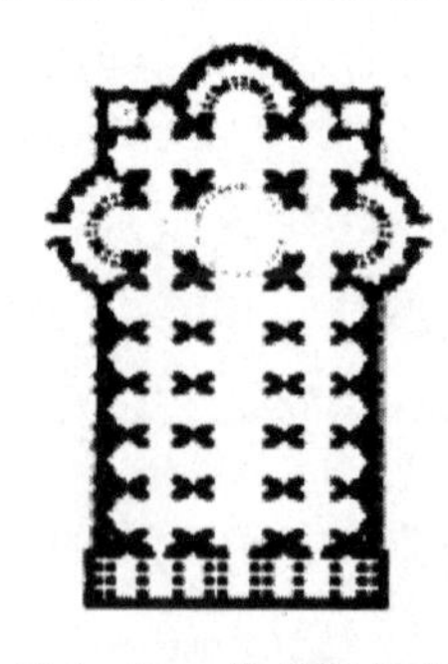

图 4－50　拉斐尔方案

图 4－51　帕鲁齐方案

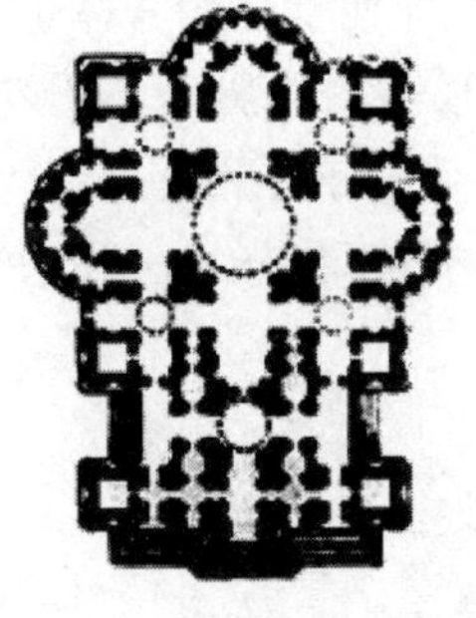
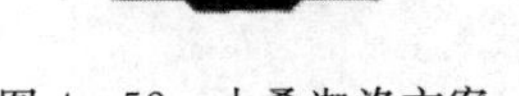

图 4－52　小桑迦洛方案

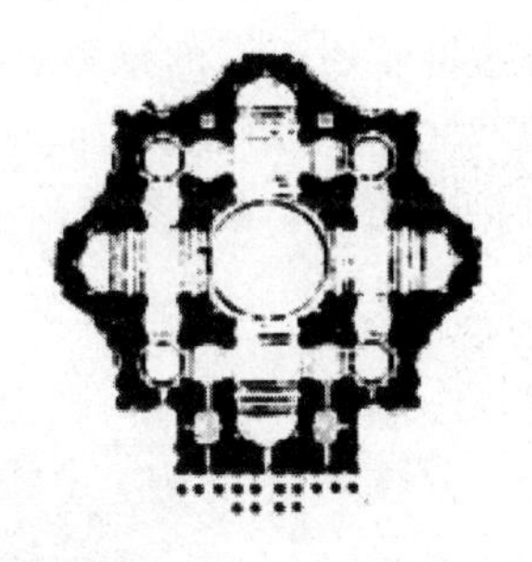

图 4－53　米开朗琪罗方案

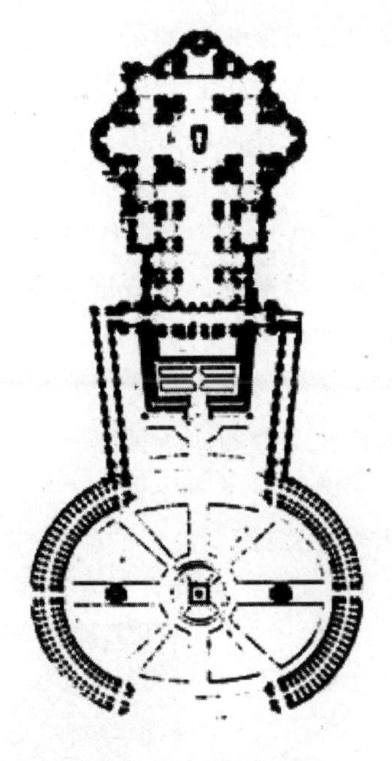

图 4－54　马德尔诺修改完成的最中平面，广场由伯尔尼尼设计

4.5.4　文艺复兴时期的群星

文艺复兴时期的建筑巨匠群星荟萃，他们成就了一个时代。

1. **伯鲁乃列斯基** (Filippo Brunelleschi，1377—1446)

伯鲁乃列斯基是意大利早期文艺复兴建筑的奠基人，出身于行会工匠，精通机械、铸工，是杰出的雕刻家、画家、工艺家和学者，在透视学和数学等方面都有过建树，也设计过一些建筑物。他正是文艺复兴时代所特有的多才多艺的巨人。

主要作品：佛罗伦萨主教堂的穹顶、佛罗伦萨育婴院（见图 4－55）、巴齐礼拜堂（见图4－56）。

图 4－55　佛罗伦萨育婴院

图 4－56　巴齐礼拜堂

2. **阿尔伯蒂**(L. B. Leon Battista Alberti，1404—1472)

他的名著《建筑论》（又名：《阿尔伯蒂建筑十书》）完成于 1452 年，全文直到 1485 年才出

版。这是文艺复兴时期第一部完整的建筑理论著作，也是对当时流行的古典建筑的比例、柱式以及城市规划理论和经验的总结。它的出版，推动了文艺复兴建筑的发展。

他的建筑作品既有仿古式样的，也有大胆革新的。比较有代表性的是佛罗伦萨的鲁奇兰府邸(1446—1451)、圣玛利亚小教堂正立面(1456—1470)和曼图亚的圣安德烈教堂(1472—1494)等。

3. **米开朗琪罗**(Michelangelo di Lodovico Buonarroti Simoni，1475—1564)

米开朗琪罗，1475年出生于佛罗伦斯加柏里斯镇，雕塑家、建筑师、画家和诗人。他与列奥纳多·达·芬奇和拉斐尔并称“文艺复兴三杰”，以人物“健美”著称，即使女性的身体也描画得肌肉健壮。他倾向于把建筑当雕刻看待，喜爱用深深的壁龛，凸出很多的线脚和小山花，贴墙作3/4圆柱或半圆柱，同时喜好雄伟的巨柱式，多用圆雕作装饰，强调的是体积感。

代表作品：佛罗伦萨的教堂、罗马的府邸、市政广场、圣劳伦兹图书馆(见图4-57)、卡比多山市政广场、圣彼得大教堂穹顶。

图4-57　圣劳伦兹图书馆

4. **拉斐尔**(Raphael Sanzio，1483—1520)

拉斐尔谢世时年仅37岁，但由于他勤勉的创作，给世人留下了300多幅珍贵的艺术作品。他的作品博采众家之长，形成了自己独特的风格，代表了当时人们最崇尚的审美趣味，成为后世古典主义者不可企及的典范。他设计的建筑物和他的绘画一样，比较温柔雅秀，体积起伏小，喜爱用薄壁柱，外墙面上抹灰，多用纤细的灰塑作装饰，强调水平分划。

其代表作有油画《西斯廷圣母》、壁画《雅典学院》等(见图4-58、图4-59)。

图 4 - 58　油画西斯廷圣母

图 4 - 59　壁画雅典学院

5. **伯拉孟特** (Donato Bramante, 1444—1514)

他是盛期文艺复兴建筑的奠基人。伯拉孟特出身平民,本是个画家,早期在米兰从事过建筑工作。1499 年到罗马之后,很快就受到 16 世纪初年新思想的鼓舞,力求把高亢的爱国热情表现在建筑物上,建立时代的纪念碑。他刻苦向古罗马遗迹学习,足迹踏遍罗马城和周围地区,从此风格大变,追求庄严宏伟,刚健有力。小小的坦比哀多,成了文艺复兴盛期建筑的第一个代表。在教廷的圣彼得大教堂的设计中,他满怀豪情地以超过古罗马的建筑成就为目标。

他的著名作品有罗马的"坦比哀多"(Tempietto)礼拜堂、拉斐尔府邸(见图 4 - 60),还曾参与设计圣彼得大教堂、梵蒂冈宫改建。

6. **帕拉第奥**(Andrea Palladio)——**现代主义建筑原型之父**

原名为特里西诺,是一个石匠的名字,其后改名为帕拉第奥——希腊智慧女神的名字。他是西方最具影响力和最常被模仿的建筑师,他的创作灵感来源于古典建筑,对建筑的比例非常谨慎,而其创造的人字形建筑已经成为欧洲和美国豪华住宅和政府建筑的原型。他是意大利晚期文艺复兴的主要建筑师,在 1562 年发表了他的《五种柱式规范》《建筑四书》。

代表作品有卡普拉别墅也被称为圆顶大教堂或叫圆厅别墅(见图 4 - 61),还有奥林匹克剧院。

图 4 - 60　拉斐尔府邸

图 4 - 61　圆厅别墅

4.5.5 巴洛克建筑

巴洛克建筑是17—18世纪在意大利文艺复兴建筑基础上发展起来的一种建筑和装饰风格。其特点是外形自由，追求动态，喜好富丽的装饰和雕刻、强烈的色彩，常用穿插的曲面和椭圆形的空间。巴洛克(Baroque)，原意是畸形的珍珠，16—17世纪时，衍义为拙劣、虚伪、矫揉造作或风格卑下、文理不通。18世纪中叶，古典主义理论家带着轻蔑的意思称呼17世纪的意大利建筑为巴洛克。但这种轻蔑是片面的、不公正的，巴洛克建筑有它特殊的成就，对欧洲建筑的发展有长远的影响。

1. 巴洛克建筑的特征

(1)波浪形曲线与曲面形成标志建筑。

(2)利用透视术或增加层次来夸大距离，体积感强。

(3)建筑部件断折，不完整，形成不稳定形象，如折断的或双层的檐、山花。

(4)柱子不规则排列增强立面与空间的凹凸起伏和运动感。

(5)室内运用曲线曲面及形体的不稳定组合产生光影变化，追求动态。

(6)强烈的装饰、雕刻与色彩。

(7)用互相穿插的曲面与椭圆形空间

(8)大量运用自由曲线的形体追求动态。

2. 代表性建筑

(1)罗马耶稣会教堂。

罗马耶稣会教堂(见图4-62)被称为第一座巴洛克建筑，由维尼奥拉设计，由样式主义转向巴洛克的代表作。教堂内部突出了主厅和中央圆顶，加强了中央大门的作用，以结构严密和中心效果强烈显示出新的特色。耶稣会教堂的内部和门面，成为巴洛克建筑的模式，又称为前巴洛克风格。罗马耶稣会教堂平面为长方形，端部突出一个圣龛，中厅宽阔，拱顶满布雕像和装饰。两侧为两排小祈祷室，十字正中升起一穹窿顶。教堂立面正门上面分层檐部和山花做成重叠的弧形和三角形，大门两侧采用了倚柱和扁壁柱。立面上部两侧作了两对大涡卷。这些处理手法别开生面，后来被广泛仿效。

(2)罗马圣卡罗教堂。

罗马圣卡罗教堂(见图4-63)由波洛米尼设计。平面近似橄榄形，周围有一些不规则的小祈祷室。教堂平面与天花装饰强调曲线动态，立面山花断开，檐部水平弯曲，墙面凹凸很大，装饰丰富，有强烈的光影效果。

图 4-62 罗马耶稣会教堂

图 4-63 圣卡罗教堂

巴洛克风格的建筑富丽堂皇，有强烈的神秘气氛，符合天主教会炫耀财富和追求神秘感的要求。但是有些巴洛克建筑过分追求华贵气魄，甚至到了繁琐堆砌的地步，此时，巴洛克建筑已经失去了人文主义者优雅的文化气质。

4.6 西方 17—19 世纪

17 世纪到 18 世纪文艺复兴的影响依然很强烈，但是在不同地区却有不同的风格形态。18 世纪下半叶到 19 世纪下半叶主要有 3 种建筑复古思潮：古典主义、浪漫主义、折中主义。

4.6.1 法国古典主义

17 世纪的法国古典主义建筑成为了其当时的宫廷潮流，它以理性哲学为基础。古典主义建筑造型严谨，普遍应用古典柱式，强调中轴对称，提倡富于统一性和稳定感的横三段和纵三段的构图手段，内部装饰丰富多彩。法国古典主义建筑的代表作是规模巨大、造型雄伟的宫廷建筑和纪念性的广场建筑群。这一时期法国王室和权臣建造的离宫别馆和园林，为欧洲其他国家所仿效。古典主义建筑在布局和构图中，讲究严格的对称均衡，突出中心轴线，主次关系十分明显，在外形上显得端庄雄伟；同时，追求抽象的对称与协调，寻求构图纯粹的几何结构和数学关系。古典主义的规划也强调轴线对称、主从关系，突出中心和规则的几何体，强调统一性和稳定感，突出地表现了人工的规整美，反映出控制自然、改造自然和创造一种明确秩序的强烈愿望。

古典主义与巴罗克在建筑风格上两者截然区别，在城市规划领域，始终在相互影响、相互渗透中发展。实际上，它们的本质目的是相同的，即通过壮丽、宏伟而有秩序的空间景观，来喻意中央集权的不可动摇。在城市规划中，最后这两种风格已经难以区分，多是以“巴罗克＋古典主义”的混合形式出现。

1. 法国古典主义的建筑特点

(1)早期:建筑平面趋于规整,但形体仍复杂,尚堡府邸、维康府邸都散发着浓郁的中世纪气息。

(2)古典时期:为了体现法国王权的尊严和秩序,古典主义者采用了富于统一性与稳定感的构图方法,建筑端庄、严谨、华丽、规模巨大。

(3)晚期建筑讲究装饰,出现洛可可装饰风格。

(4)法国古典主义建筑是法国传统建筑和意大利文艺复兴建筑结合的产物,它在广场、宫殿、苑囿方面取得一定成就。

2. 古典主义建筑的意义和局限性

(1)古典主义建筑理论的进步意义主要是:①相信存在着客观的、可以认识的美的规律,并对它的某些方面,特别是比例,作了深入探讨,促进了对建筑的形式美的研究;②提出了真实性、逻辑性、易明性等一些理性原则,用简洁、和谐、合理等对抗当时声势很大的意大利巴洛克建筑的任意和堆砌。

(2)古典主义建筑理论的局限性主要是:①它只从中央集权的宫廷建筑立论,它的研究对象只是古罗马帝国的纪念性建筑,因而十分片面,并且傲慢地否定了一切民间的和民族的建筑传统,贬低中世纪哥特建筑的伟大成就;②它对形式美的认识是形而上学的一方面,没有看到形式内部。

3. 轴线对称与主从关系

古典主义建筑在布局和构图中,讲究严格的对称均衡,突出中心轴线,主次关系十分明显,在外形上显得端庄雄伟;同时,追求抽象的对称与协调,寻求构图纯粹的几何结构和数学关系。古典主义的规划也强调轴线对称、主从关系,突出中心和规则的几何形体,强调统一性和稳定感,突出地表现了人工的规整美,反映出控制自然、改造自然和创造一种明确秩序的强烈愿望。

古典主义园林也是这样,例如,朗特别墅的花园以水景为主,表现泉水从岩洞流出,到形成急湍、瀑布、河、湖以及泻入大海的全过程。这一切都是在纵贯整个花园的笔直的轴线上进行的,并把它置于整齐的花岗石渠道中,表现出强烈的理性观念。同时,炫耀喷泉等技术性景观要素的运用。

到了17世纪下半叶,法国古典主义园林总体布局作为君主专制政体的图解,大型化、对称中轴线、网络化、几何图案式成为这一时期造园的特点。如凡尔赛园林(见图4-63)占地670公顷,花园的主轴线长达3公里,成为整个园林的构图中心。在这里拥有华丽的植坛、辉煌的喷泉、精彩的雕像、壮观的台阶。主轴线成为艺术中心,并成为巨大园林的艺术统率中心,来满足古典主义美学构图统一要求;同时,众星拱月、主从分明的构图,反映绝对君权的政治理想。在这类园林中,宫殿或府邸位于地段的最高处,前为通向城市的林荫道,后为花园,花园外围为层层的林木。建筑轴线作为整个构图中心,贯穿花园和林园。园林中轴线两侧,对称地布置次级轴线,与府邸的立面形式呼应,并与几条横轴线构成园林布局的骨架,编织成一个主次分明、纲目清晰的几何网络,并体现鲜明的政治象征意义。

图 4 - 63 凡尔赛宫平面

4. 古典主义建筑的代表作

(1)卢浮宫。

卢浮宫(见图 4 - 64)东立面的设计,标志着法国古典主义建筑的成熟。全长 172m,高 28m,上下分为三段,按一个完整的柱式构图,底层做成基座模式,顶上是檐部和女儿墙。二三层是主段,设通高的巨柱式双柱。左右分五段,以中央一段为主。中央三开间凸出,上设山花,统领全局。法国传统的高坡屋顶被意大利式的平屋顶代替了,卢浮宫东立面在高高的基座上开小小的门洞供人出入。

(2)凡尔赛宫。

凡尔赛宫(见图 4 - 65)占地 111 万平方米,其中建筑面积为 11 万平方米,园林面积 100 万平方米。宫殿建筑气势磅礴,布局严密、协调。正宫东西走向,两端与南宫和北宫相衔接,形成对称的几何图案。宫顶建筑摒弃了巴洛克的圆顶和法国传统的尖顶建筑风格,采用了平顶形式,显得端正而雄浑。宫殿外壁上端,林立着大理石人物雕像,造型优美,栩栩如生。王宫长达 580m,王宫整体由法式花园、庄严的城堡和镜殿组成,宫殿和城堡的内部巴洛克式陈设和装潢是世界艺术殿堂上的瑰宝。宫殿中的 500 多间大小殿厅坐落有致,装修得富丽堂皇;五彩的大理石墙壁光彩夺目;巨型的水晶灯如瀑布般倾泻而下;内壁和宫殿圆顶上布满的西式油画仿佛在诉说着昔日国王的战功赫赫,油画里神话故事被讲述得栩栩如生。宫殿以西是一座修葺整齐的法式公园,公园绵延长达 3km,花园里景色秀美,一花一草、一水一池都让人惊叹,不愧为“跑马者的公园”。

图 4-64　卢浮宫东立面

图 4-65　凡尔赛宫

凡尔赛宫镜厅(见图 4-66)又称镜廊,被视为法国路易十四国王王宫中的一件"镇宫之宝"。它是法国的凡尔赛宫最奢华、最辉煌的部分,厅长 76m,宽 10m,高 13m。镜厅墙壁上镶有 17 面巨大的镜子,每面镜子由 483 块镜片组成,反射着金碧辉煌的穹顶壁画。镜子相对视野极好的 17 扇拱形落地大窗,透过窗户可以将凡尔赛宫后花园的美景尽收眼底。

镜厅一直以来被誉为法国王室的瑰宝,无数面巨大的铜镜反射着从后花园映进的光芒,这里是路易王朝接见各国使节时专用的宫殿。

图 4-66　凡尔赛镜厅

5. 洛可可装饰

洛可可的原则就是逸乐。洛可可 (Rococo)一词由法语 Rocaille(贝壳工艺)和意大利语 Barocco(巴洛克)合并而来,Rocaille 是一种混合贝壳与石块的室内装饰物,而 Barocco(巴洛克)则是一种更早期的宏大而华丽的艺术风格,有人将洛可可风格看作是巴洛克风格的晚期,即巴洛克的瓦解和颓废阶段。洛可可风格最早出现在装饰艺术和室内设计中,路易十五登基后给宫廷艺术带来了一些变化。前任国王路易十四在位的后期,巴洛克设计风格逐渐被有着更多曲线和自然形象的较轻的元素取代,而洛可可艺术,即是大约自路易十四1715年逝世时开始的。

(1)洛可可装饰的总体特点:以贝壳和巴洛克风格的趣味性的结合为主轴,常采用明快的色彩和纤巧的装饰,家具也非常精致而偏于繁琐,不像巴洛克风格那样色彩强烈,装饰浓艳。德国南部和奥地利洛可可建筑的内部装饰空间显得较为复杂。

(2)洛可可装饰的具体表现:①装饰常常细腻柔媚,喜欢采用不对称手法,以及运用弧线和S形线,尤其爱用贝壳、旋涡、山石作为装饰题材,卷草舒花,缠绵盘曲,连成一体。天花和墙面有时以弧面相连,转角处布置壁画。②为了模仿自然形态,室内建筑部件也往往做成不对称形状,变化万千,但有时流于矫揉造作。室内墙面粉刷,喜爱用嫩绿、粉红、玫瑰红等鲜艳的浅色调,线脚大多用金色。室内护壁板有时用木板,有时做成精致的框格,框内四周有一圈花边,中间常衬以浅色东方织锦。

洛可可风格反映了法国路易十五时代宫廷贵族的生活趣味,追求纤巧精美,又浮华繁琐,亦称"路易十五式"。其代表作有尚蒂依小城堡的亲王沙龙、巴黎苏比斯饭店的沙龙(见图4-67)等。

图4-67 巴黎苏比斯饭店沙龙

6.其他国家的古典主义复兴

古典复兴是资本主义初期最先出现在文化上的一种思潮,建筑史上是指18世纪60年代到19世纪末在欧美盛行的仿古典的建筑形式。这种思潮受到当时启蒙运动的影响。

启蒙运动的核心资产阶级的人性论,其主要内容是"自由""平等""博爱",从而唤起了人们对古希腊、古罗马的礼赞,成为资本主义初期古典复兴建筑思潮的社会基础。

古典复兴建筑在各国的发展有所不同。大体上法国以罗马式样为主,英国、德国以希腊式样较多。

(1)英国大英博物馆。

它的主要特点是使用希腊式的多立克和爱奥尼柱式，并且追求体形的单纯。正立面采用单层的爱奥尼柱廊。18 世纪中叶，欧洲人对古希腊建筑的知识逐渐丰富，19 世纪初，在英国兴起了希腊复兴建筑。其原因是：①当时英国正与拿破仑进行着生死攸关的战争，为了同拿破仑提倡的古罗马帝国建筑风格对抗，一些建筑师转向古希腊。②当时希腊人民的独立解放斗争引起了欧洲资产阶级先进阶层的同情，因此，希腊复兴在英国形成一股相当有力的潮流。

英国的罗马复兴不活跃，代表作品为英格兰银行。希腊复兴建筑在英国占有重要的地位，代表作有爱丁堡大学、大英博物馆（见图 4 - 68）等。

(2)德国。

德国主要以希腊复兴为主，代表作有勃兰登堡门（见图 6 - 69）、申克尔设计的柏林宫廷剧院（1818—1821）、柏林老博物馆（1824—1828）等。柏林勃兰登堡门是从雅典卫城山门吸取的灵感。

图 4 - 68　英国大英博物馆

图 4 - 69　柏林勃兰登堡门

(3)美国。

古典复兴在美国盛极一时，尤其是以罗马复兴为主。如 1793—1867 年建的美国国会大厦（见图 4 - 70），仿照巴黎万神庙的造型，极力表现雄伟的纪念性。美国独立以前，建筑造型为“殖民时期风格”。独立后，美国资产阶级借助于希腊、罗马的古典建筑来表现民主、自由、光荣和独立，古典复兴建筑盛极一时。

希腊建筑形式在美国纪念性建筑和公共建筑中也比较流行，如华盛顿的林肯纪念堂（见图 4 - 71）。

图 4 - 70　美国国会大厦

图 4 - 71　林肯纪念堂

4.6.2 浪漫主义

浪漫主义是18世纪下半叶到19世纪上半叶活跃于欧洲文学艺术领域的一种主要思潮，在建筑上得到一定的反映。浪漫主义建筑主要限于教堂、学校、车站、住宅等类型。浪漫主义在各个地区的发展不尽相同。大体来说，英国、德国流行较广，时间较早；而法国、意大利则流行较少，时间较晚。

18世纪60年代到19世纪30年代是第一阶段，称为先浪漫主义。从19世纪30年代到70年代是第二阶段，称为哥特复兴。

1. 先浪漫主义

先浪漫主义在建筑上表现为模仿中世纪的寨堡，追求非凡的趣味和异国情调，甚至在园林中出现东方建筑小品。代表作：埃尔郡克尔辛府邸（1777—1790）、英国布赖顿皇家别墅（1818—1821），英国布赖顿皇家别墅（见图4-72）是模仿印度伊斯兰教礼拜寺的形式。

图4-72 英国布赖顿皇家别墅

2. 哥特复兴

从19世纪30年代到70年代，是英国浪漫主义建筑的极盛时期，它的产生背景极为复杂。首先在反拿破仑的战争中，各国的民族意识高涨，热衷于发扬本民族文化传统，而中世纪闭关自守状态下的文化，最富民族特点。其次，是拿破仑失败后，欧洲反动者又会嚣张一时。开始鼓吹恢复中世纪的宗教，使用中世纪的建筑式样。

英国国会大厦（见图4-73），是典型的浪漫主义哥特复兴的作品，建造年代约为1840—1865年，原设计是古典主义的，在建造过程中，英国女王为了对抗兴起的社会主义运动和唯物主义思想，下令把它改成哥特教堂式。国会大厦采用的是亨利第五时期的哥特垂直式。

3. 折衷主义

折衷主义是19世纪上半叶兴起的一种创作思潮。折衷主义任意选择与模仿历史上的各种风格，把它们组合成各种式样，又称为“集仿主义”。折衷主义建筑并没有固定的风格，它语言混杂，但讲究比例权衡的推敲，常沉醉于对“纯形式”美的追求。

图 4-73　英国国会大厦

折衷主义在19世纪至20世纪初在欧美盛极一时。19世纪中叶以法国最为典型，19世纪末至20世纪初以美国较为突出。资本主义社会发展很快，资产阶级以不再是为自由主义而战的斗士，他们的心只为钱跳动，连文化和建筑也成了商品。于是，以抄袭、拼凑、堆砌为能事的折衷主义创作手法占了统治地位。折衷主义的代表作有巴黎歌剧院(1861—1874)、罗马的伊曼纽尔二世纪念碑(1885—1911)、巴黎的圣心教堂(1875—1877)。

(1)巴黎歌剧院。

巴黎歌剧院(见图 4-74)的立面的构图骨架是卢浮宫东廊的样式，但加上了巴洛克装饰。观众厅的顶装饰的像一枚皇冠，门厅和休息厅尤其富丽，满是巴洛克式的雕塑、挂灯、绘画等，豪华得像是一个首饰盒，装满了珠宝钻翠。它的楼梯厅，设有三折楼梯，构图非常饱满，是建筑艺术的中心，也是交通的枢纽。

图 4-74　巴黎歌剧院

(2)巴黎圣心教堂。

巴黎圣心教堂(见图 4-75)采用了罗马的科林斯柱廊和类似希腊古典晚期宙斯神坛的造型。1893 年在美国芝加哥举行的哥伦比亚博览会,是折衷主义建筑的一次大检阅。法国巴黎美术学院在 19 世纪至 20 世纪初成为整个欧洲和美洲各国艺术和建筑创作的领袖,是传播折衷主义的中心。

图 4-75 巴黎圣心教堂

4.蓬帕杜夫人与洛可可

蓬帕杜夫人(见图 4-76)(法语:Madame de Pompadour,1721 年 12 月 29 日—1764 年 4 月 15 日),法国皇帝路易十五的著名情妇、社交名媛,是一个引起争议的历史人物。她曾经是一位拥有铁腕的女强人,凭借自己的才色,影响到路易十五的统治和法国的艺术。

作为路易十五时期历时 20 余年的法国实际皇后,她成了洛可可风尚当之无愧的主导者和推动者,并将这一漂亮、雅致、轻浮又罗曼蒂克的艺术风格和生活方式吹遍全欧洲。她对凡尔赛宫进行了洛可可式的装饰,还雇佣时尚装饰用品经销商把中国式花瓶变成了带有洛可可镀金青铜手柄的花瓶状水罐。在装饰方面,完全成熟的洛可可式风格主要以蔓藤花纹、贝壳、细致的曲线和不对称的装饰为特点,在巴黎苏比斯府邸达到了炉火纯青的巅峰状态。整体效果绚丽鲜活,背景与 18 世纪的贵族社会生活非常相称,而且强调个人隐私和对人际关系的崇拜。

图 4-76 蓬帕杜夫人的肖像画

在洛可可绘画中,巴洛克绘画所特有的那种强烈的匀称、浓重的色彩和英雄主义主题也都让位于轻快细腻的动感、浅淡的色彩和各种爱的主题,如华托画作中的罗曼蒂克式爱情、布歇画作中的性爱以及夏尔丹作品中的母爱。蓬帕杜夫人资助的华托和布歇都是洛可可风格的代表性画家,洛可可彩粉画中的粉红色和薄荷色是蓬帕杜夫人最喜欢的颜色。

18 世纪 60 年代,洛可可艺术风格开始走向衰落,一些批评家抨击它没有品位、轻浮,象征着一种腐朽的社会,后来与巴洛克艺术一起被新古典主义所取代。

第5章 建筑美学与园林

5.1 中国园林概说

中国古典园林如果按照隶属关系来加以分类，可以归纳为若干个类型。其中最为重要的类型有三个：皇家园林、私家园林、寺观园林。

皇家园林与私家园林各自的发展历史相对独立，又因两者的服务对象与文化背景不同，造就了特色鲜明的园林艺术风格。皇家园林从广义上来看是属于皇帝个人拥有的宫内御园、行宫别苑和离宫御苑，例如故宫御花园、颐和园、承德避暑山庄等；除此之外，服务于皇室成员的王府花园也是皇家园林的组成部分，例如恭王府、醇亲王府等。私家园林则是民间贵族、官僚、缙绅所私有，如留园、拙政园、狮子林等。

自古以来，中国拥有辽阔的疆土，不同地区的园林风格迥异，如果按园林所处位置分类，可分为：北方园林、江南园林、岭南园林、巴蜀园林等。

在地理形势上，西汉以长安为中心的一带地方，就是关中四塞之地。关中地区既有平坦的原野，沿南山之阴又有断断续续的高原，被山带河，沃野千里，为西汉苑园的营建提供了优越的地势条件。西汉以都城长安为中心，建有规模最为宏大的上林苑，在长安周围还建有许多苑园，如甘泉苑、御宿苑、西郊苑、游乐苑、宜春下苑、黄山苑、御羞苑、昭祥苑等。这些苑园规模大小不同，但都是为皇帝、皇子及诸王游乐而建。东汉洛阳城地处黄河中游南岸，西连秦岭，东望嵩岳，北依邙山，南对伊阙，自然环境优越，天然的地势既是政治中心的首选之地，同时也是修建苑园的良好场所，所以东汉洛阳皇城之内"宫室光明，阙庭神丽，奢不可逾，俭不能侈"。

选择苏州作为私家园林地域界定的原因主要有：首先，苏州园林在江南园林中的地位首屈一指，获有"江南园林甲天下，苏州园林甲江南"的美誉。其次，苏州园林铺地丰富繁多且精美如蜀锦，在园林铺地中具有典型性与代表性。此外，江南园林中保存最好的地区当属苏州，便于实地考察研究。除苏州以外，扬州园林在江南园林史中也曾占有重要的地位。乾隆嘉庆时期，是扬州园林最为繁盛的巅峰时期，甚至超过苏州园林，且扬州地区也有相当数量的园林至今保留较好。

5.2 江南私家园林

中国古典园林，除皇家园林外，还有一类属于官吏、富商、地主等私人所有的园林，称为私家园林。私家园林是封建贵族、地主、富商、士大夫动用私帑所建之园。这些较高文化修养的封建官僚、豪富、士绅阶层，常感于仕途商海沉浮而标榜田园、山林的归隐，以示高雅。城市宅园的成功构筑，恰恰可以满足其需要，既可获得城市文明物质生活的需求，又能坐享朝夕游览湖山的无尽精神乐趣，从而使物质生活和精神乐趣两者兼得。因而私家造园自古就有，而且遍及全国各地。

5.2.1 江南私家园林的发展历程

汉初文帝的次子梁孝王刘武，在其封地河南商丘构建菟园，还有汉初袁广汉园也是私家园林，这两室私家园林较之贵族苑囿在内容上并不逊色，只是规模小得多，但作为私人的园林，占地为周围近千米，可谓不算小了，也算得上是中国历史上有明确记载的私家园林。

魏晋南北朝时期，文人士大夫为了逃避现实，隐逸江湖，寄情于山水间。他们开始在自己的生活起居地周围经营起具有山水之美的小环境，这就是私家园林的开端。文人士大夫们的造园运动都同他们的自给自足的庄园经济生活结合在一起。当时称为"园"，也叫"别墅""别业"或"山居"。

唐朝是中国私家园林全面发展的盛期，光在洛阳一地，就有私家园林千家之多。唐代的私家园林大多为公卿贵戚所造，达到了很大的数目，例如唐文宗宰相裴度曾在集贤里住宅，造有园林，每到裴度空闲的时候就与诗人白居易、刘禹锡酣宴终日，高歌放言。而白居易也在履道里构造了白莲庄园，而且其对自己宅院的景观的高度概况也与后来者计成在《园冶》中对村庄地的规划思想十分接近，可见在唐代就已经形成了一定的造园思想。

到了宋代，重文轻武，官宦士大夫经济优裕，这就为大造私家园林创造了优厚的物质条件，再加上宋徽宗爱好绘画，大力提倡造园，使上下造园成风，在我国造园史上成为兴旺发达的时代。

明清两代，是我国园林建筑艺术的集大成时期。此时期除建造了规模宏大的皇家园林外，封建士大夫为了满足家居艺术生活的需要，在城市中大量建造以山水为骨干、饶有山林之趣的宅园，作为日常聚会、宴客、居住、游憩的场所。这些宅园大多建在城市之中或近郊，与住宅相连，在不大的面积内追求空间艺术的变化，风格素雅精巧，达到平中求趣、拙间取华的意境，满足以观赏为主的要求。

但就全国而言，私家园林最发达的还是集中在江南地区。私家园林集中在江南是因为江南地区具有造园的自然、经济与人文的诸方面条件。江南位于长江中下游，江流纵横，河网密布，水源十分丰富。其气候湿润，雨量充沛，冬无严寒，四季分明，利于花木生长。园林堆山，除土以外，不可缺石，而江苏、浙江一带多产石料，南京、宜兴、昆山、杭州、湖州等地多产黄石。苏州自古以来就出湖石，湖石采自江湖水涯，经过常年水流冲刷石色有深有浅变化，表面纹理纵横形态多玲珑剔透，历来为堆山之上品用料，也宜罗列庭前成可欣赏之景观。同时江浙乃鱼米之乡，极为富庶。随着商业经济发展城市得以繁荣，经济的发达给造园提供了物质条件。18世纪中叶，清乾隆皇帝六下江南，遍游名山名园，江南再次掀起造园高潮。扬州盐商为了求得乾隆的御宠，凭借自身的雄厚财力在扬州建了庞大的瘦西湖园林区，自城北天宁寺至平山堂两岸楼台亭榭连绵不断，形成一条水上园林带。

另外，江南自古文风盛行，南宋时盛行文人画与山水诗，随着宋朝的南迁临安，大批官吏、富商涌至苏杭，造园盛极一时。明清两朝以科举取士，江南中举进京为仕者为数不少，这批文人告老还乡返回故里后多购置田地，建造园林。尤其在明清后期，由于北方战乱，官僚商贾纷纷难逃，在江浙一带购地建造宅园，偷安一方。这批文人懂书画好风雅，不但精心经营自己的官邸，还亲自参与设计，这个时期在造园的数量与质量上都达到一个高峰，使江南一带成为私家园林的集中地区。

私家园林是为满足官僚地主及富商的生活享乐而建的。实际上,园林是宅邸的扩大和延伸,它创造风景优美的环境,使之既有城市中优厚的物质生活,又能游览幽静雅致的自然的山林景色,虽居城市却可享受山水林泉的乐趣。私家园林面积都不大,多者几十亩、十多亩,小者仅几亩之地,要在有限的空间里创造出有山有水、迂回曲折、景物多变的环境。而且私家园林追求一种平和、宁静的气氛,建筑不求华丽,环境色彩讲究清淡雅致,力求创造一种与喧哗的城市隔绝的世外桃源境界。

5.2.2 江南私家园林的总体布局

江南私家园林一般规模小,面积不太大,气势也无法与北方的皇家园林相比较,园内格局既没有南北中轴线,也不呈东西对称分布(见图 5-1)。其集自然山水为一园,浓缩并模写了真山真水为假山假水,经过人文思想的提炼而抽象出来的,为自然山水的大写意。叠石为山,堆山则小巧玲珑,以空灵的瘦、漏、皱、透胜出,铺道则求曲径通幽,架桥则取长虹卧波,一池荷花半园春色,池塘曲岸杨柳低垂,亭台楼阁环以曲廊。外饰粉墙黛瓦,内镌雕梁画栋,一黑一白与五彩绚丽相向,辉映减日。花径透逸,映带左右。鹅卵石小径幽静曲折蜿蜒,人随步移景换,欲扬先抑,给人的视野以“山重水复疑无路,柳暗花明又一村”的感觉,颇有中国古典美的“千呼万唤始出来,犹抱琵琶半遮面”的艺术效果。这种美的情趣是根植于东方文化的土壤而生发,极力注重含蓄美。中国江南美意识的装饰方法似乎是具有适度的朦胧样式并略含挑逗情趣,面纱一层一层卸去,极具“等待、盼望、遐想回味”之功能,这与古典章回小说的“起承转合”有异曲同工之趣。

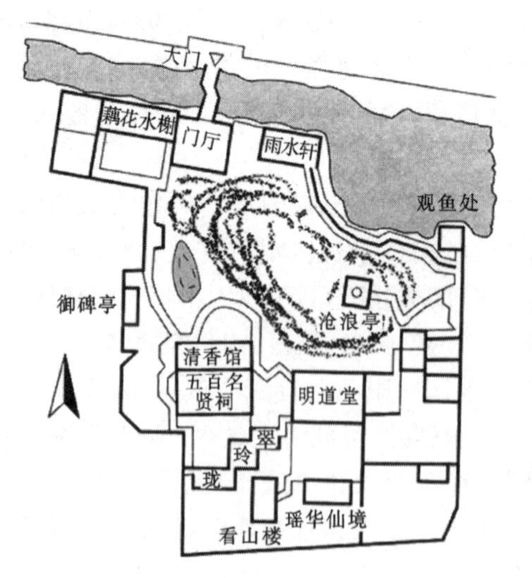

图 5-1 沧浪亭

5.2.3 江南私家园林实例

太平盛世催化了造园之风。在朝官吏想着隐退之后的安居,尽早建园。在野人士以园林作为社交场所,抒情叙事、吟诗作画。唐代的私家园林已经非常普遍,此时期的私家园林包括城市的私园和郊野的别墅园，其中尤以长安城、洛阳城为最，皇亲贵族的园林豪华绮丽，文人官宦的园林清淡雅致。

1. 白居易的履道坊宅园

白居易的履道坊宅园（见图5－2）位居洛阳城东南，是一处风水胜地。诗人专为宅园写韵文《池上篇》：

十亩之宅，五亩之园；
有水一池，有竹千竿。
勿谓土狭，勿谓地偏；
足以容膝，足以息肩。
有堂有庭，有桥有船；
有书有酒，有歌有弦。
有叟在中，白须飘然；
识分知足，外无求焉。
如鸟择木，姑务巢安；
如龟居坎，不知海宽。
灵鹤怪石，紫菱白莲；
皆吾所好，尽在吾前。
时饮一杯，或吟一篇；
妻孥熙熙，鸡犬闲闲。
优哉游哉，吾将终老于其间。

这篇韵文充分抒发了诗人的造园宗旨，以宅园寄托精神、陶冶性情，以及清心幽雅淡泊的人生态度，恰如其分地反映了当时文人的园林情怀。从园林史的角度评价，履道宅园标志着我国自然山水园林发展到唐代，其艺术特质已达到"炉火纯青"的地步。白居易的园林及美学理论和园林实践活动，对我国以及对日本后来的园林艺术发展都产生了深远影响。

2. 司马光的独乐园

萌芽于唐代的文人园林到了宋代已成为主流，其风格特点可概括为四个方面，即简远、疏朗、雅致、天然。

（1）简远：景象精简而意境深远。

（2）舒朗：宋代私家园林的造山多以土代石，平缓而舒展，少有大起大落的奇景险势。园中所设建筑分布疏散，很少列阵成群。植林虽成片，但有空隙，在密实中透出虚的空间，完全如山水画中的空白一般。

（3）雅致：《洛阳名园记》中记载19处园林以竹成景，提及"三分水、二分竹、一分屋"。苏轼自咏"可使食无肉，不可居无竹；无肉令人瘦，无竹令人俗"，道出诗人追求淡雅格调的情趣，苏轼并因癖奇石而创立了以竹、石为主题的画体。这一时代的文人喜爱竹、兰花、梅花、菊花，以梅、兰、竹、菊喻为四君子。

（4）天然：园林的选址必介于山水之间，利用原始地貌，略加装点，以修竹、茂林营造幽静、深邃、平和的景观。

图 5-2　履道坊宅园

独乐园(见图 5-3)是司马光的游憩园,风格简朴,占地 20 亩。园林中心建读书堂,藏书数千卷。读书堂以南是弄水轩,室内筑一小水池,水从暗流引进,分流五股入池,名曰“虎爪泉”,池水出轩成为两条明渠环绕庭院。读书堂的北面有更大的水池,其间筑岛。此园的房前屋后以及岛中空地遍植竹林,有的成片,有的成环,有的竹梢连接如同渔人庐舍,有的竹梢回拢形成游廊。池西土山筑台建屋远眺洛阳城外诸山。园内还有采药圃以及观赏的牡丹栏、芍药栏。司马光认为,人之乐在于各尽其分而安之,造园以自适,取其独乐也。

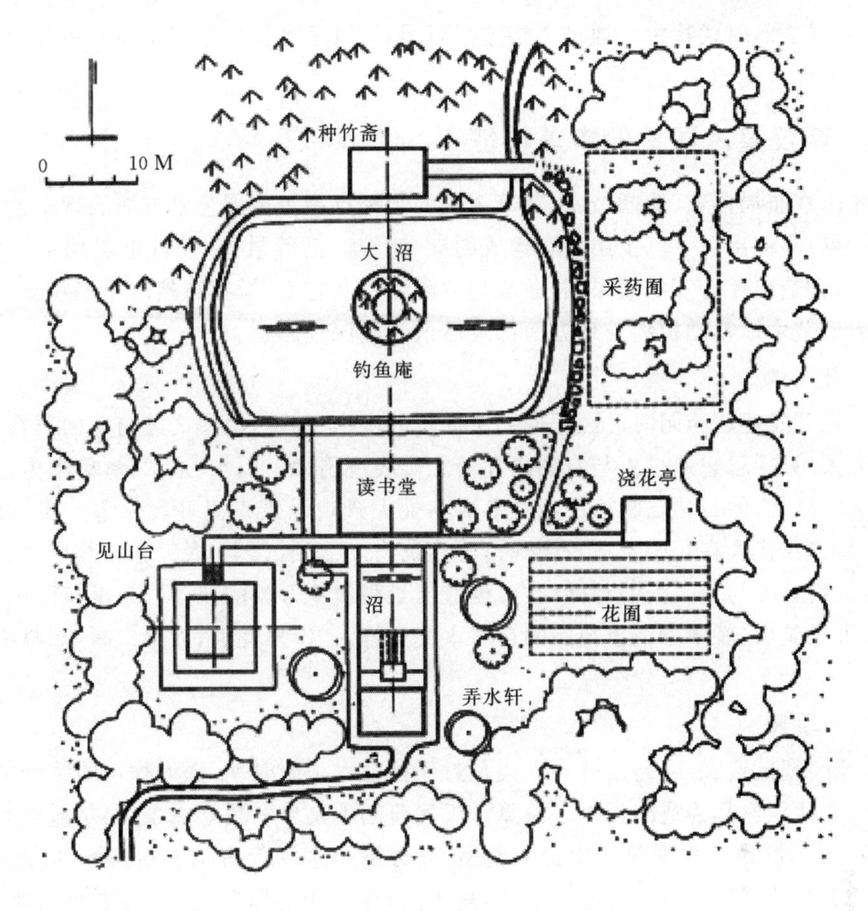

图 5－3 司马光独乐园想象平面图

5.3 北方皇家园林

皇家苑园在造园主体、园林规模、装饰布局等方面具有明显的阶层性，体现着森严的社会等级差异。作为封建社会统治阶层的皇帝及其宗室、外戚，其身份地位最为显赫，他们占有大量资财田产。湖山美景之处，膏腴之地，尽为皇族统治阶层所占有。皇族贵戚利用统治权，侵夺百姓的土地田产广建苑囿园池。在苑园的修建上，以规模宏大，气势磅礴，雕饰奢华凸显其高贵的社会地位和无法撼动的权力。

5.3.1 两汉皇家园林的文化特征

两汉时期，在大一统的社会背景下，农业、手工业、冶铸业、漆器制造业等生产部门和生产工具不断进步，为造园提供了必要条件。人君侈靡，广造苑园，达官显贵、富商大贾则上行下效，纷纷开始扩建宅第苑园，争相奢侈。汉代地主经济发达，大地主积累大量财富，拥有雄厚的资本建园，因此两汉时期的苑园几乎完全归帝王和贵族占有，苑园开发的主体主要是这一阶层。汉代苑园具有规模宏大、宫苑结合、建筑美与自然美相糅合等特点，并开创了“一池三山”的造园手法，这些都反映了汉代人的审美观念。“天人合一”思想、神仙思想在汉代苑园中都有所体现，具有显著的时代特色。通过考察这些苑园，可以窥见汉代苑园开发的主体、审美意境、造园思想等方面鲜明的文化特征。

5.3.2 两汉皇家园林的审美特征

汉代苑园在布局模式、造园技术、花草树木的装饰点缀等造园艺术方面展现了这一时代苑园的审美特点，不但出现了以土山叠石构成的洲、渚、岫、涯等景象，而且也实现了石山与动态流水的结合，创造出伴有声响效果的“激水为波澜”“铜龙吐水”模拟自然的早期喷泉景观，在山水、建筑、雕刻艺术以及动植物处理方面都对后世产生深远影响。

1. 天工与人工

汉代人在开发建造苑园时已经把他们所理解的山水、林木、池泽之美与苑内离宫别馆融为一体，将“天人感应”思想通过人与自然的和谐之美表现出来。山水、草木、禽兽本为自然所赐，人们可以观之用之，但自然之物不能独立形成一处大景观以供人们赏玩休憩。在“天人感应”思想的影响下，汉代人在苑中又造台榭观馆等建筑物，天工居其半，人工亦居其半，两者合二为一，最终实现自然美与人工美的巧妙结合，创造出景观包罗万象的苑园。东汉权臣梁冀在洛阳广开苑囿，采土筑山，就十分注重苑园的自然审美意境。“十里九坂，以象二崤，深林绝涧，有若自然。”

2. 布局与造园

首先，苑园规模宏大，宫苑结合。汉代是封建社会大一统时期，强大稳定的政治经济背景、广博雄厚的文化积累都为造园提供了保障。汉代苑园不是单一独立成景，而是苑中有苑，苑中建宫。这种布局模式在皇家苑园中最为典型，充分展示了汉代帝王囊括四海、吐纳宇宙的气魄。汉代的上林苑“门十二，中有苑三十六，宫十二，观二十五”，“又上林苑中有六池、市郭、宫殿、鱼台、犬台、兽圈”。甘泉苑“起宫殿台阁百余所，有仙人观、石阙观、封峦观、鳷鹊观”。西郊苑“林麓数泽连亘，缭以周垣四百余里，离宫别馆三百余所”。汉代把宫和苑结合在一起的园林设计，开创了“园中园”的造园模式，形成苑中有苑、苑中有宫、苑中有观的格调，展示了汉代人民的智慧和审美心理，这种苑园结合的造园模式一直流传了两千余年，并成为我国古代皇家园林的一个典型特征。

3. 花木与装饰

苑园中山水花木、水禽奇兽相互映衬。宋代山水画家郭熙在《林泉高致集・山水训》中谈道：“山以水为血脉，以草木为毛发，以烟云为神采。故山得水而活，得草木而华，得烟云而秀媚。”山水相融是中国古典园林的一个重要特色，这种造景方式使苑园充满了勃勃生机，富有大自然独特的灵气。而山中有水、水中有山的设计在汉代苑园中早已出现。西汉梁孝王刘武筑菟园，“园中有百灵山。山有肤寸石、落猿岩、栖龙岫。又有雁池，池间有鹤洲凫渚”。

汉代苑园中有人工堆筑的土石假山，自然也需要以水的流动使苑园富有动态美感和灵性。在汉代苑园中，大大小小的池沼及人工湖可谓不计其数。上林苑有名的十池有初池、麋池、牛首池、蒯池、積草池、东陂池、西陂池、当路池、犬台池、郎池。上林苑中的昆明池，不仅可以用来操练水军，也是长安城的蓄水库，保证长安城内外的供水，还可以调节漕运。汉武帝为了观云弄月，命人修建影娥池，“其旁起望鹄台以眺月，影入池中，使宫人乘舟弄月影”。东汉在洛阳城北修建濯龙园，城北的谷水流经洛阳城内并与阳渠相贯通，为濯龙园提供了充足的水源、广阔的水域。

除宫苑、山林、渊池、洲渚、崖岫之外，奇树异草、飞禽走兽俱陈苑中，以效自然风光，充满生命气息。汉武帝初修上林苑，即命“群臣远方各献名果异卉三千余种植其中”，品种数量之多令人惊叹。梨十、枣七、栗四、桃十、李十五、查三、棠四、梅七、杏二、枇杷十株、安石榴十株、千年长生树十株、万年长生树十株等，其中诸如胡桃、安石榴、瀚海梨、枇杷、荔枝、万年长生树等都是从遥远的西域国家和南方引进而来。司马相如在《上林赋》中描绘上林苑名果异树曰：“于是乎芦橘夏热，黄甘橙楱；枇杷橪柿，亭奈厚朴；梬枣杨梅，樱桃蒲陶；隐夫薁棣，荅遝离支……”，可见上林苑树木种类繁多，南北方植物聚植其中，有观赏性花草，可食性果树，又有药用植物。上林苑中又养百兽，除了鹿、兔之类供帝王秋冬射猎之用，苑内还有供观赏的珍奇动物，诸如虎、狼、熊、麋鹿、紫鸳鸯以及来自异国他邦的九真之麟、大宛之马、黄支之犀、条支之鸟等。上林苑堪称是一座庞大的植物园与动物园。

4. 北方皇家园林实例

圆明园（见图 5-4）在北京的西郊。它是圆明园、长春园、绮春园三座皇家园林的总称。三园相连合为一体，总面积达 350 公顷。它从清代康熙年间建起，历经雍正、乾隆、嘉庆、道光、咸丰几代帝王的经营，前后用了 150 多年时间，这才先后建起圆明园、长春园和绮春园三园。圆明园是在康熙四十八年（1709 年）赐给皇四子雍亲王（以后的雍正帝）的一座赐园。后经重修扩大，大造殿宇、浚池引水、培植花木、建筑亭榭，作为游赏之地。至乾隆三十七年（1772 年）圆明园及其附园长春园、绮春园相继建成。扩建后的圆明园仍然保持水景园的特色，园内的大小河道把大型水面“福海”、中型水面“后湖”以及许多小型水面联结成完整的河湖水系。与河湖水系相结合的聚上而成的岗阜 250 多条，岛堤叠石修造假山，构成山重水复、层层叠叠的自然景观。

图 5-4　圆明园实拍

圆明园兼有御苑和宫廷的两种功能。为了适应统治者政治上和生活上的需要，圆明园的建筑数量多，类型复杂，殿、堂、轩、馆、楼、阁、厅、室、廊、榭、亭、桥，应有尽有。建筑布局采取大分散、小集中的方式，把绝大部分的建筑物集中为许多小的群组，再分散配置于全园之内。这些建筑组群，一部分具有特定的使用功能，如宫殿、庙宇、住宅、戏楼、藏书楼、陈列馆、船坞、码头、辅助设施等；大量的则是供清统治者饮宴、游憩的园林建筑。

圆明园的园林建筑，个体形象小巧玲珑、千姿百态，尺度比外间同类型的建筑要小一些，而且能突破官式规范的束缚，广征博采大江南北民居的形式，出现了许多平面形式如眉月形、万字形、工字形、书卷形、口字形、田字形乃至套环、方胜等。除少量殿堂外，建筑的外观朴素雅致，少施彩绘，与周围的自然环境十分协调。建筑群体组合，更是富于变化，全园一百多组建筑群无一雷同，但又万变不离其宗，都以院落的格局作为基调，把我国传统院落布局的多变性发挥到了极致。它们分别与那些自然空间的山水地貌和树木花卉相结合，创造出一系列丰富多彩、性格各异的园林景观，这就是人们所说的“景”。

圆明三园，共有一百余景，除少数宫殿、庙宇和特殊功能的建筑群外，造景取材，十分广泛，归纳起来，有以下三类：

(1)模拟江南风景。

我国幅员辽阔，锦绣河山，江南风景更是引人入胜。唐代诗人白居易在《忆江南》一词中写道：“江南好，风景旧曾谙。日出江花红胜火，春来江水绿如蓝。能不忆江南。”在汉语中，江南几乎成了风景优美的同义语。圆明园中的许多景，都是模拟江南名胜的。其中最著名的如“上下天光”(见图 5－5)是模拟洞庭湖，“西峰秀色”(见图 5－6)是模拟庐山，“坦坦荡荡”是模拟杭州的玉泉，“坐石临流”是模拟绍兴的兰亭。慈云普护，“殿供观音大士，旁为道士庐，宛然天台石桥风致”，模拟的痕迹，十分明显。至于平湖秋月柳浪闻莺、曲院风荷、三潭印月、南屏晚钟、雷峰夕照，甚至连西湖十景的名称也照搬过来了。“谁道江南风景佳，移天缩地在君杯。”

图 5－5　上下天光复原图

图 5－6　西峰秀色

(2)再现前人诗画意境。

圆明园中诸景取材于前人诗画。这是圆明园景色富于诗情画意的一个重要原因。中国是一个诗歌非常发达的国家。历史上曾经出现过许多杰出的诗人，为我们描绘了许多令人神往的境界。一些脍炙人口的诗篇正是圆明园造景取材的一个重要来源。其中最突出的如“夹镜鸣琴”是来自唐代诗人李白的诗句：“两水夹明镜，双桥落彩虹。”“杏花村”来自唐代诗人杜牧的诗篇：“清明时节雨纷纷，路上行人欲断魂。借问酒家何处有，牧童遥指杏花村。”

(3)移植江南名园。

中国造园的历史，可以上溯到商、周、秦、汉以后，不仅历代封建统治者都要兴建大规模的皇家苑囿，贵族、官僚、士大夫也经营私家园林。在长期的造园活动中，积累了丰富的经验。明崇祯(1628—1644)年间，吴江(今江苏吴江县)计成写成了一部系统总结造园经验的著作《园冶》，对造园的几个主要方面，如造园的指导思想、园址的选择、建筑布局(包括屋室、门窗、栏杆、墙垣的构造和形式)、山石、铺地、借景等都做了系统的阐述。清康熙(1662—1722)、乾隆

(1736—1795)年间，是中国造园的兴盛时期。江南地区出现了许多著名的私家园林。乾隆六次南巡，都有如意馆的画工一同前往，把他看中的名园绘成图样，带回北京，在北京和热河的皇家园林中仿建。现在，北京颐和园中的谐趣园(乾隆时名惠山园)和承德避暑山庄的烟雨楼，就是当时分别仿照无锡惠山秦家的寄畅园和嘉兴南湖的烟雨楼修建的。圆明园中仿建的江南名园有南京的瞻园、杭州的小有天园、苏州的狮子林和海宁的安澜园。“行所流连赏四园，画师仿写开双境”就是对以上四园而言的。

5.4 中国园林在世界上的地位

中国园林在世界上享有崇高的地位，唐宋时已传入朝鲜和日本，产生了直接影响。禅宗思想传入日本后，又促成了极富日本特色的“枯山水”园林和“茶庭”的产生。“枯山水”园林可以说就是一种大型的盆景，写意性极强，建造者多是禅僧，以较晚出现的京都龙安寺石庭水平最高，相传建于1450年。石庭地面铺着白砂，表面耙成水纹形状，象征浩瀚的大海；在白砂中布置有精选的石头，象征大海中的五座孤岛；在石组周围的白砂都耙成环形，仿佛是水石相击成的浪圈(见图5-7)。

图5-7 日本枯山水庭院景观

欧洲人知道中国园林，可上溯到元代的马可·波罗。他在江南见过南宋建造的园林，还描述过元大都的太液池。太液池中有二岛，北岛较大，元时称万岁山(即今北海琼华岛，见图5-8)，其巅广寒殿相传建于辽代；山周部署其他殿宇亭室，引水汲至山顶再导入山腰石刻龙嘴中仰喷而出；山上山下遍植花木，列置金代由汴梁运来的太湖石，又畜奇禽异兽。马可·波罗因此山“木石建筑俱绿”，又称此为“绿岛”。南岛称“圆坻”，即今之团城，有石桥北通万岁山。

5.4.1 中国园林与西方园林比较的显著特点

中国园林有以下显著特点：

1. 重视自然美

中国园林虽有人力在原有地形地貌上的加工，甚至可能全由人工造成，但追求“有若自然”的情趣。园林中的建筑也不追求规整格局，而效法路亭水榭、旅桥村楼，建筑美与自然美相得益彰。

图 5-8　北海琼华岛

2. **追求曲折多变**

大自然本身就是变化多趣的，但自然虽无定式，却有定法，所以，中国园林追求的“自由”并不是绝对的，其中自有严格的章法，只不过非几何之法而是自然之法罢了，是自然的典型化，比自然本身更概括，更典型，更高，也更美。

3. **崇尚意境**

中国园林不仅停留于形式美，更进一步通过这显现于外的景，表达出内蕴之情。园林的创作与欣赏是一个深层的充满感情的过程。创作时以情入景，欣赏时则触景生情，这情景交融的氛围，就是所谓意境。暗香盈袖，月色满庭，表达了对于闲适生活的向往；岸芷汀兰，村桥野亭，体现了远离尘嚣的出世情怀；水光浮影，悬岩危峰，暗示了山林隐逸、寄老林泉、清高出世的追求。这些都是文人学士标榜的生活理想。至于皇家园林，在寄情山林的同时，又通过集锦手法，“移天缩地于君怀”，满足于大一统的得意；朱柱碧瓦，显示出皇家的富贵；一池三岛，向往于海外仙山的幻想。总之，中国园林的高下成败，最终的关键取决于创作者文化素养和审美情趣的高下文野。

5.4.2　西方人对中国园林的赞叹

17 世纪以后，有关中国园林的消息传到欧洲，先是英国，然后又在法国和其他国家引起惊叹，中国园林被誉为世界园林之母。1685 年，英国著名学者坦伯尔写过一篇文章，他针对西方的几何式园林说：“还可以有另外一种完全不规则形的花园，它们可能比任何其他形式的都更美；不过，它们所在的地段必须有非常好的自然条件，同时，又需要一个在人工修饰方面富有想象力和判断力的伟大民族。”他承认这种园林是他“从在中国住过的人那儿听来的”。坦伯尔还写道：“中国的花园如同大自然的一个单元。”此时，欧洲所流行的园林，正像凡尔赛花园的建造者、法国古典主义造园艺术的创始人勒诺特所说的，却是要“强迫自然接受匀称的法则”。

1. **哲学家眼中的中国园林**

黑格尔对中国园林精神也有相当的了解，他认为中国园林不是一般意义的“建筑”，而“是一种绘画，让自然事物保持自然形状，力图摹仿自由的大自然。它把凡是自然风景中能令人心旷神怡的东西集中在一起，形成一个整体，例如把岩石、山谷、树林、草坪、蜿蜒的小溪、堤岸上气氛活跃的大河流、平静的湖边长着花木、一泻直下的瀑布之类汇聚于园林之中。中国的园林艺术早就这样把整片自然风景包括湖、岛、河、假山、远景等都纳到园子里”。所以,中国园林就像是一种“绘画”,具有再现自然的性质,而不是只抽象地表现出一种氛围的“建筑”,这是十分中肯而深刻的见解。

2. 诗人眼中的中国园林

歌德则用诗一样的语言称赞中国人,他说:“在他们那里,一切都比我们这里更明朗,更纯洁,也更合乎道德。在他们那里,一切都是可以理解的,平易近人的,没有强烈的情欲和飞腾动荡的诗兴。”“他们还有一个特点,人和大自然是生活在一起的,你经常听到金鱼在池子里跳跃,鸟儿在枝头歌唱不停,白天总是阳光灿烂,夜晚也是月白风清。月亮是经常谈到的,只是月亮不改变自然风景,它和太阳一样明亮。”他在这里谈的,很大程度都指的是中国园林。

3. 建筑师眼中的中国园林

苏格兰人钱伯斯(1723—1796)曾到过中国广州,参观过一些岭南园林,晚年任英国宫廷总建筑师。岭南园林算不上中国最好的园林,但仍然引起了他无比的赞赏,在好几本书里他都描写过中国园林,不只是浅层的外在形象的描述,而是对中国的园林精神有了较深的体会。他说“花园里的景色应该同一般的自然景色有所区别”,不应该“以酷肖自然作为评断完美的一种尺度”。中国人“虽然处处师法自然,但并不摒除人为,相反地有时加入很多劳力。他们说:自然不过是供给我们工作对象,如花草木石,不同的安排,会有不同的情趣”。“中国人的花园布局是杰出的,他们在那上面表现出来的趣味,是英国长期追求而没有达到的。”钱伯斯反对欧洲人模仿的“中国式园林”,提醒说:“布置中国式花园的艺术是极其困难的,对于智能平平的人来说几乎是完全办不到的。在中国,造园是一种专门的职业,需要广博的才能,只有很少的人才能达到化境。”

5.4.3 西方人对中国园林的模仿

欣赏与赞叹之后便是模仿。在欧洲,首先是英国,18世纪中叶,一种所谓自然风致园兴起了;后来传到法国,在自然风致园的基础上增加一些中国式的题材和手法,如挖湖、叠山、凿洞,建造多少有点类似中国式的塔、亭、榭、拱桥和楼阁等建筑,甚至还有孔庙,例如1730年伦敦郊外的植物园,即今皇家植物园(见图5-9)。仅巴黎一地,就建起了“中国式”风景园约20处。同时也传到意大利、瑞典和其他欧洲国家,但不久以后欧洲人就发现,要造起一座真正如中国园林那样水平的园林有多么的困难。

图5-9 1759年落成的英国皇家植物园邱园中的中国塔

5.5 西方宫殿与府邸园林

欧洲园林在世界园林历史上占据着重要的地位,产生了重要的影响。特别是自意大利文艺复兴开始,欧洲园林迎来了一个发展的高峰,在不同的历史阶段,形成了几种各具自身特色的园林模式,成为今天所知的西方传统园林的主要代表。一般认为,包括观念和形式在内的西方几何式园林,强烈体现着人与自然的对立。18 世纪的英国自然风景园又借鉴了中国园林艺术,回归自然,彻底反叛了几何式园林形式及其相伴的观念。但是,任何事物和现象都是一分为二的。几何式园林可能潜藏着对自然模式的某种理想追求,或以特定方式在一定程度上反映人与自然的联系;人为的自然式园林也有各种各样的环境追求,反映着人与自然的不同关系。

5.5.1 意大利文艺复兴园林

经历了 15 世纪的发展,意大利文艺复兴在 16 世纪中期成就了其经典的几何式台地别墅园林。文艺复兴的人文主义挣脱了中世纪基督教以"来世"为生存目标的束缚,肯定人类可以充分利用上帝赋予的能力,正当地创造和享受生活,与理性思维相伴的艺术繁荣是其突出表现之一。同时,文艺复兴也是西方人在中世纪后"重新发现自然美"的时代,一些著名先驱如但丁(Dante)、彼得拉克(Petrarch)就可以为了欣赏大自然而走入山水。古代文明的复兴也使泛神论传说再现于艺术中,既增加了表现的对象,也丰富了人们关于自然世界的意识。泛神论把与人类生存相关的多种自然力和自然事物视为神圣,蕴含着朴素的自然美意识。

以卡斯特洛别墅(1537 年设计)、埃斯特别墅(1550 年设计)和兰特别墅(见图 5-10)(1560 年设计)园林为例,再行审视一下意大利盛期文艺复兴的经典园林,可以发现这些园林中强烈体现人为艺术理性的景观与象征自然的景观的强烈对比,以及轴线所引导的递进式景观的终点所展现的原始自然意趣。

图 5-10 兰特别墅

1. 理性与自然的景观对比

经典的意大利文艺复兴园林依坡筑台，以纵向中轴串联多个空间层次，每个层次有其作为整体一部分的区域景观个性。审视这些区域可以看到，这种园林常有两种极具对比和反差的景观，通常位于纵向中轴的两端，分别代表人化了的艺术环境和原始的自然领地。

在卡斯特洛别墅、埃斯特别墅和兰特别墅的平面布局中，低端台地一面都是一个图案花床区。除了园林整体布局的几何图形感之外，这个区域的景观是最直接体现艺术美消弭自然美的，或者说最为人化的。

文艺复兴园林花床的久远源头至少可上溯到古罗马，直接的承袭则是欧洲中世纪修道院回廊庭园和世俗花草园。中世纪宗教限制人们在领会上帝的启示之外欣赏自然事物的美，也不鼓励与宗教无关的艺术，不过社会特定的功能需要和人类天性还是在一定程度上促进了园林技艺与审美意识的发展。

卡斯特洛别墅园的最高台地上是一片形象自然的树丛，围绕着位于纵向中轴上的水池。水池虽然是几何图形感很强的椭圆，但其中央石台布满芳草和苔藓的怪石托起古代河神（一说象征亚平宁山）凝重的雕像。这违背了万物都是唯一造物主创造和主宰的教义，结合泛神论传说凸显了自然事物和力量自身的神圣性。

兰特别墅园林的最高台地尽端有纵向中轴两边的一对园亭，其间却是一片耸起的"自然"山崖。崖上垂下的藤蔓掩映着洞窟，落水注入下面的池塘。池岸在人可到达一面取直，另一面自由衔接山崖和洞窟，更高的树木围绕在崖后和园路两侧。这里的景观显然具有人类空间与自然场所的交接感，并很容易使人联想古代神话中水泽女仙（Nymph）的处所，同样体现了人文主义再现和推进的古代自然意识，并带来更具原始感的自然美。

此外，这两处环境给人林间空地的感觉，四面或三面很深地段的高大树木围合，不是具有几何感的密集绿篱，可让视线自中轴上较小的限定空间向外渗透，引起自然林地远远伸延的联想。

2. 景观递进中愈发强烈的原始自然意趣

意大利文艺复兴园林由纵向中轴统领全局，带动各层台地的区域景观变化，这种变化的两端，便会是花床区和蕴含自然意义的景点。进一步审视上述园林可以看到，随地形升高的各区域景观显示了一种递进，让人从自己的艺术世界一步步接近自然，原始自然意趣的表达也越来越强烈。而且，除了当时的居住者外，这个方向应当是园林游赏的主要方向。

卡斯特洛别墅园林（见图 5-11）的景观递进简单直白。花床区占据了园林衔接低端建筑（因终未完成而偏离园林纵向中轴）的三层和缓平台。在其另一端，貌似围墙的挡土墙好像是人类场所的边界，其上树木葱郁错落、自然多姿，同下面的花床区鲜明对比。挡土墙面中央设有洞窟，建筑化的洞口形象同别墅和花床呼应，但把人引向反映自然生命的群雕。在其内部嶙峋岩石般的塑型洞壁，各种动物栩栩如生，仿佛让人置身园地以外的另一种境界。带着这种印象出来，顺挡土墙两边阶梯登上最高层台地，就可进入树丛到达前面指出的古代河神所在了。

兰特别墅园林的景观递进变化更多（见图 5-12），也承载了更丰富的意义。在最低端台地上，花床区以人类雕像喷泉和水池为核心铺开。此后，菱形的斜坡花床、阶梯夹在对称的两座别墅小楼间，园林空间缩小，对着坡上浓荫窄台中附着了阶梯的灯泉。这组紧密衔接的景观预示了其中的环境转换。灯泉以上的园林中央纵轴空间被两列树木缩窄，具有明显的纵向感，像一条线索把人引向新的发现。

图 5-11　卡斯特洛别墅

图 5-12　兰特别墅园林景观递进变化

5.5.2　巴洛克式园林

巴洛克艺术首先出现在 17 世纪的意大利，伴随着反对宗教改革运动和科学的兴起，可以看作为文艺复兴艺术的发展和变异。巴洛克一词源于“barocco”，意为“畸形的珍珠”，对其艺术价值的评价也褒贬不一，但不可否定的是作为一种艺术形式，它具有自身特有的艺术价值。巴赞(Bazin)曾这样描述巴洛克与古典主义的区别：“古典主义的构图是清晰而简单的，各个组成部分都保持着自身的独立性，它们被围合在边界之内，具有静态性的特征。与之相反，巴洛克艺术渴望进入事物的多样性中，在永恒的变化中进入到它们的改变中，它的构图是动态的、开放的，趋于扩展到自身的边界之外。”巴洛克艺术影响下的景观构建也基于动感和扩张感，扩张感超出了曾经制约文艺复兴空间设计的有效边界。巴洛克式的园林在文艺复兴园林的基础上发展变化，运用轴线将建筑、林荫道、水景、植物景观、园林内外的视觉焦点和园林外的风景组织成统一的构图。

以阿尔多布兰迪尼别墅(Villa Aldobrandini,1600 年设计)(见图 5-13)、波波里园(Bobole garden,1550—1621 年设计)(见图 5-14)、加佐尼别墅园林(Villa Garzoni,1652 年设计)(见图 5-15)、伊索拉·贝拉岛园(Isola Bella,1630 年设计)、卡塞塔宫(Royal Palace of Caserta,1752 年设计)为例,再行审视巴洛克的园林,可以发现轴线的延展将山脉、水流和森林带入园林的构图中,构成了伸向远方自然的更长的视廊和自然及其象征性景观在远景中的聚焦,以及人为艺术对各种自然要素更加多样、复杂潜在的情趣的激发。

图 5-13 阿尔多布兰迪尼别墅

图 5-14 波波里园

图 5-15 加佐尼别墅园林

1. 伸长的轴线视廊下自然及其象征在远景中的聚焦

同典型的意大利文艺复兴园林一样,巴洛克园林也是沿着中轴线组织景观,并在轴线的递进中，逐渐从人为艺术向自然化的风景过渡。不同的是，巴洛克园林的轴线更加延长，布局运用了透视手法，从一个点出发，以符合人们视角的构图方式，控制一个主导方向上的大面积的广阔地段，将视觉焦点投射到园外更广阔的景观中去。园林轴线连接了主体建筑与园林内外的自然环境，使园林在布局上无限地延伸到自然环境中，而不只是局限于园林内部的边界。

巴洛克园林另外一个不同于文艺复兴园林的特点是主体建筑的位置，在典型的文艺复兴园林中，主体建筑一般位于轴线的高处尽端，作为园林的结束，其背后的景色一般只作为园林的背景，保持其自然的形态。巴洛克园林的主体建筑，常位于整个园林中央长轴的中心位置，处于地势较低处的建筑，面对逐渐升高的园林地形，使高处的自然象征性景观与更远处底景的自然景色和谐地统一起来。其对远景的追求超过了文艺复兴时期。

阿尔多布兰迪尼别墅位于罗马城西南方弗拉斯卡蒂小镇的一个山腰处，同其他弗拉斯卡蒂的别墅一样，将视线穿过风景，投向罗马城中的圣彼得堡大教堂。园林的平面近处宽、远端窄，形成了强烈的透视效果。随中央长轴布置的是到达建筑前的一个 U 形的坡道，围合出古代竞技场一样氛围的场所，起始处依托挡土墙设有喷泉，经过坡道终点的三连拱门洞窟，是半圆形的水剧场，水剧场顶部依山坡而建，立面上设有五个半圆龛，在水剧场之后是一条随地形升起的水阶梯，阶梯的底端连接着下一层台地的小瀑布，起点处有两棵带有螺旋花饰的大力神柱，以此作为上边的原始的、天国的世界和下边尘世的、现实的世界的分界。继续沿着轴线前行，便是覆盖着高大树林的自然山岗。坡地的高差使这一系列的景观构成动人的轴线，站在别墅内，可以看见两棵高大的柱子统治下的跌落于浓密树荫下的水阶梯和水流倾泻而下的水剧场(见图 5－16)，站在水剧场顶部，视线尽端蓝天下的岩洞和水源随着轴线延伸入视野。

图 5－16　阿尔多布兰迪尼别墅的水剧场

(1)波波里园是对原皮替(Pitti)宫的庭园扩建而成，此园的东西两端，各有一条纵向的轴线，东边的轴线将皮替宫与台地园连系起来，串连起园林中的四个景点：花园洞屋、露天剧场、尼普顿神(Neptune)塑像喷泉和最高处的雕像与观景平台。西边的轴线以林荫大道的形式突出来，两侧高大的柏树形成强烈的控制引导效果，将视线导向无限深远的景观中去，地形东高西低，东边与台地园的海神喷泉相交，长长的轴线另一端的伊索娄托(Isolotto)平台园形成了整个西部园林的高潮。台地园内一条东西向轴线将西侧长轴连系在一起，形成了完整的园林布局。两部分的园林布局也都运用了近大远小的透视手法。

(2)卡塞塔宫(见图5-17)营建于18世纪下半叶，是意大利巴洛克园林的最后一个宏伟作品，在设计者卢吉·范维特利(Luigi Vanvitelli)的鸟瞰图中，一条长长的纵轴从椭圆形广场越过主体建筑、花床和随坡地升起的一系列的主题喷泉一直延伸到远处的山岗。在越来越窄的景观路径下，将视线的焦点引向远处。在整个轴线上，随着地形的升起，形成了一系列由诸神水景雕像构成的景观序列：海豚喷泉、风神喷泉、谷物女神喷泉、爱神喷泉，最后到达狄安娜(Diana)和阿克泰翁(Actaeon)喷泉。在这一系列的喷泉之后，出现在两侧树林间的是从陡峭的山体上冲刷而下的溪谷，水流在自然的山石之间形成跌落而下的连串小瀑布，自然的山体和溪流与建筑形成了遥远的对景。轴线上一系列的景观形成自然到人工、天堂到现世的转换。

图5-17 卡塞塔宫

2.人为艺术对自然要素多样潜在情趣的激发

巴洛克艺术的一个特点是流动感曲线的出现，在建筑和园林中都有体现。园林中的曲线形式主要体现在椭圆形的广场、花床图案以及景观装饰中，如意大利文艺复兴园林兰特园中看到的水阶梯涡卷石岸等手法主义装饰，在巴洛克的园林中也可大量见到。同此类曲线在建筑中流行一样，流动、动感的曲线成为了巴洛克式园林中景观构建的典型语汇。在此基础上，人为艺术对各种自然要素的利用在巴洛克园林中蓬勃地发展起来，激发出了各种自然要素在景观和气氛的营造中潜在的多样化情趣。

相对于文艺复兴时期的园林来说，巴洛克的花床图案明显多样化。在加佐尼别墅园林中，在园门两侧，墙体的弧线正反弯曲，台上有两个对称的圆形水池，因此四个围绕着它们的花床也形成了不规则的弧形轮廓，花床中的花卉图案曲线流畅，而且没有完全流畅的外缘边界。在更上一层的台地上，花床是绿篱围合而成的规则矩形，但是内部的图案仍然是花瓣形，并且还点缀着球状或者螺旋状的黄杨树。在这两层平台之间，有一条高大的绿篱，修剪成波浪起伏的曲线形状，别有一番情趣。同样的花床处理方式在卡塞塔宫和伊索·拉贝拉岛园等园林的花床中也可见到。除了将花床图案设计成自由的曲线或者相对具象的卷草形，也会将更多不同的花卉植物相配合形成高低起伏不同、色彩变化多样的花床景观。

巴洛克园林对水景处理也是独具匠心的，并同巴洛克景观与装饰的特征一起，带来视觉、嗅觉、触觉的各种新奇的感受。同文艺复兴式的各种喷泉、水阶梯、瀑布一道，富于巴洛克特征的水剧场、水风琴、惊愕喷泉、秘密喷水给园林带来更多样化的情趣。与各种水景相结合的雕塑，经常群体化、场景化地出现，以其多姿多彩的造型展现神话及其寓意，并使人联想到它们所揭示的远古世界，表达出园林场所所崇尚的精神。

3.法国古典园林

古典主义的基本精神来源于以笛卡尔为代表的 17 世纪唯理哲学，基础是把握自然界的规律。这种意识形态体现在艺术中则表现为追求严谨的逻辑关系，要求美的形式应该被理性所把握，被语言所表达，具体的体现就是崇尚均衡的比例关系下严谨的几何构图。这个时期的园林中，自然的各种要素被组织在几何构图中，自然美则以一种非原始性、规律性地展现出来。15 世纪，君主集权政治在法国开始成形，法国园林也从中世纪的园林风格开始转向学习意大利文艺复兴和巴洛克艺术，并在其基础上形成了自己更加理性的古典主义原则。园林布局特点以整体性见长，并最终以勒·诺特式园林成为法国古典园林的最高代表。同时，不仅文艺复兴和巴洛克园林中沿轴线的布局和对远景的追求在法国古典园林中有了更加恢弘的表达，勒·诺特式园林中结合周边环境，在更大的范围内对自然地形进行了有机的协调；在理性思维的控制下，展现了园林内更宽广的“自然”画面；并深入了解自然要素的特征，在几何构图下将他们之间的关系完美地展现出来。

凡尔赛宫位于巴黎市区西南 22km 处的一个小村落，周围原本是一片适宜狩猎的沼泽地，被形容成“无水、无景、无树的荒凉的不毛之地”，勒·诺特在路易十四的授权下开始了对整个宫苑的规划与设计，宫苑规划面积 1600 公顷，内部园林就占 100 公顷。如果包括园林外围广大的林园区域的话，整个宫苑区域的规模大概要到 6000 公顷。园林轴线与景观的设计顺应地形的起伏，其中瑞士湖的面积有 13 公顷，因为是由瑞士籍的雇佣军承担挖掘工作而得名，而且这里原是一片沼泽，地势低洼，排水比较困难，所以设计成湖面。在轴线的中段，可见壮观的大运河，它延长了园林的中轴，同时也解决了沼泽地排水的问题。轴线上的宽阔水面和运河使得建筑和景观倒映在水面上，在蓝天白云下，形成一种旷远的意境。广袤的林园处于园林的尽端和两侧，在构图上延伸了园林的轴线，在意境上引导着人为艺术向自然的过渡，使园林更好地融入周边环境，这一点很像文艺复兴与巴洛克的园林，不过不同的是，凡尔赛宫的林园面积更大，所要传达的情感也更恢弘、壮阔。

(1)理性思维下更宽广的“自然”画面。

勒·诺特式园林的轴线，一端延伸入城市肌理，另一端穿过建筑和花园，通向原野与丛林。这种布局结构带来比文艺复兴园林和巴洛克园林更加开放的意识，带来园林空间感受上的无限性与恢弘之感，也带来空间上的外向性、开放性，使城市、园林、自然之间紧密地联系在一起，也使园林成为城市与自然之间的完美过渡。

同时，在强烈几何化的园林布局下，中轴作为园林的中心，重要景观都沿着轴线连续地组织，增加了中轴路径、草皮和水体的宽度，在建筑近处、中景处，植被处理以低平的花床为主，配以穿行其间的道路和喷泉水池等，以此形成景观逐渐沿着中轴线延展的效果。远方高大树木形成的树林一方面衬托着轴线的延伸，一方面也在各个层次的景观两侧展开，从而获得良好的透视景观和对远景更加深远的追求。

凡尔赛宫的中轴更为宏大(见图 5 - 18)。宫殿建筑前的三条放射路，焦点集中在宫殿前的大广场，三条轴线穿过小镇通向巴黎的方向，扩张和延伸了宫殿和园林的构图范围，总轴线长达 14000m，园林内中轴线长达 3000m，穿过建筑宫殿、花坛台地、喷泉水池、宽阔的林荫道和草坪、巨大的十字形水渠，在周围面积越来越大的丛林之间呈现出一个壮阔而深远的景观画面，同时也展示了路易十四以太阳神为象征的绝对王权。

图 5 - 18 凡尔赛宫平面

与文艺复兴和巴洛克园林的花床不同，法国古典园林不再将花床区分成一个又一个的方格子，而是以较大的面积布局来突出轴线的延伸感，并受巴洛克的丰富情趣影响，形成了千姿百态的刺绣花床。凡尔赛宫中的花床(见图 5 - 19)结合园路的节点或者喷泉和水池，被设计成各种优美的弧形，不但丰富了花床轮廓，而且使园林的平面在总体布局上达到了图案的丰富，并同其他景观构成了紧密的联系。

图 5 - 19 凡尔赛宫花床

人工运河和大水渠是法国古典园林造园的一大特点，它在突出轴线的延伸感上起到了比花床更重要的作用。凡尔赛宫的十字形大运河(见图 5－20)，运河沿纵轴方向长 1560m、宽 120m，横向宽 1013m。勒・诺特对于凡尔赛宫运河的处理可以说是在沃克斯园的基础上发展起来的，不同的是沃克斯园的运河处于横轴上，对纵轴的视线延伸起的作用比较弱，凡尔赛宫的十字形运河如同伸出双臂的巨人，背靠着无垠的林海，借用自然的力量，托起宫殿与花园运河形成的中轴景观十分开阔，与轴线上的喷泉形成对比，又互相结合，加强了轴线的宏伟气势。同时，轴线上的一系列的喷泉水池也加强了轴线景观的延伸和园林布局的整体性。林荫道在意大利文艺复兴园林和巴洛克园林中都有出现，在法国古典园林中，更长的轴线两边的林荫道增强了游人视角上轴线的纵深感与引导作用。凡尔赛宫的林荫道前后衔接周围的景点，十字水渠后的放射形大道两旁的高大树木将人们引向一个大面积林园所组成的广阔自然中，放射形的大道深入林园的各个方向，体现出对远处视线的整体控制，也体现了园林边界的无限扩张。

图 5－20　凡尔赛运河

2. **隐藏在几何构图中的自然关系**

勒・诺特式园林以简洁、清晰、整体的方法布局园林，整个园林呈现的主要特点是几何性的对称构图，在中轴的带动下实现景观的递进。一般认为，虽然几何理性与自然看似互不相容，园林中的自然要素和景观也会使人联想人与自然的关系并体味到自然之美。勒・诺特充分了解草地、树木、水流等自然要素的特性，以及它们在原始自然中所组成景观的画面特点。他在园林中以人的视野为出发点，将平坦的草地及草地上的各色花卉布置在视野的最近处，将倒映着植被树木的水面安排在草地后方，在水面的倒映和反射下，将近处的草地及水面远处的茂密树林联系在一起，形成视野景观上的连续性，而这种层次的布局也形成了疏密有致、远近景合理布置的自然画面景观。这样的景观布置与自然中草地、水面和高大树木的布局特点十分相似。凡尔赛宫宫殿前端布置有大面积的花床，再往前行，轴线上的宽阔水面和运河使得建筑和景观倒映在水面上，在蓝天白云下，形成一种旷远的意境。广袤的林园处于园林的尽端和两侧，在构图上延伸了园林的轴线，在意境上引导着人为艺术向自然的过渡，使园林更好地融入周边环境，在整体景观上形成了一种符合自然逻辑的画面。

勒·诺特的另一个特点是在花床的设计中，充分考虑各种花草品种在季节、高低、疏密、形态层次上的搭配。法国古典园林中的花床在几何边界的约束下，其对树木花卉的景观层次有丰富的追求，花卉的品种不同，在花床布置中要对高花卉、球茎花卉和矮花卉进行精心的布置和选择，大面积的低矮花床需要通过紫衫等树木的球形、锥形，以及各种雕像带来的体积感和阴影来形成对比。在花床的外围，浓密的树木要有修建整齐的绿篱边缘，尽量选择枝叶繁茂并且可达地面的树种，借以形成绿色的体块。另外，还要根据不同的景观特点和季节选择合适的花卉植物品种。

凡尔赛宫中的南方季节和图案花圃位于水镜池南边的中低平台上，平台的中央是一道尖形紫杉的小路，左右各有一大座低矮的小黄杨雕琢出来的图案花圃；花圃各环绕一座圆形的喷泉水镜，外围是五彩缤纷的季节性花圃，花圃中有节奏地点缀着碧绿的尖形紫杉。南方花圃的尽头是一列平整的大栏杆，低平台上的橘园由左右对称的两座大楼梯围绕，设有六座精美的图案花圃，前四座以一座大圆形喷泉水镜为核心，严谨大方。橘园上的环绕花圃点缀着路易十四最钟爱的奇花异果：橘子、柠檬、石榴、铁树等，栽种于高大的白色花盆中，数量可能达到一两千棵，宛如一座亚热带的大果园。从水镜池南方的花坛向南望去，低处是橘园远处是瑞士湖和林木繁茂的山岗，形成以湖光山色为主要景观的开放空间。而北花坛则被处理成相对封闭性的内向型空间，四周围合着宫殿和林园，十分幽静。另外，作为园林史上一位有卓越贡献的造园家，勒·诺特在对树木的处理上也独具慧眼。高大的树木不仅作为园林两侧和背后的底景，同时在园林内部的大面积林地中，也营造出了不同主题的小林园，传递出多样的景观意境。

除了比意大利园林的林园面积更广阔，在法国古典园林宽阔的花床或大水渠两侧往往有成片的更加浓密的树丛。园林两边和后方的林园既是花园的背景又是花园的延续。笔直的园路和几何形构图与花园相协调，在空间上，封闭的林园与开放的花园在对比中形成了强烈的反差，高大的树林作为花园的背景，引导着沿着轴线无限延伸的空间。林园边的园路也形成欣赏花园的宜人路径。

凡尔赛宫国王林荫道两侧的小林园中，可以发现隐藏在大片林地中的另一个世界，大面积的林地被规则的路网划分成了 14 块空间，形成了十四个不同题材和风格的小林园，带有鲜明的风格和独具匠心的构思，这些小林园在外围看起来郁郁葱葱，但游入其中，却可发现一处处隐藏的景观和别样的氛围。迷宫林园构思精巧，取材于伊索寓言，入口处是伊索(Aesopus)和厄洛斯(Eros)的雕像，暗示着受厄洛斯引诱而误入迷宫的人会在伊索的引导下走出迷宫。园路错综复杂，每一处转角处都有动物的雕像，各隐含着一个寓言故事。沼泽林园中有一座独特的喷泉，铜铸的树上长满了锡制的叶片，其尖端布满了小喷头，向四周喷水，池边的芦苇叶和池壁上的天鹅喷出的不同方向的水柱纵横交错，使人眼花缭乱，目不暇接。这处林园后来被改造成了阿波罗浴场(见图 5-21)，设有模仿自然洞穴的大岩洞，各处设有层层跌落的瀑布，洞口是巡天回来的阿波罗(Apollo)和众仙女的雕像。水剧场林园是在椭圆形的园地上流淌着 3 个小瀑布和 200 多眼的小喷水，可以形成十种不同的跌落组合，在绿色植物的衬托下跳跃升腾，宛若优美的舞台景象。

图 5-21 阿波罗浴场

5.6 中西园林精神比较

中国园林受文人诗画思想的影响，园林营造极尽把玩，具有很强的人工味；而西方园林营造则基本上追求景观的本来面貌，自然野趣浓厚。意大利、法国、英国的造园艺术是西方园林艺术的典型代表，虽然它们同属西方园林艺术体系，具有许多共同特征，但由于受到各种自然和社会条件的制约，也表现出了不同的风格。但总体而言西方园林艺术与中国园林艺术迥然不同。

5.6.1 中西方园林营造的差异性分析

中国园林，首先是自然山水，然后是建筑山水，再后是诗画建筑山水。这是一个由自然实体向人工实体，再向精神实体转化的过程。园林建设的目的从开始单纯的狩猎功能到具有游乐、居住功能，再到寄情山水的情感再现，权力、等级的象征，园林的立意在逐渐发生变化。明清时期的江南园林不仅作为居住娱乐的场所，更是造园者托物言志的媒介，是造园者人格精神的象征与追求。如“退思园”在园林题名立意时取“退则思过”之意；“网师园”的园名来源于屈原诗中的“渔父”，真切表达了“渔隐”的诗情画意。

西方园林的造园艺术，完全排斥自然，力求体现出严谨的理性，一丝不苟地按照纯粹的几何结构和数学关系发展。“强迫自然接受匀称的法则”成为西方造园艺术的基本信条，追求整体对称性和一览无余。欧洲美学思想的奠基人亚里士多德说：“美要靠体积和安排。”他的这种美学时空观念在西方造园中得到充分的体现。被恩格斯称为欧洲文艺复兴时期的艺术巨人的达·芬奇认为，艺术的真谛和全部价值，就在于将自然真实地表现出来，事物的美应“完全建立在个部分之间神圣的比例关系上”，因此西方园林艺术在每个细节上都追求形似，以写实的风格再现一切。

1. 造园手法的差异性

中国古典园林在园林布局上讲究意境的表达，在表达方式上中国园林在园林布景中大园重分，小园求曲；江南园林受到儒家内敛、独乐思想的影响，加之防卫需要，园林讲究联系和调感，在砖墙的顶部压黑瓦，黑白之间的强烈对比，使围墙顿时显得稳重而轻盈。这在满足围墙基本功能的同时也成为内部景观营造良好的背景紧凑的布局，园林内部的空间分割上，注重院落的围合和划分，采用建筑廊、墙以及廊墙组合点缀镂空窗等较实的手法，将园林分割成若干个小的庭院，每个小庭院既相对独立又以廊、园路等形式相互联系，表明人与自然的独立与和谐。如苏州留园中，半封闭或全封闭的院落达 28 个之多。

西方园林的艺术特色突出体现在园林的布局构造上。体积巨大的建筑物是园林的统率，总是矗立于园林中十分突出的中轴线起点之上。整座园林以此建筑物为基准，构成整座园林的主轴。在园林的主轴线上，伸出几条副轴，布置宽阔的林荫道、花坛、河渠、水池、喷泉、雕塑等。在园林中开辟笔直的道路，在道路的纵横交叉点上形成小广场，呈点状分布水池、喷泉、雕塑或小建筑物。整个布局，体现严格的几何图案。园林花木，严格剪裁成锥体、球体、圆柱体形状，草坪、花圃则勾划成菱形、矩形和圆形等。总之，一丝不苟地按几何图形剪裁，绝不允许自然生长形状。水面被限制在整整齐齐的石砌池子里，其池子也往往砌成圆形、方形、长方形或椭圆形，池中总是布局人物雕塑和喷泉。

2. 治学教化之所与身份象征之地

明清江南园林营造受儒家“富不外露”“穷则独善其身，达则兼济天下”思想观念的影响，园林设计具有较强的内敛性。这些城市私园建造之目的除了托物言志、寄情于景之外，更重要的是给自己的子孙后代提供思想启蒙和学习的空间环境。明清时期大户人家的女子受“三纲五常，三从四德”思想的禁锢，“大门不出二门不迈”，受到的思想非常有限，学识主要是通过家长或私塾先生的言传身教来获得，因此在园林营造时尤其注意其蕴含的道理。如铺装样式的“人”字纹，是告诫子孙要堂堂正正做人。

5.6.2 中西方园林审美的差异性分析

1. 审美主体的比较

园林的审美主体指的是欣赏园林的人，他们既是具有基本生理机能的自然人，又是具有一定意识形态的社会人，因此具有自然属性和社会属性。本文分析审美主体也从这两个方面为切入点。

自然属性方面，东方人与西方人在形体特征上有一定的区别。西方人比中国人身材较高，视线高，山石建筑等的营造相对较高。因此，东西方在园林表达上产生了诸多差异。

社会属性方面，江南私家园林主人文人居多，学识渊博，并与当时的诗人、画家等交流频繁，在长久的园林发展史及生活环境的熏陶下，逐渐形成了具有很强的文人气质的审美倾向；西方园林中的建筑、水池、草坪和花园，无一不讲究整一性，一览而尽，以几何性的组合而达到数的和谐。

2. 审美客体的比较

园林作为审美客体，其中也包括本身所具有的自然属性和所处时期而被赋予的社会属性两种。

自然属性上，置石方面，中国园林多选用湖石、黄石等为主景石，西方园林则多选用火山岩、变质岩等；理水方面，中国园林水景多取自内陆河、湖，具大陆性，西方园林水景多取自海景，具海洋性；植物方面，中国园林植物多以叠石为依托，植物较少，西方园林以水为依托，植物较多。

社会属性上，建筑方面，江南园林受儒家思想影响园林多被建筑及高大的围墙包围，封闭性强，西方园林其园林内外没有明显的界限；园林书画方面，中国园林较多，西方园林较少；主景组织上，中国园林的主景为建筑，西方园林的主景有多种。

第6章 建筑美学与城市

6.1 唐长安与元大都

6.1.1 唐长安城

中国城市建设文化经三代的创制与秦汉的践行走到隋唐，终于完成了思想、制度、形态浑然一体的历史性建构。隋唐长安可知、可感、可观、可叹，作为历史建构的见证者和终极作品，它以其完美的形态傲然展示着其中深厚的精神文化底蕴，张扬着大唐文化的辉煌成就与豪迈气度，标示着中华城市文明的物质与精神的双重坐标，让后来者在后来的千百年里，无数次地梦回大唐、梦回长安。

唐代是中国古代社会的鼎盛时期，也是中国建筑文化发展的鼎盛时期。唐代建筑给人印象最为深刻的是其城市、宫殿、里坊之类所强烈体现出来的磅礴之气。诗人杜牧描绘长安城"祥云辉映汉宫紫，春光绣画秦川明"，"汉宫"实指唐长安的宫殿。即便是今天，我们登上长安大雁塔，仍可以想见唐长安城当年雄伟的气势和旖旎的风光。

唐长安城是在隋大兴城的基础上发展起来的，据《长安志·唐京城》卷七记载，隋文帝初封大兴公，即位后，城、宫俱以"大兴"名之。大兴城始建于隋开皇二年，由隋太子左庶子宇文恺担任总设计师。自六月始至次年三月迁都，仅用了九个月的时间。隋文帝初以汉长安为都城，但汉长安凋残日久，且屡为战场。西汉之后又有前赵、前秦、后秦、西魏、北周等很多朝代在此建都，前后历时八百多年，城内早已残破，水质变得咸卤，且宫室狭小，不适宜人们居住。再加上汉长安城北面距离渭河太近，经常受到渭河河床向南摆动的威胁，于是决定在汉长安城东南的龙首原下另建新都，与汉长安城南北呼应。龙首原是一封闭性高地，蜿蜒曲折，故曰"龙首"，由于汉唐均在此建立都城，几近神化。不过，由于龙首原一带离渭河较远，比较干燥高爽，有"川原秀丽，卉物滋阜"的特征，无论是从关中的大地理形势，还是从小区域的地形状况考虑，都不失为建城的优良地点。

由于隋朝统治时间较短，迄至唐朝取代隋朝的时候，大兴城尚有许多工程未能完工，因此，唐都城沿用隋大兴城的旧力，基本保留原有的布局，但改名为长安城，故学界一般又称其为隋唐长安城。尔后，亦有京城、西京、中京、上都之称，但习惯上还是称为长安。唐代建都后，城市建设有所发展，唐高宗永徽三年，在工部尚书阎立德的主持下，首次对长安城的外郭城进行了大规模整修，在东、西、南三面的城门上修建了城楼，高大其形制，壮丽其气魄。外郭城整修历时两年，到唐高宗永徽五年基本完工。唐太宗贞观八年开始在外郭城北隋朝禁苑东部建大明宫，后又于唐高宗龙朔年间一年加以扩充。唐玄宗开元年间于城内东部隆庆坊建造兴庆宫，在城东南角疏浚整修曲江池以形成城市公共游乐景区，等等。在隋代经营的基础上，经过进一步调整、充实与完善，唐长安城的完整形态最终形成并固定下来。

1. 城市布局

唐长安城规模宏大，东西宽 9721m，南北长为 8651m，周长 35.5km，面积达 $84km^2$。城市规划设计严密，布局整齐，由宫城、皇城和外郭城三套重城所组成（见图 6-1）。

宫城是皇帝朝政和皇族居住的地方，包括太极宫、掖庭宫和东宫。宫城内的中部是朝会正宫太极宫，太子所居的东宫和后妃宫人居住的掖庭宫分列两旁，东西对称，三宫中以太极宫为最大。

皇城又名"子城"，在宫城的南部，是政府机关的所在地。皇城北与宫城一街之隔，东西与宫城同宽，平面也呈规整的长方形。皇城北面与宫城以"横街"相隔，是长安城中最宽街道，实际上成为了宫城与皇城之间的一块广场。皇城内布局着寺、监、省、署、局、府等中央衙署，在皇城东南、西南角有祭祀皇帝先祖的太庙和祭祀国土之神的太社，附会周礼"左祖右社"之制。

外郭城从东南西三个方向环卫着宫城和皇城，故又称"罗城"。其平面为长方形，东西略长、南北略短。外郭城主要是住宅区、寺院宫观区和商业区东市和西市。长安城中的街道均作南北、东西向排列，笔直端正，宽畅豁达，似一块巨大的棋盘。全城的中轴线朱雀大街最宽，不仅交通便利，而且它直通宫城承天门，宛如一条抛向明德门的彩带，把全城连成一个整体，使宫城的气势更加雄伟，形象更为高大。老百姓居住的地方被称为"里坊"，里坊的布局沿中轴线左右对称、均匀分布，呈棋盘式。唐代大诗人白居易用"千百家似围棋书，十二街如种菜畦"来描绘这种独特的里坊布局格式。除此之外，唐长安城坊内分布有东市和西市，各占两坊之地，是长安城著名的商业区。城内寺观林立，风景园林发达，水源丰富，有天然的河流，也有人工开凿的引水渠道，有供皇家贵族享受的离宫别馆，也有供一般老百姓娱乐的公共游览场所。

唐长安城规划完整、规模宏大、布局谨严，是中国城市建设史上一个伟大的创造，在中国城建史上具有非常重要的地位。其宏伟壮丽的本身，就是唐代社会经济、文化高度发展的一个象征和重要标志之一，充分体现了大一统王朝的宏伟气魄。

2. 城市审美

中国建筑在反映中国民族精神的特征、创造城市审美气象方面并不亚于中国古代文学上的成就，这是显示中国民族精神的一种无声语言。唐长安城的建造，就很好地体现了这种精神，具体来说，唐长安城的审美气象是通过城市的整体景观形象以及建筑要素布局来构成。

（1）唐长安城的行政空间。唐长安城的行政空间主要是指宫城和皇城，宫城和皇城位于全城中轴线之北，其中唐长安宫城称为太极宫，"易有太极，谓北辰也"，北极星位于北中国上天之中，是天帝之中宫，《论语·为政》也说"为政以德，譬如北辰，居其所而众星拱之"。而宫城则正好居于北辰之位。此外，宫城象征天之北辰，也可以从唐代诗人的诗句中得到印证，比如杜甫《登楼》云："北极朝廷中不改。"皇城居于紫微垣之位，皇城的百官衙署象征环绕北辰的紫微垣，而郭城则代表周天，这样一来，群星环绕北斗，就好比皇帝在全城的中心指挥全局。由此可以看到，唐朝的统治者是以占有中心区域的方式来显示其特殊的身份和地位的，通过营建这个中心，统治者将自己与其他人区分开来，显示自己的与众不同。据《长安志》记载"宇文恺置都，以朱雀街南北尽郭有六条高坡，象乾卦，故于九二置宫殿以当帝王之居，九三立百司，以应君子之数，九五贵位，不欲常人居之，故置此观玄都观及兴善寺以镇之"。太极宫和皇城分别建在乾卦显示的"九二""九三"高坡上，处在全城最高的位置，有地位尊贵、俯瞰全城、小视天下的意味。

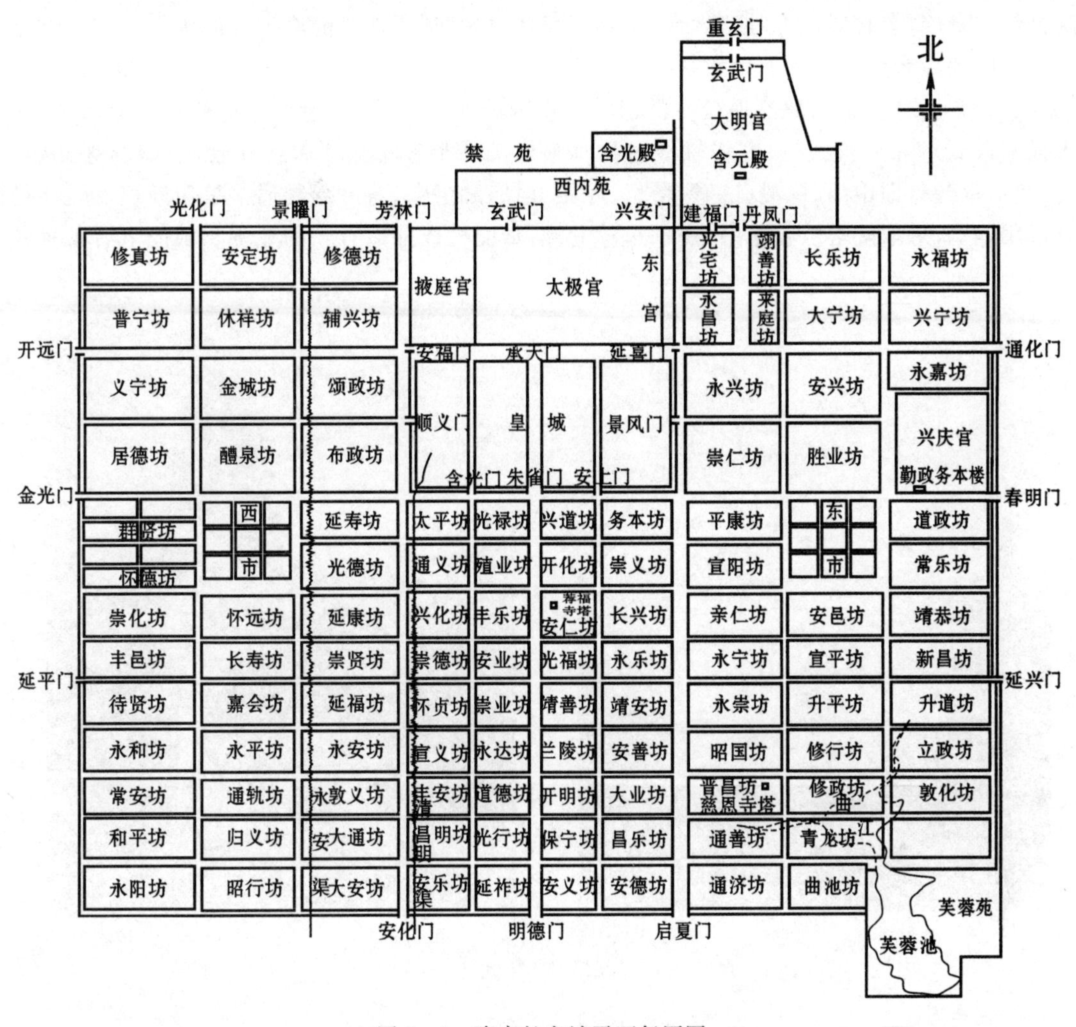

图6-1 隋唐长安城平面复原图

宫城之中除了太极宫以外，龙朔三年，大明宫修建完工，大明宫位于唐长安城东北的龙首原高地上，其宫殿气势巍峨独尊，建筑富丽堂皇，充分反映出“九天阊阖开宫殿，万国衣冠拜冕旒”的天子气概。大明宫与太极宫相互呼应相互联系，形成了俯临和统领全城的态势。宫城内是皇室的生活区域，宫城外则意味着城市中公共生活空间。总的来说，最高统治者的行政空间象征着威临天下，其特点是“非壮丽无以重威”，充分显示了最高统治者的唯我独尊和一统天下的霸气。

(2)市民的居住空间。在唐长安城中，居民的居住空间指的就是“里坊”。唐长安城的“坊”是将经纬道路按照一定的面积划分而成的方块地盘。由于唐长安城道路的间距长短不一，因此坊的规模也就有大小之别，但是总的来说保持了一种相对一致的面积、尺度和排列关系，从而形成模块化的空间发展格局。整齐的里坊设计不仅仅是为了衬托皇权的威严，也渲染出了具有平等意识的城市制度和城市文化氛围。

(3)佛寺建筑空间。佛教的寺院建筑是以塔为核心的十字对称式的塔院式格局，这种格局在西域就已经形成了，是为了突出宗教建筑的主体。佛教是东汉时期开始传入中国，最初的寺院是依靠贵族“舍官署为寺”或者“舍宅为寺”而建立的，利用现成的住宅改成佛寺，一开始就奠定了中国佛寺布局形制本土化的基础。在唐长安，很多佛寺也是原来的居民住宅，例如荐福寺(见图 6－2)原本是唐太宗襄城公主的旧宅。正因为如此，中国的佛教寺院基本上继承了中国古代庭院式的布局模式，讲究中轴线对称和整体的严整方正。从唐代开始，中国佛寺又盛行“伽蓝七堂”制，即山门、佛殿、讲堂、僧房、库厨、西净和浴室，这一形制通常是在横短、纵长的长方形用地上，采取院落组合体系，统一布置七堂，从而构成井然有序的礼佛和佛徒生活场所。

图 6－2　荐福寺

6.1.2　元大都

蒙古族在草原崛起之初，曾以位于漠北草原中央的哈剌和林作为都城，忽必烈即位初期又在漠南的开平府兴建新的都城。灭金后，蒙古政权占领了广阔的中原地区，出于统治需要，决定将政治中心南移，迁都燕京。中统五年(即至元元年，1264)，忽必烈从刘秉忠议，计划在金中都旧址上营建城池宫室，名为中都。但由于金中都旧城屡经战火，破败不堪，原有的宫殿已荡然无存，且旧城规模狭促，与蒙古国强盛的国势并不相称，同时城西莲花池水系“水流涓微，土泉疏恶”，作为城市水源已难以为继，因而忽必烈于至元四年(1267)又决定放弃金中都旧城，而在其东北另建新的中都城，至元八年(1271)改名为大都城。新建的大都城将太液池与积水潭纳入城市之中，并从西郊玉泉山引水注入湖中，充分保证了城市用水需要。

元大都的规划设计既借鉴前代都城设计的经验，又结合蒙古族生活习俗与具体地理环境条件进行创新，呈现出不同于历代都城的鲜明特色与独特魅力，并深刻地影响到明、清北京城的建设，在中国古代城市规划史上占有重要地位。大都城的兴建是从皇城、宫城与宫殿开始的。《元史·世祖纪》载：“(至元三年十二月)丁亥，诏安肃公张柔、行工部尚书段天佑等同行工部事，修筑宫城”，可知大都宫城的修建始于至元三年(1266)。《元史·张柔传》中记：“至元三年，城大都，佐其父为筑宫城总管”，此时大都城尚未动工，至元三年(1266)应是开始修建大都宫城的时间。至元四年(1267)正月，成立提点宫城所，专门负责大都宫城、皇城与宫室的营建。大都宫城竣工的时间，史籍记载不一。《元史·世祖纪》：“(至元五年十月)戊戌，宫城成”，陶宗仪《南村辍耕录》则云宫城“至元八年八月十七日申时动工，明年三月十五日即工”。《元史》中另有多处修建宫城时间的记载，如“(至元七年二月)丁丑，以岁饥罢修筑宫城役夫”，“(至元八年二月)丁酉，发中都、真定、顺天、河间、平滦民二万八千余人筑宫城”，“(至元九年五月乙酉)宫城初建东西华、左右掖门”。由此可见，至元五年(1268)之后大都宫城仍在陆续修建，《元史·世祖纪》中所言至元五年(1268)“宫城成”可能指宫城的城垣规模基本确定。

1. 元大都布局

元大都平面呈南北略长的长方形，《元史》记载大都“城方六十里，十一门”，根据考古勘查，已探明元大都城垣四至：北面的城墙即今北京北三环外的土城遗址处，东西两面城墙与明清北京城东西墙一致，南面城墙在今东西长安街南侧。元大都城市平面呈南北略长的长方形，南北长约7600m，东西宽约6700m。实测大都城周长28600m，面积约$50km^2$。城内筑宫城、皇城、都城三道城垣，皇城坐落在城南部中央，被置于特别显要的地位。

元大都规划最具特色之处是以太液池水面为中心确定城市布局，在水面的东西两岸布置大内正朝、隆福宫、兴圣宫三组宫殿，环绕三宫修建皇城(见图6-3)。将湖光山色纳入城市核心区域，使宫殿建筑与自然景色巧妙地融为一体，这与以往历代都城明显不同，是城市规划设计思想的重大突破。在宫城南北轴线之北、积水潭的东北岸选定全城平面布局的中心，设石刻的测量标志，名为“中心之台”，并以此中心台为基准点，确定全城的中轴线与四周城墙位置。在城市中心建钟楼与鼓楼，作为全城的报时机构，大都城实行夜禁，“夜间若鸣钟三下，则禁人行”。

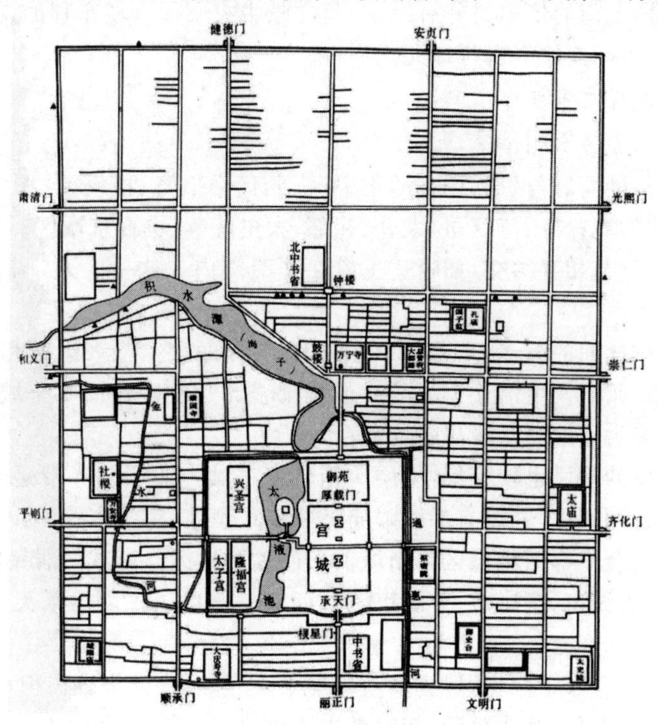

图6-3 元大都规划平面图

2.城市街道与坊巷

城门内是宽阔笔直的大街，宽24步，两座城门之间大多加辟宽12步的干道，这些干道纵横交错，连同顺城街在内，大都城东西干道与南北干道各九条。此外有“三百八十四火巷，二十九胡通”与干道相连。由于城中有海子相隔，且南北城门并不对应，故城市干道常出现丁字相交的情况。城中街道系统整齐规则，胡同之间的距离大致相等，使大都城呈现庄严、宏伟的外貌。从中心台向西，沿积水潭东北岸辟有全城唯一一条斜街，为棋盘状的街道网增添一点变化。

大都城的规划布局，继承了中国古代城市规划的特点，遵循“前朝后市，左祖右社”的规制，又打破了汉唐以来的封闭型坊式建筑，城市面貌为之一新，在中国都城建设史上占有极为重要的地位。

元大都城市规划具有贯穿全城的南北向中轴线。世祖建都之时，“问于刘太保秉忠定大内方向。秉忠以今丽正门外第三桥南一树为向以对，上制可，遂封为独树将军，赐以金牌”，中轴线正对丽正门外第三桥南之树，外城、皇城、宫城的正门都在这条中轴线上。元大都的中轴线位置，是研究元大都城市规划的一个重要问题。元大都中轴线在明清北京中轴线之西，即今旧鼓楼大街至故宫武英殿附近一线，明清北京城中轴线较元代东移。从乾隆时期的《日下旧闻考》开始，直到近代奉宽《燕京故城考》、朱偰《元大都宫殿图考》以及王璞子《元大都城平面规划述略》等，都认为元大都的中轴线在明清北京城中轴线之西，即今旧鼓楼大街南北一线。这一说法的主要依据在于认为元大都的钟、鼓楼及中心台均在今旧鼓楼大街，中心台为全城之中，由此确定元大都中轴线为正对钟、鼓楼的旧鼓楼大街南北一线。然而，元大都钟鼓楼及中心台的具体位置尚无定论，而且钟鼓楼的位置也不能成为判断城市中轴线位置的依据。支持元大都中轴线在今旧鼓楼大街的依据另外有二：一是文献中有明代宫城东移的说法，二是认为故宫武英殿东墙外、明思善门前原有石桥即元代周桥。

3.元大都的居民区与市场

大都城居民分布大致有四个区：

(1)东城区：是各种衙署与贵族住宅的集中区，元代中书省、枢密院、御史台三大政权机构都设在这一区，其他如光禄寺、侍仪司、太仓、礼部、太史院等，也在东城区。达官权要纷纷在此区建宅，便于就近上朝与相互结交，如哈达王府在文明门内。这一区人口非常密集，商业也很繁盛。

(2)北城区：皇城北面的海子(积水潭)是南北大运河的终点，水运便利，成为繁荣的商业区，歌台、酒馆、商市、园亭及生活必需品的商市会聚于此。钟楼北面有全城最大一处穷汉市，表明钟楼以北地区多为下层民众聚居的地方。

(3)西城区：这里的居民也较密集，但层次稍低于东城。顺承门一带是连接新旧两城的交通枢纽，酒楼、茶肆特别集中，并设有都城隍庙、倒钞库、酒楼、穷汉市等。

(4)南城区：包括金中都旧城城区与新城前三门关厢地区。南城旧居民区以大悲阁周围居民最为稠密，集中了南城市、蒸饼市、穷汉市三处商市。这里居民多为既无份地又无财力的下层民众。

大都城内的市场，分布于全城，但主要市肆集中于三处：一处集中在积水潭东北岸的斜街，称为斜街市，这里交通方便，商业繁荣，四时游人不绝。一处在平则门大街与顺承门大街交会口附近(即今西四牌楼附近)，名为羊角市，买卖牲口的驼市、羊市、牛市、马市集中于此。还有一处在皇城外东南角，称为枢密院角市。此外，各城门内外也成为商业集中的场所。

6.2 明清北京城

18 世纪是一个神奇的年代，在这一百年里，这个伟大的城市北京在绝对君权的统治运营下，正处于封建时代繁华的顶峰，在城市建设方面正彰显着别样的性格。北京，上千年的君主专制所塑造的城市也许在技术方面有所欠缺，但却是一个伦理结构高度严谨、等级森严的城市。

明灭元以后，大都改称北平。从永乐四年开始营建北京故宫宫殿，永乐十八年宫殿建成(见图 6－4)，遂正式迁都，之后南京就成为明朝的陪都。明代北京城是利用元大都原有城市改建的。明攻占元大都后，蒙古贵族虽已退走漠北，但仍伺机南侵，明朝驻军为了便于防守，将大都北面约 5 里的荒郊废弃，缩小城市范围，在皇朝前建立五府六部等政权机构的衙署，又将城墙向南移了一里余。到了明朝中叶，蒙古骑兵多次南下，甚至迫近北京，兵临城下，遂于嘉靖三十二年加筑外城，由于当时财力不足，只把城南天坛、先农坛及稠密的居民区包围起来，于是城墙平面就形成了凸字形。清朝北京城的规模没有再扩充，城的平面轮廓也不再改变，主要是营建囿和修建宫殿。这主要是因为满族文化与当时的中原文化相比属于落后文化，一般的落后文化必会吸收先进文化，并被先进文化所取代。

明清北京城外城东西 7950m，南北 3100m。南面 3 座门，东西各 1 座门，北面共 5 座门，中央 3 门就是内城的南门，东西两角门则通城外。内城东西 6650m，南北 5350m，南面 3 座门(即外城北面的 3 门)，东、北、西各两座门。这些城门都有瓮城，建有城楼。内城的东南和西南两个城角并建有角楼。明清北京城的布局以皇城为中心。皇城平面成不规则方形，位于全城南北中轴线上，四向开门。作为皇城核心部分的宫城位于皇城中心部分，四面都有高大的城门，四角有角楼，城外围以护城河。明朝的宫城是在元大都宫城的旧址上重建(略微南移)，仿南京宫殿。全城有一条贯穿南北的中轴线，长约 7.5km，以永定门作为起点经内城正阳门、穿过皇城、越过景山和地安门而止于钟楼和鼓楼。这一轴线完全被帝王宫廷所占据。按照传统宗法礼制的思想，又于宫城前轴线的左侧建太庙，右侧建社稷；并在内城外轴线的左侧建天坛，右侧建先农坛，体量宏伟，色彩鲜明，与一般市民的青灰瓦顶住房形成强烈的对比，强调了帝王的权威。内城的街道坊巷仍沿用元大都的规划系统。由于皇城建立于城市中央，阻碍了交通，因此内城街道以平行于城市中轴的左右两条道路为主，北京的街道系统均与这两条道路相连，形成了棋盘形的平面布局，但东西交通不便。

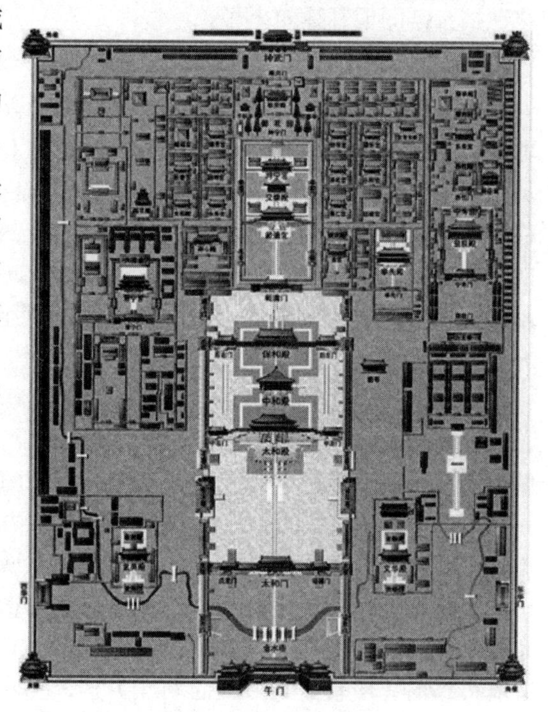

图 6－4 故宫平面图

北京的市肆共132行,相对集中在皇城四侧,并形成东南西北四个商业中心。各个行业都有“行”的组织,通常集中在以该行业为名的坊巷里,如羊市、马市、果子市等。

6.2.1 城市建筑文化的根源

不同的民族拥有不同的文化,它们是城市的根源,是城市发展背后的原因,是城市建设内在的动力,也是城市给人的第一印象。

中国式的“大一统”要求“溥天之下,莫非王土。率土之滨,莫非王臣”。也正是因为有了这种根深蒂固的思想观念,才使得国家少了很多内部战乱的可能,并可以在王权的统筹安排下进一步的发展变革。这是一种高度集中的君主专制制度,而这种制度在清朝之前,中国已经相当完备了。所以在中国的土地上,每每出现改变,只是朝代的更替,而非社会制度的变革,因为忠君爱国这种思想已经深深地刻在了每个人心里。所以在作为外族的统治者,清王朝更加希望将这种大一统的观念延续下去,使得自己的王朝长治久安。因此,清朝至中华人民共和国成立之初并没有另建都城,而是保留下北京明朝时期以基本建成的整体轮廓、基础框架、基本设施。即便是在康乾盛世时期,国库十分充盈,但统治者对北京的宫殿、城池、坊巷,基本没做多大的改动。最突出的建设是对北京的三山五园的修建,如万园之园的圆明园和颐和园等。究其原因可分为以下两方面。

1.北京城的建设综合了中国数千年城市规划方面的经验

对于在建筑文化上处于弱势的满族来说,北京的城市建设已经相当完备。清代继明代北京城的方式就是原封不动地照单全收,城市虽然局部有所兴革,但是总的来说,清王朝对于明代的遗产并没有觉得有什么不合适自己使用的地方,基本上对这个都城很满意,其后就将心思花在搞自己的园林建筑上了。

2.北京城的建设模式本身是对大一统观念的一种强化

择中立宫,将宫城放在城市的中心位置,宫城之外是皇城,皇城之外是内城,内城之外是城郭,一层套一层,使皇帝凌驾于群臣及庶民之上,象征了皇帝的威严。贯穿南北的中轴线,轴线从永定门穿越皇城直通对面的鼓楼和钟楼,而皇帝处理朝政的太和殿也正在这条轴线上,皇帝稳坐在轴线通过的宝座之上,一方面象征自己的统治地位,另一方面看着轴线通过永定门,伸向无限远处,也象征着王土的无垠,等等。由此看出,北京城的建设从外在看来连续性较强,规划思想没有发生较大变动,这都是国家根深蒂固的君主集中制所带来的结果。

6.2.2 城市布局思想

北京通过追求城市布局与建筑空间等方面的伦理化来体现“天地和合”不仅有星罗棋布,院落纵横,回廊复道,巷陌交通的繁复而严密的组织,亦有挟山带水涵天纳地的与自然融而为一的气韵。因而,以群体空间见胜的北京,集宏大与深邃,华丽与优雅于一体,创造了城市建设方面独具特色的一个体系。推动与制约北京城市建设和建筑创作的主要原因就在于:古代中国人力求在城市建设中表现自己所追求的理想——天地和合。在“天地和合”观念主导下的北京城,则更注重对伦理体制的追求。中国人相信,如果社会人际之间,也如天地宇宙之间一样,有着严格的等级秩序与协调的相互关系,社会就达到了它的理想状态。一座单体的建筑物,或一个单独的建筑群,在中国人看来不是一个孤立的存在,它既是一个更大的空间族群中的具有特定地位的一分子,又是天地宇宙之间整体空间秩序中的一分子,任何一个建筑个体或群体对于自身的特定地位的逾越,或对于整体秩序的破坏,都是不被允许的。因此,对建造一个城市而言,正是在于统治者通过恰当的建筑设计、空间组织、功能分区等方式求得天地的和合与阴阳的协调。它已经不仅仅停留在形式表达上,而更多的是诠释形式背后的内涵,这和城市形成过程有关,中国的城市建设模式早在数千年前就已经形成。

1. **城市布局**

在空间图式的文化抉择中,北京城倾向于平面五方位的空间图式,并强调以北方为尊的南北轴线。因此城市空间布局讲究择中立宫,坐北朝南,并将城市轴线与宫城轴线相重合,以求得皇宫的绝对中心地位。而其他功能建筑则按照《周礼》当中所规定的,"……左祖右社,前朝后寝,面朝后市,市朝一夫"进行布局,进而达到了天地宇宙之间的天人关系和人人关系的伦理和谐。

2. **城市建筑**

在北京城中体现这种天地和合关系的建筑空间组织形式最为典型的例子是四合院。由于外部世界封闭,独家居住的庭院式住宅成为最符合中国家庭那种长幼尊卑的伦理制度极强的微型社会居住形式(见图6-5)。四合院渐渐成为中国建筑组群的基本单元。和城市布局一样,四合院也倾向于平面五方位的空间图式和强调以北方为尊的南北轴线。因此形成由位于四个正方位的四座单体建筑与中央一个露天的庭院。使用者根据各自的身份居住在不同的房间里,如家长住正房,妾室及子女住厢房,仆人们住在后院。将这些大大小小的合院空间组织在一起的,是纵横交错的轴线。其中主导的仍是位于组群中心的南北中轴线,紫禁城便在这条轴线上,由于同样受伦理制度的限制,它的空间形式也不过是更大的合院而已。除此之外,北京建筑的彩画、屋顶色彩、屋顶造型、尺度规模、外墙色彩等,均能表达出各自的尊卑位序,并以此来体现天地和合的伦理观念。

图6-5 北京四合院一角

(1)建筑彩画。彩画当中,和玺彩画是等级最高的,仅用于宫、坛庙的主殿、堂、门。旋子彩画在等级上仅次于和玺彩画,它应用的范围很广,如一般的官衙、庙宇主殿和宫殿、坛庙的次要殿堂等处。苏式彩画一般用于住宅、园林。

(2)屋顶造型与屋顶色彩。中国的屋顶分为庑殿顶、歇山顶、悬山顶、硬山顶。它们各有自己的使用规则。宫殿、坛庙、皇亲国戚的府宅等多用前两种屋顶,而普通百姓人家则只能用后两种。等级从高到低依次为:重檐庑殿顶、重檐歇山顶、单檐庑殿顶、单檐歇山顶、悬山顶,硬山顶。除此之外还有攒尖顶、盝顶等杂式屋顶应用于平面形状不定的建筑上。而建筑屋顶由琉璃瓦覆盖,颜色也根据等级而不同。黄色的琉璃瓦只限用于宫殿、门、庑、陵、庙,此外的王公府第只能用绿色的琉璃瓦,而平民百姓家只能用灰色。

(3)墙面色彩。皇城为红色,官宦人家的府宅为深灰色,而普通百姓人家为中灰色和浅灰色。

(4)尺度规模。在开间上,公、侯至亲王正堂为7～11间(后改为7间)、五品官以上的为5～7间,六品官以下至平民的为3间,进深也有限制。

3. **城市园林**

北京园林空间的创造灵感,也多来源于对彼岸世界的想象与模仿和对天地和合观念的追求。无论在气度恢宏的皇家苑囿还是在淡泊曲蜿的文人园林中,我们都可以发现,在中国人内心深处所不断涌动着的是一个平和而宁静的希望——一个创造天地和合,阴阳谐顺,天人合一,宇内大同的空间环境的理想与愿望。除了在写仿自然,以及将自然景物与历史人文融合而为一个和谐的空间整体外,在园林建筑的布局与组织方面,更可以感觉到一种“从无序中创造有序”的理性规则。

6.2.3 城市围合模式

北京城最初的建立,便是有规划的,它的兴建并不需要一个成长过程,基于政治、经济、军事等需要,首先便有计划地将城市的外壳——城墙,兴筑起来。它的城墙就像是中国传统的大盒子套小盒子的游戏,层层相套,将城市的原始核心建立在一个四环相套的城里。这就是“重城式”复合都城结构。

“重城式”复合都城结构来源于《周礼·考工记》,它是对“王城居中”的传统理念的一种演绎和升华。从西周开始的“西城东郭”阶段,到魏晋南北朝的东西南“三面郭区”绕北部中央小城,然后从曹魏邺城开始实行“去南宫”“留北宫”,都有一个不断的调整性过程,最终形成了明清时代北京庄严的“重城式”复合都城结构。北京城四环相套的城中,最里面的是紫禁城,它是皇帝起居和执政的地方。紫禁城的外围被皇城围绕,这是文武百官的行政场所,也是皇帝处理政务的地方。皇城的外围又由内城环绕,内城里面才是官员和老百姓居住的地方,其城墙竣工于1427年。但是仅一个世纪以后,越来越多的人定居到内城外面以南的地方,乃至于1564年在这个地方又建立起一圈城墙。因此,这段城墙被称为外城。这样,北京就由四个矩形的功能各异的空间相套而成。事实上,在1644年满清人占领北京城后,也对城中的居住组织方式做过改变。这种改变是种族性的,仅限于把汉人隔离到城外居住,那时城外被称作中国城;而满清入侵者和汉人中归顺者则居住在内城,内城亦被称为鞑靼城 。

北京的这种重城式复合结构,已经超越了单纯的功能性划分,而更多强调的是中国礼制方面的特质,主要体现在以下两个方面上:

1. **等级的区域划分**

城市的城墙根据使用者的不同等级划分,通过环环相套的方式将北京城环套出若干区域。将皇帝及其家眷居住的宫城、中央政府机关所在的皇城、一般居民居住的城区区分出来,即宫城之外是皇城,皇城之外是内城,内城之外是城郭,越往里等级越高,层层分级,不可逾越,里面的人想出来可以,但外面的人想进去却很难。这是中国的礼制观念在城市建设方面的一种映射。

2. 礼制的内向收缩

北京的四环城墙从外向里尺寸逐渐减小,等级逐渐升高,体现了层层收缩的向心力。而这种力量最终汇聚到代表皇权的核心建筑——宫城内的太和殿(也是宫城的核心)里。此类由城墙所形成的内向汇聚的力量象征着皇权的绝对集中和皇帝地位的稳定与不可逾越。一道道逐渐收缩的城墙也给这座都城增添了一抹中国特有的内向神秘感。这就是中国独有的重城式结构,在北京城得到了完美的体现,它的形成模式已经不单纯是功能的需求,更多想表达的是超越功能以外的礼制象征的意义。

6.3 地方城市

6.3.1 扬州城

扬州城至今已有近 2500 年的建城史。公元前 486 年,吴王夫差在今扬州市西北的蜀冈之上筑邗城,这是见诸史籍的最早的扬州城池。古邗城遗址现在仍保存得相当完好。以后扬州城多次在邗城的基础上改建、扩建,向东南方延伸扩张。古城扬州和古老的大运河同年,吴王夫差在筑邗城的同时开挖了邗沟。邗沟南连长江,北接淮河,其故道至今仍然保留在扬州城内,这条运河对于扬州城意义重大,扬州得以发展繁荣,正是以邗沟为起点的。公元前 334 年,楚国灭越,楚怀王改"邗"为"广陵"。据说当时扬州蜀岗上多为丘陵,楚怀王取该地"广被丘陵"之意,因而以广陵命名之。秦汉之际,项羽曾改。"广陵"为"江都",据说是项羽曾想在此建立都城,遂取其临江的都城之意。汉初,高祖刘邦封其侄刘濞为吴王,领有 3 郡 53 城,以广陵城为吴的都城。刘濞在广陵精心经营 40 年,他召集流亡百姓,兴修水利,恢复农业,发展手工业与商贸业,使广陵城迅速兴旺起来。汉景帝时刘非为江都王,汉武帝时刘胥为广陵王,均以吴王的都城为江都国和广陵国的都城。东晋以后,大批北方移民接踵而来,广陵成为接纳移民的重要侨郡所在,南北文化在此得到广泛交融。陈宣帝太建十年(578),北周大将王轨取得淮南之地后,改广陵为吴州。到隋炀帝时,为了沟通漕运,方便军事运输,开凿了古今中外闻名的大运河,扬州城也就迎来了历史上最辉煌的时期。

扬州在历史上与吴是有很深的渊源。汉封吴王刘濞在此建都时,刘濞的领地大部是在江南。此后在公元 619 年,农民起义军李子通也建都扬州,国号吴。五代十国中的吴也是以扬州为都城,史称"杨吴"。开创者杨行密(852—905)在 902 年被唐昭宗封为吴王,到杨溥在位时,丞相徐温等立杨溥为天子,国号就是吴。隋代南北大运河开通之后,扬州逐步发展成为东南经济文化中心和对外贸易的重要港埠,为唐代扬州的繁荣奠定了基础。唐高祖武德八年(625),扬州治所从丹阳移到江北,从此扬州之名开始专指称这座城市。唐代扬州城有两重城:蜀冈之上称子城,也称牙城,即衙城,为扬州大都督及各级官衙驻地;蜀冈之下称罗城,也称大城,为工商业区和居民区。唐代"安史之乱"以后,经济中心南移,朝廷所需经费及物资,大多集于扬州发运,造就扬州的空前繁荣。扬州成为全国最大的经济都会。唐末的战乱,又使扬州城满目疮痍。后周显德五年(958),在故城的东南隅另筑新城,称"周小城"。

宋时扬州虽不及唐时繁盛，但经济发展水平比五代时期有较大提高。先后有不少阿拉伯人来扬州从事商业和宗教活动。在众多与扬州有着密切关系的阿拉伯人中，普哈丁是声誉最显著、影响最大的一位。坐落在扬州古运河边上的普哈丁墓园，见证了宋代扬州城的对外交流发展史。南宋期间，扬州成了抗金、抗元的前线。南宋爱国词人辛弃疾《永遇乐·京口北固亭怀古》写出了当时扬州的兵荒马乱："四十三年，望中犹记，烽火扬州路。"建炎元年(1127)十月，高宗赵构率宋室残余南迁至扬州，驻跸州治，历时一年零三个月。宋末筑宝佑城以抗元兵。宋亡，宝佑城夷为平地，仅剩残破的宋大城。明代在宋大城西南和东南筑旧城和新城。

清代及民国时期，袭用明代新、旧两城。清初扬州经济再一次兴盛，是因为当时扬州是我国长江流域中部各省的食盐供给基地。古代两淮盐业生产基地分别在盐城、泰州、南通一带，并随着海岸逐渐东移，但盐业的流转中心一直在扬州，清初极盛时期，垄断两淮盐业的八大商总全部聚集在扬州。扬州盐商推动了扬州城市生活的精致化发展。与生活服务有关的各类技艺得到了用武之地，诸如园林建筑、书画、戏曲、民间工艺及著名的扬州三把刀等，都得以一展其长。社会的需求、资金的支持、工匠技艺的切磋，使得扬州形成了以休闲消费为目的，以精致生活为特色的市民文化。

古城扬州位于江左淮西，为历代名城，以其历史悠久、文物彰明而著称海内外。扬州因其唐宋鼎盛时期，特别是康乾盛世以来的经济繁荣、精妙绝伦的园林风采和博大精深的文化底蕴，构建了"扬州园林"这一璀璨明珠。清代李斗《扬州画舫录》援引刘大观的评价："杭州以湖山胜，苏州以市肆胜，扬州以园亭胜，三者鼎峙，不可轩轾。"由此可见，扬州园林在中国古典园林中不仅历史悠久，数量众多，而且更以其独特的风格著称于世。

扬州园林的高超的造园艺术、深厚的地域文化内涵是扬州历史文化遗产中不可多得的物质和精神财富。当前，扬州老城区的保护性开发与建设正在全面展开，蜀冈—瘦西湖风景区也在全面扩展，遗留下来的历史园林有待保护与修复。因此，研究扬州园林的造景艺术，一方面结合当下的扬州风景区扩建及历史名园的保护与修复、老城区的保护与更新等实践，对扬州当前历史园林保护利用所存在的一些问题进行研究，探讨历史园林在当代的发展与保护；另一方面研究总结其园林营造的理论与技法，探索其造景的手段与方法，为扬州园林的传承与创新提供技术与方法，也希望为其他同类的历史园林乃至其他文化遗产在未来的保护性利用与创造性发展传承提供现实的借鉴。

6.3.2 扬州地域文化概述

扬州在中国文化史上占据十分显赫的地位，扬州文化对于整个华夏文明的形成做出了非常重要的贡献。西汉时首倡"罢黜百家，独尊儒术"的董仲舒在江都相任上提出"正谊明道"(正其谊不谋其利，明其道不计其功)，为此后千百年中国封建社会的统治思想奠定了基调。东汉初年以擅长辞赋著称的广陵人陈琳，荣列建安七子之一。隋唐间扬州学者曹宪、李善专治《文选》，开中国文选学之先河。唐代扬州经济空前繁荣，天下文士慕名而来，李白、杜牧诸人均在此留下绝唱，扬州诗人张若虚的《春江花月夜》则被誉为"孤篇压全唐"。

中国第一部记录典章制度的巨著《通典》，系杜佑编纂于扬州。五代宋初时扬州的徐铉、徐锴兄弟整理校正《说文解字》，在学界并称为"大徐小徐"。宋代文豪欧阳修、苏轼先后任扬州知州，在任期间，两人无不竭力提倡文化，致使扬州文风昌盛。元代扬州人睢景臣的散曲《高祖还乡》是古代讽刺文学中不可多得的精品。明清两代，扬州更是文士辈出，流派纷呈。施耐庵、汤显祖、王士祯、孔尚任、吴敬梓、郑板桥、曹雪芹、魏源、龚自珍等文学巨匠所取得的伟大成就，无不与扬州的人文环境密切相关。扬州八怪、扬州学派、扬州戏剧、扬州曲艺、扬州园林、扬州工艺、扬州雕版、扬州美食等一个又一个璀璨夺目的文化瑰宝闪亮登场，以浓墨重彩为中国古代文化史增添了炫目的辉煌。扬州的历史文化千年一脉，至大至精，是不能不令人称奇和感叹的。由于扬州位于京杭运河和长江的交汇点，正所谓"重江复关之隩，四会五达之庄"，因此其在政治、经济和军事上居于重要地位，这便极大地促进了当地工商业的发展，而这也正是扬州文化的肥沃土壤。毛泽东同志曾在《新民主主义论》中指出："一定的文化（当作观念形态的文化）是一定社会的政治和经济的反映，又给予伟大影响和作用于一定社会的政治和经济。"扬州文化也不例外。扬州的地域文化所包含的内容极为丰富，包括文学、绘画、书法、曲艺、戏剧、工艺、建筑、园林、烹饪、宗教、民俗等，这些门类的文化各具特色，构成了独具扬州地域特色的文化体系。

6.3.3 历史劫难与扬州园林遭遇

扬州是一座地处长江与大运河交汇处的平原城市，每逢战乱，特别容易招致毁灭性的灾难，这在一些文学作品有着令人感慨的叙述，在一些历史文献中有着触目惊心的记载。魏晋南北朝时的战乱使这座本来很富庶的城市遭受到空前的劫难，公元 450 年（宋文帝元嘉二十七年）冬，北魏太武帝南侵至瓜步，广陵太守刘怀之烧城逃走。公元 459 年（孝武帝大明三年），竟陵王刘诞据广陵反，沈庆之率师讨伐，破城后大肆烧杀。广陵城十年之间二罹兵祸，城摧垣颓，瓦砾衰草，离乱荒凉。南朝文学家鲍照来到时，这座名城已经荒芜得目不忍睹。他写了一篇感慨广陵盛衰变化的抒情短赋《芜城赋》，谴责了统治者的屠城暴行，广陵从此有了"芜城"的别号。南宋建炎三年（1129）、绍兴三十一年（1161）、隆兴二年（1164），金兵三次攻破扬州，扬州城受到严重破坏。姜夔的《扬州慢・淮左名都》以昔日扬州的繁华同眼前的衰败相比，写出了战争带给了扬州城万劫不复的灾难："自胡马、窥江去后，废池乔木，犹厌言兵。渐黄昏，清角吹寒，都在空城。"明末清兵"屠城十日"，古城又一次遭到破坏。公元 1645 年 4 月，清将多铎以十万兵马围困扬州城，明朝兵部尚书兼东阁大学士史可法率领军民死守城池，多铎破城之后悍然下令血洗扬州。据当时僧人记载的《焚尸符》统计，扬州屠城的死难者达 80 万之众。当时的幸存者王秀楚所著的《扬州十日记》中记载屠杀共持续十日，故名"扬州十日"。这是满清入关后对征服地区第一次有组织的大屠杀。晚清时《扬州十日记》通常与邹容的《革命军》一道刊行，为辛亥革命进行了舆论准备。扬州在太平天国战争期间所受的损失也十分巨大。当时太平军曾三克扬州，分别为清咸丰三年（1853）二月，林凤祥、李开芳率领太平军从南京沿江东下，于二十三日第一次攻下扬州，十一月二十六日撤离；咸丰六年（1856）三月一日，太平天国将领陈玉成、李秀成第二次攻下扬州，三月十三日撤离；咸丰八年（1858）九月三日，太平军在李秀成的指挥下，第三次攻占扬州，九月十五日撤离。经过这三战，扬州人口锐减。曹树基指出："以甘泉县为例，该县嘉庆十四年（1809 年）的'丁口'数为 66.6 万，光绪七年（1881 年）减少为 24.0 万（注：光绪《甘泉县志》卷四）。将时间定于咸丰元年（1851 年）和同治四年（1865 年），甘泉县的人口损失率高达 72.5%。"

多次毁城使古城扬州的历史文化遗产和非物质文化遗产都遭受了巨大的破坏，尤其是那些在历史文献中记载的地面建筑及园林名胜多已不存。唐代诗人姚合的《扬州春词三首》中有"园林多是宅"句，明清时亦有"杭州以湖山胜，苏州以市肆胜，扬州以园亭胜"的说法。但史书记载的那些扬州历史名园在中华人民共和国成立时已大多荒废，能基本保存完好的园林只有建于清代中晚期的部分园林。

6.3.4 扬州工艺文化

扬州的工艺水平自古以来一直保持着领先的地位，工艺成就主要包括漆器、玉器、剪纸、印刷等方面。扬州漆器生产历史悠久，早在两千多年前的汉代，就饮誉海内。隋唐时期，扬州漆器工艺格外精致，金属镶嵌产品日益增多。明清两代为扬州漆器的兴盛时期，除了彩绘和雕漆外，平磨螺钿、骨石镶嵌、百宝镶嵌等新工艺亦有所展。传统的扬州漆器，是在精致髹漆的基础上，选用翡翠、玛瑙、珊瑚、碧玉、白玉、象牙、紫檀、云母、夜光螺及金银等八百种名贵材料制作而成。漆器装饰纹样大量摹刻“扬州八怪”等名人书画，更提高了扬州漆器的艺术欣赏价值，如图 6－6 所示为雕漆嵌玉的“松龄鹤寿”。

扬州的琢玉工艺，源远流长。古籍《书经·禹贡》中便有“扬州贡瑶琨”的记述。唐代扬州琢玉，在手工业兴盛中有新的发展，贵族豪门用玉件装饰楼阁，所谓“雕栏玉户”。唐僖宗时，盐铁史高骈在扬州建有“御楼”，用金玉制作蟠龙蹙凤数十万件，装饰其中。高骈还将多年搜刮的扬州玉器珠宝数万件献给朝廷。唐代民间以玉器为佩、饰品亦渐开风气。宋代扬州玉器已向陈设品发展，花鸟、炉瓶等品种日益丰富，造型、琢磨艺术水平大为提高。清乾隆时，扬州琢玉进入全盛时期，清宫中重达千斤、万斤的近 10 件大玉山，多半为扬州琢制，其中重逾万斤被称为“玉器之王”的“大禹治水图”玉山，成为稀世之宝而闻名遐迩。

扬州也是我国剪纸流行最早的地区之一。隋炀帝三下扬州，广筑离宫别馆，恣意游乐。每到冬天，园苑中花树凋零，池水结冰，炀帝游兴不减，令宫女们仿照民间剪纸，用彩锦剪为花叶，点缀枝条，挂于树上，同时剪成荷花、菱芰、藕芡等物，去掉池中冰块，逐一布置水上，如同春夏之交艳丽景色，以赏心悦目，如图 6－7 所示为剪纸生肖龙。这反映了扬州剪纸的源远流长。

图 6－6 雕漆嵌玉的“松龄鹤寿”

图 6－7 剪纸生肖龙

唐代，扬州已有剪纸迎春的风俗。立春之日，民间剪纸为花，又剪为春蝶、春钱、春胜，“或悬于佳人之首，或缀于花下”，相观以为乐。剪纸还有一些特别用途，民间剪纸人、纸马及纸钱等，用来祭奠鬼神。大诗人杜甫写有“暖汤濯我足，剪纸招吾魂”诗句，即谓此。1980 年春，扬州各界迎接“鉴真大师像”回故乡“探亲”，剪纸艺人作了“鉴真大和尚”剪纸，赵朴初先生为之写《忆江南》词一首，有“明目满城歌过海，神工剪纸与招魂”之句。

明清时，扬州剪纸增强了装饰性，欣赏结合实用，既用于妇女儿童的装饰，作为刺绣的底样，剪制鞋花、枕花、台布花、床单花等；也用于民间风俗“仪饰”，如年节图案、喜庆图案、门前花饰、灯采花、龙船花、斗香花之类。民间剪纸艺人凭着一把剪刀，几张宣纸，百般变化，寓意多端，剪出象征吉祥、如意、福寿、财喜等花样来。直至清末民初，扬州仍有不少艺人赖剪纸手艺谋生。

新中国成立后，以张永寿为代表的扬州剪纸艺术大师创作了许多杰出的剪纸作品，如“百花齐放”“百菊图”“百蝶恋花图”等，如图 6-8 所示。

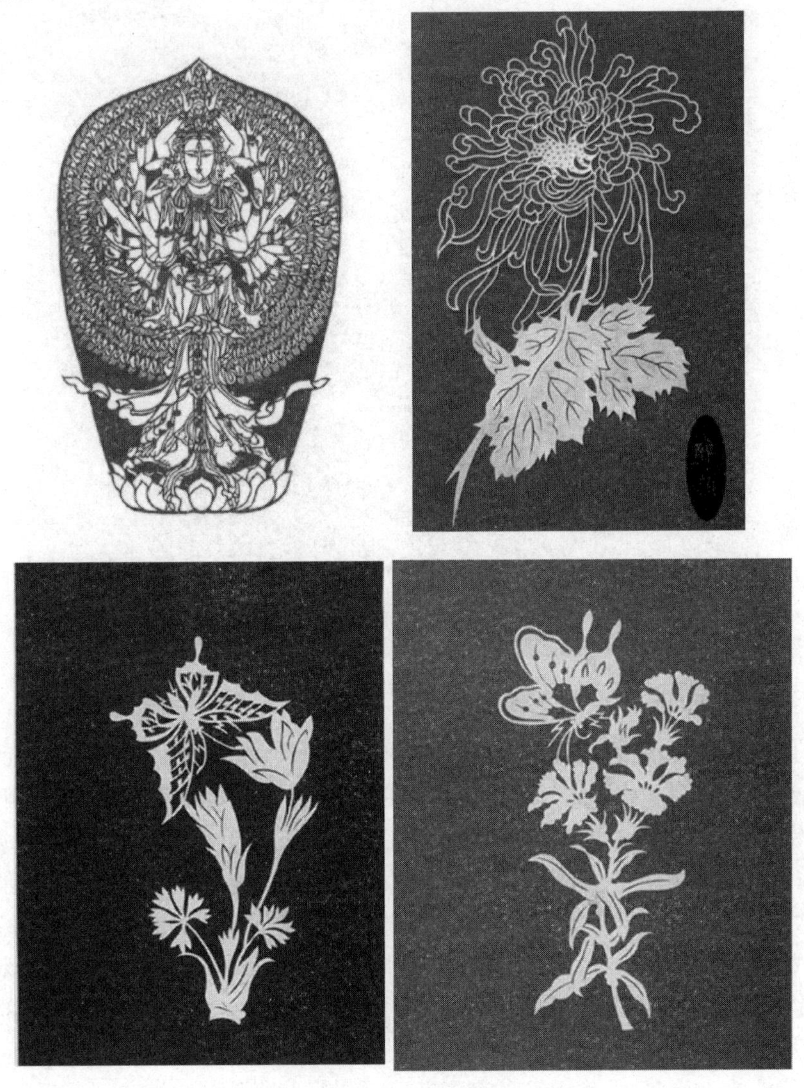

图 6-8　张永寿剪纸

扬州盆景亦称扬派盆景，是全国五大流派之一，相传扬州盆景艺术始于隋唐，盛于明清，盆景匠师代不乏人，流传到今天，成为我国树桩盆景的一个主要流派。

扬州盆景艺术在元、明时代,就采用“扎片”的造型艺术。清李斗著的《扬州画舫录》中,有好几处描述扬州盆景。扬州盆景风格影响到苏北,如南通、如皋、泰州、靖江等地,但在艺术处理上,略有不同,因而扬派有东、西两路之分。所谓“东路”是指东面的南通、如皋一带,又称“通派”。所谓“西路”是指西面的扬州、泰州一带,又称“扬派”。

扬州盆景分树桩盆景、山水盆景和水旱盆景等。特别是观叶类的松柏榆枫、瓜子黄杨等树桩盆景,可谓独树一帜,如图 6-9 盆景六月雪。扬派盆景受扬州明清时期画风的熏陶,并受古城造园、养花传统的影响,形成了自己独特的风格。它仿效名山大川,借鉴山水名画,方寸之间,意境阔大。造型严谨而富有变化,清秀而不失壮观。“一寸三弯,功在剪扎”。品种多达五、六十种,在国内外享有盛誉。

图 6-9　盆景六月雪

雕版印刷是中国古代“四大发明”之一。扬州的版刻业是全国唯一保存下来的运用雕版工艺印刷传统线装书籍的生产企业。扬州还收集了全国几乎所有的雕版版片,其中明清古籍版片 20 余万片。扬州的书籍刻印事业,早在我国印刷术发明不久的中唐时期就已经开始。1100 多年前,扬州以刻印元、白诗闻名于世。宋代扬州刻书业,在全国占有相当地位。沈括的不朽名著《梦溪笔谈》的最早刻本,就是扬州雕刻的。到了清代,扬州刻业空前繁盛。曹雪芹的祖父曹寅在扬州奉旨刻《全唐诗》,十分精美。《儒林外史》最早的刻本也是扬州刻出来的。清光绪时,江宁、苏州、扬州、杭州、武昌官书局合刻二十四史。扬州艺人在完成这部篇幅浩大的历史著作中做出了出色的贡献。太平军占领扬州后,曾在这儿刻印了大量的书籍、文件和三字经等通俗宣传读物。当时,调到天京的刻书艺人也以扬州人为最多。

此外,扬州刊刻的经书,在国内外也享有一定声誉。新中国成立后在扬州设立“广陵古籍刻印社”,整理和保存了大量古籍版片,同时又雕刻了大量的新版片。《楚辞集注》《西厢记》《杜诗言志》等的刊印,都引起了国内外学者的重视。

6.4　工商城市的诞生

西欧中世纪城市的兴起，虽然有多种途径，但主要还是工商业复兴的结果。其城市人口的构成，可以说各个阶层居民应有尽有，然而毕竟是以工商业者为主。据有关研究表明，“教会人数约占到城市人口总数的25%”，各类大小封建贵族人数也很少，城市人口的相当大部分应是手工业者和中小商人，他们在某些地方也许构成城市居民的主体。如果再加上大作坊主和富商，及其家属、雇仆等，那么从总体上来说，西欧中世纪城市人口的主体是私营工商业者。虽然当时西欧城市一般只有数万人乃至数千人，但重要的是，私营工商业是其城市的主导力量，是市民阶级的中坚。

而在古老的中国，宋代的城市，尤其是一些大中城市，依然是封建政权的堡垒，其市民中相当部分属于封建势力范畴。而工商业者的数量相对来说较少。以汴京为例，元丰年间，这些行户免纳免行钱的有八千六百五十四户，交纳免行钱的有六千四百多户，合计约有一万五千户，这大概是包括了汴京所有的工商业者。元丰年间汴京人户约有十四万户左右，而工商业者约占汴京总户数的十分之一。以当时的十四万户，加上不在户口统计数内的人口，那工商业者就不到汴京总人口的十分之一了，甚至尚不及汴京的驻军数目。以当时“京师如街市提瓶者，必投充茶行，负水担粥以至麻鞋头发之属，无敢不投行者”的情况看，史籍中有关的行户统计数不会有太大的误差。不过，以城镇工商业者而言，恐怕还得算上汴京官府手工作坊中的工匠。

京城中皇亲国戚、达官显贵的人户数不少，几乎随处有“天姬之馆、后戚之里、公卿大臣之府、王侯将相之第”。而一般文武官吏的人数尤其多，哲宗时宫廷侍从大小使臣就达一万五千余员，而中书省、台、寺、监及百司库务中的官吏更是超过官员人数的十倍，驻军也有十余万至二十万之众。再加上前朝的遗老遗少、大小地主和举人贡士、学校生员及其家属。其中有的达官显贵家庭人数惊人，加上仆役，常有百口之众。可以毫不夸张地说，这些人占据了京城人口的大部分。

汴京是北宋商品经济最为繁华的城市，其他大中城市的工商业者相对要少得多，而官营手工作坊的数量就更是无法与京城相比，当然其官员、贵族、军队的人数也相对减少。在一些小城市或草市镇中，工商业者的户数比例可能会高一些。然而从总体上把握，我们可以说，宋代城镇中工商业者的人户数比属于封建势力范畴的人户数所处劣势是明显的。加上君主专制、中央集权的强控制统治模式，工商业者在城镇中的力量愈加显得弱小。宋代的各种封建势力几乎全面地渗透到工商产业中，在许多方面都超过了私营工商业者的经济实力。汴京官营手工业比重很大，其各类官营手工作坊名目繁多，且规模宏大，如军器监下辖东西作坊、弓弩院、作坊物料库、皮胃场等，其中东西作坊就有兵匠7931人。少府监下辖文思院、绞锦院、染院、裁造院、文绣院等，其中绫锦院有兵匠1034人，织机40多张。将作监下辖东西八作司、修内司、竹木务、事材场、窑务等，其中事材场有兵匠1635人，窑务1200余人。另外内侍省领有后苑造作所、烧朱所等，直隶内廷的有造船务、内酒坊、法酒库等，而国子监、崇文院、秘书监、司天监都有自己的刻书作坊。还有广备攻城指挥所属的21作，及官营的水磨务、都曲院、御药院等，我们就以其中劳作的兵匠有四万余人来看，比起私营工商者一万五千余户之中的手工业人户数，无疑有数倍之多，占据了绝对优势。

就全国而言，官府几乎垄断了军工业和铸钱业，而在纺织业、建筑业、陶瓷业、印刷业、制盐业、酿酒业……中各类官营性质的作坊不计其数。宋代官营商业也几乎是全面开花，比比皆是。如卖石炭、熟药、升斗、器皿、日历、书籍，乃至经营邸店、堆垛场、抵当所、质库、出租房屋等，最重要的还是对茶、盐、酒、香、矾等的专卖。官府不但拥有专门的茶园、盐场及大量的酒坊、酒店直接运销各地，且对私营渠道全面控制，商人大多成为官府特种批发下的零售商而已。比如商人要到边境入中粮草或师榷货物入纳金帛，才能获得相应的专卖物资。宋代虽茶、盐、酒诸法屡变，但主要由封建国家控制的局面不变。王安石变法时期设立的市易务，更是官营商业畸形发展的产物。它不但很快成为开封府首屈一指的商业大家，且将其业务扩展到全国各地，几乎什么买卖都做，甚至包括水果、芝麻、梳朴、竹蔑之类。“以其财务资本之雄厚，组织规模庞大，业务范围之广泛，真可谓是官营商业的封建‘托拉斯’。”宋代皇亲宗室、文武官吏、地主土豪兼营工商业的现象也是十分普遍，如在汴京、临安大街上开设的以“防御”“将领”“官人”“殿垂”“太丛”等文武官称命名的店铺就很多，“其店主人必定具有这些官衔，一般平民是不敢在京城冒牌的。”京城如此，全国各地就不用赘述了。地主土豪的例子更不胜枚举，甚至各地寺院中的僧人、尼姑都兼营工商业。另外，官府虽拥有如此众多的工商业部门，但由于其腐败低效的管理活动，都经营得相当糟糕。由此，宋代又出现一种“买扑”经营方式，就是官府将作坊、店铺，乃至市场、税区租赁承包给民间工商业者经营。这一情况十分普遍，包括大量的酒坊、津渡、盐场、坑冶……这样，宋代又存在着许多官府工商业部门的承包户，这些工商业者也不是纯粹的私营业户，而总和封建官府有着千丝万缕的联系。

根据以上分析，我们看到宋代工商业的构成复杂。本来私营工商业者就不多，而封建因素如此大量渗透，使得工商业者中的许多人又兼有各种封建势力。宋代工商业者兼并竞争，贫富悬殊，内部已矛盾重重，再加上成分驳杂，观念迥异，就更不可能产生内部统一的利害关系，以对抗封建势力的束缚。虽然基层工商业者与封建势力矛盾也很尖锐，但由于其力量的薄弱，根本构不成对封建势力的威胁。这样，宋代城镇工商业一般不成为封建势力的对立物，而是两者在矛盾中逐步融合。

6.5 西方城市面貌

早在地球上尚未存在“法兰西”这个国家，也未曾有今天我们称为“法兰西人”的两千多年前，便有了古代巴黎。不过，那时的巴黎还只是塞纳河中间西岱岛上的一个小渔村，岛上的主人是古代高卢部族的“巴黎西人”。公元前 1 世纪，罗马人开始在此定居并逐渐将其发展成为一座城市，名为“吕岱兹”(法语“沼泽”的意思)，这个时候就已经建成了著名的圣·雅克大道和圣·米歇尔大道。公元 4 世纪时，为纪念此地最早的主人，将该城命名为“巴黎”。从公元前 51 年罗马人入侵吕戴斯到公元 5 世纪法兰克人占领该地，吕戴斯一直是罗马帝国高卢行省的属地，人们称这一时期为“高卢—罗马”时期，此一时期的巴黎城市建设和建筑风格无一不打上罗马建筑艺术风格的烙印。但是这一时期的建筑遗址并没有被保存下来。历史学家一般把公元 476 年到 14、15 世纪这一时期称为“中世纪”。这个时期的欧洲社会处于全面萧条状态。当时的巴黎，街道狭窄曲折，沿街市民房屋多为木结构。由于基督教对人民精神上的黑暗统治，除了教堂，居住区完全处于无规划杂乱无章的状态，零零散散的商铺和作坊散布其中。直到 10 世纪，工商业开始复苏，城市发展开始有所转机。

路易七世统治时期，国王和城市相互利用携手，城市经济发展迅速。到了奥古斯都统治时期(1180—1225),修建了卢佛尔堡垒和巴黎圣母院的主要工程。告别了传统的中世纪,法国在经历了百年英法战争和宗教战争之后迎来了绝对君权的统治时期。15 世纪前后,文艺复兴,资产阶级萌芽,基督教的地位被强烈动摇。16 世纪的法国统治者致力于国家统一,到 17 世纪中叶成为欧洲最强大的中央集权王国。这一时期,城市建设极度昌盛。城市建筑风格主要是为君主服务的“古典主义”。在建筑外形上显得端庄雄伟,但内部则极尽奢华,空间效果和装饰上带有强烈的巴洛克特征,到 18 世纪则演化成洛可可风格。在城市规划思想领域,“古典主义+巴洛克”的设计思想对后来的 Haussmann 改建产生了重要影响。17 世纪初亨利四世在位,为促进工商业的发展,做了一些道路、桥梁、供水等城市建设工程,把巴黎昔日许多破烂的房屋改成整齐一色的砖石连排建筑。这些改建工作多在广场或大街旁,形成完整的广场和街道景观。路易十四时期,在巴黎继续改造卢浮宫和建设一批古典主义大型建筑物,这些都与主要干道、桥梁等联系起来,成为一个区的艺术标志。贵族离开庄园在巴黎营造城市府邸,促进了巴黎的城市改造。绝对君权最伟大的纪念碑是对着卢浮宫建立的一个大而深远的视线中轴,延长丢勒里花园轴线,向西延伸,于 1724 年其轴线到达星形广场。这条轴线后来成为巴黎的中枢主轴,于 18 世纪中叶至下叶完成了巴黎最壮观的林荫道——爱丽舍田园大道。巴黎出现了分布在一条轴线上的广场系列的规划。纪念性的公共广场有很大发展,并且开始把绿化布置、喷泉雕塑、建筑小品和周围建筑组成一个协调的整体,注重处理好广场大小和周围建筑高度的比例,广场周围的环境以及广场与广场之间的关系。这个时期最有代表性的广场是旺道姆广场和协和广场。这一时期建设基本完成了对市政、道路建设和建筑群、街道的改建,初步形成城市必需的基础设施和城市景观,伴随社会、经济的发展,基本奠定了大都市的雏形。

确立了城市中枢轴线,为城市的面貌和发展起到引导和示范作用。广场系列建设虽然一定程度上反映秩序、组织、永恒的王权至上的要求,但其轴线变换、相互关系、尺度等系列处理手法极大地丰富和促进了城市设计的发展,为之后的城市设计做出了样板。另外,凡尔赛宫及园林的建设,冲破了意大利的约束形式,形成了法兰西独特的简洁豪放的风格。园周不设围墙,园内绿化与田野连成一片,是巴洛克式造园取得无限感的手法。凡尔赛宫的总布局对欧洲的城市规划有很大的影响,它的三条笔直的放射大道和对称而严谨的大花园为其后一些城市的规划所借鉴。

6.5.1 城市建筑文化的根源——“绝对君权”的突现

15 世纪文艺复兴运动抨击了神权,也使得法国被压抑的君主王权得以释放并不断膨胀。而这个时候,资本主义的增长也迫切需要一个和平的国内环境和统一的市场,这种需求此时与君主扩大王权、统一国家的愿望是一致的。就是在这样一个背景下,16 世纪波旁王朝登上了法国的政治舞台,并且使得绝对君权逐渐加强,17 世纪法国的路易十四建立了古罗马帝国以后欧洲最强大的君权,并骄傲地宣称“朕即国家”。在内政方面,国务会议、政务会议、王室财政会议和枢密会议是政府运作的咨询机构,国王享有最终的裁夺权。大法官在过去是国王的法律专家、政府中的领导人物,甚至代理国王担任各会议主席,同时,还可以主导国王的财政规划。但随着君权的逐渐加强,大法官的政治重要性逐渐降低,这使得财政大臣的职务被赋予了新的意义。在路易十四统治时期,法庭是审理案件的管理部门,国王却有权推翻法官的判决,同时,有权批准人民向王室会议提出上诉,但是,国家没有真正可以约束王权的制度。

在这个时期,法国的资本主义商业因素得到了很大的发展。商业场所的设置日益增多,并且出现了新型的商业形式——百货商店。同时，法国的对外贸易十分频繁，带动了法国国内经济的发展，使得有强大的经济作后盾来进行城市的建设。因此，城市的建设活动相当活跃，并集中体现在巴黎的城市建设上 。这是一个伟大的时代，一切的存在，其首要任务就是荣耀君主；一切的建筑乃至城市建设都必须为君主政权服务。君主们需要通过城市和城市中无所不在的建筑，来表达他们日益强大的权力和日益富足的经济实力。当时的权臣高尔拜就曾对路易十四说过："正如陛下所知，除赫赫武功而外，唯建筑物最足以表现君王之伟大与浩气。"这种君权的绝对集中在法国的历史上是从未有过的，而城市建设也从未在统一的管理下进行过 。因而，这一时期与前面十几个世纪相比，城市建设不仅十分昌盛而且相对系统，法国的城市结构也正是在这个时代初现端倪。与中国几千年积淀下来的大一统不同，法国的绝对王权是在一个特殊时间段上突现出来的，因此体现在城市建设上，法国不但大兴土木，而且与中国注重伦理的内在表达形式相异，法国更加注重大尺度的外在形式表达，借此来表现王权、财富和超越自然的想法，表征了中央集权与绝对君权的神圣伟大。进而，许多的巅峰之作在这个时代产生了。最为代表的要数凡尔赛景观体系的建设，它是法国 17 世纪最壮观、最经典的纪念碑式的景观体系。它将路易十四时期法国古典主义的巅峰之作——凡尔赛宫(见图 6－10)，从巴黎西南 23 公里延伸到城市的古典主义系统。通过凡尔赛宫前面三条放射性大路，让人们产生凡尔赛宫是巴黎中心的错觉。而路两旁巨大的水渠，几何形的树木，列树装饰，地毯式花园等，无不让人在惊叹这宏伟的秩序、错综的空间体系之余而感叹君王所带来的无限荣光。巴黎城内的建设也颇为丰富，比如巴黎的轴线建设。轴线由卢浮宫统领，从视觉的角度把君主的王宫——卢浮宫和伟大的城市秩序不可分离地联系在一起，对着卢浮宫筑起一条巨大壮观而具有强烈视线进深的轴线，轴线的组成多为公园、花园等大尺度景观。此轴线后来一直成为城市的主轴，借此来表现王权崇高的地位。

图 6－10　凡尔赛宫

6.5.2　城市形式——理性有序

影响巴黎城市建设的哲学文化基础相比于北京来说来得晚一些，在 15 世纪末才产生了对其意义非凡的"唯理论"，代表人物是笛卡尔。笛卡尔认为客观世界是可以认识的，强调理性在认识世界中的作用。他认为几何学和数学就是无所不包的、一成不变的、适用于一切知识领域的理性方法。笛卡尔认为，应当制定一些牢靠的、系统的、能够严格确定的艺术规则和标准。它们是理性的，完全不依赖于经验、感觉、习惯和口味，重要的是，结构要像数学一样清晰和明确，要合乎逻辑，要定量化，总之一切都要追求理性、有序、统一。在这种唯理主义主导下的巴黎城还十分注重气势与视觉上的冲击力，并不要求与天地之间追求和谐，反而提倡战胜自然，改造自然。因此在城市建设中强调轴线和主从关系，追求抽象的对称与协调，寻求构图纯粹的几何结构和数学关系，突出地表现了人工的规整美。欧洲的传教士曾将中国与西欧的城市、园林风格进行了对比，并得出一个简练而精辟的结论："中国的城市是方方正正的，而园林是弯弯曲曲的；西方的城市是弯弯曲曲的，园林却是方方正正的。"这无疑反映出两个城市的文化理念的差异。由于巴黎"理性有序"的城市建设理念是在城市基本形成之后才产生，所以它并没有在巴黎的整体规划上发挥作用，此时的城市布局更多体现出的是由生活所引发出的实用性。因此我们将对巴黎的城市建筑与城市园林两个方面的例子加以解读。

1. **城市建筑**

与北京注重伦理功能的空间布局不同，巴黎更加注重立面形式外在表达。法国的建筑大体可分为民居类与标志类两个方向，由于法国的建筑设计师均为王室或贵族服务，因此民居类建筑除立面装饰外并不能体现出这一时期的设计理念。巴黎在这一时期充斥着理性有序的建设思想，产生的标志建筑在平面构图与立面造型上都突出轴线、强调对称、注重比例、讲究主从关系。如卢浮宫东立面、波旁宫正立面(见图 6 - 11)、马德莲教堂正立面(见图 6 - 12)和先贤祠正立面(见图 6 - 13)，都成中心对称布局，都由统一的柱式统领，并且顶部都有尺度适宜的山花装饰，因此在造型与比例上体现出异曲同工之妙，将理性有序的特点展露无疑，并且实现了整体上的统一。

图 6 - 11　波旁宫正立面

图 6 - 12　马德莲教堂立面

图 6 - 13　先贤祠立面

除此之外巴黎建筑的屋顶造型、屋顶色彩、墙面色彩等方面也能体现出理性有序的特征：

(1)屋顶造型与屋顶色彩。巴黎的屋顶造型，除巴黎圣母院、圣心教堂、马德莲教堂等屋顶形式特殊的建筑外，不论是皇室建筑还是普通民居建筑都统一塑造成了蒙撒顶的造型。这种屋顶因建筑师蒙撒得名，屋面第一坡面较陡，第二坡面较缓接近平顶，第三坡度才是平顶，坡面成角都进行了定量的规定，并且正面屋顶均设有老虎窗。除此之外，巴黎建筑屋顶的整体色彩还被赋予了灰色。进而，巴黎屋顶不仅展示出了理性的设计感而且具有统一有序的视觉效果。

(2)墙面色彩。巴黎的墙面色彩整体成米黄色，也被人说成是奶酪色。色彩的理性有序在于对它的选择充分考虑到了巴黎的气候条件和雕塑般的建筑特色，以及有意识地将色彩统一。这种处理手法是对巴黎建筑形体理性有序的一种补充与加强。

2. **城市园林**

在倡导人工美，提倡理性主义思想的造园理念影响下，巴黎的造园布局也开始注重几何构图和中轴对称等方面，充分体现了理性有序的思想理念。巴黎市中心的丢勒里花园就是这一理念的典型作品之一。丢勒里花园成中轴对称布局(见图 6－14)，并沿中轴分为三部分：第一部分是位于丢勒里宫之前的“大方块”(Grand Carré)，这一部分主要是由三个圆形水池和围绕其布置的方形花坛构成，它们成中轴对称布局，比较开敞。第二部分是中央宽阔的林荫路和两旁成方形并对称分布的丛林园。第三部分是穿过轴线的六边形水池和围绕着它的一对弧形的缓坡道。花园的南北两侧，是抬高的两个长条形的平台，种满了大树，给人搭建了一个高视角的欣赏平台。丢勒里花园的所有组成单元均是几何图形，并且依中轴对称分布；花草树木造型规整，对自然成修剪之势，使丢勒里花园整体看上去组织有序，充满理性的气息。丢勒里花园这种理性有序的布局是对园林艺术的精彩表达。

图 6－14　丢勒里花园

➢6.5.3　城市边界

与北京不同,巴黎最初是一座没有城墙的城市,它是通过经济的发展,令居民聚集区逐渐扩大而形成。这种形成方式也奠定了它日后不断扩张的趋势。由于没有北京城墙那种礼制的束缚,巴黎总是忍不住在城墙之外继续城市建设,城墙对于他们来说并非不可逾越的界限。巴黎的城墙因为战争而被建起,又因为城市的发展而被推倒。因此,巴黎城一直处于修建城墙—城市扩大—再修建城墙—城市继续扩大,循环往复、自由扩张的过程当中。因此巴黎城墙的形状似乎从来没有规整过,一直处于随势而就的多边形状态。

巴黎第一次真正意义的城墙大规模建设时期应为历史上的菲利普·奥古斯特国王执政时期(1165—1223)。而在此之前,它更多依靠的是优越的地理条件——塞纳河所带来的天然屏障。沿城墙共筑有 71 座碉楼、12 个防御城门和 1 座防御堡垒,加之城墙外塞纳河畔的卢浮宫,共同组成城市防御体系。整座城池占地 272 公顷,人口数十万(仅来巴黎求学的学生就有 10 万余人)。得益于城市经济的繁荣,新的城市发展很快便突破奥古斯特时期城墙的禁锢,沿交通干道延伸。为了应对来自英国的威胁,国王查尔斯五世(1338—1380)于 1356 年下令新一轮的城墙建设。新城墙与卢浮宫联系为一体,长 4875m,城墙内土地面积约 430 公顷,人口增长到了 27.5 万。然而,新的城市发展很快又出现在城墙以外,在维持城市生活的郊区,人口迅速增长。16 世纪,查尔斯五世城墙在战争中部分坍塌,一些人获准在此建造住宅,此后城墙原址及其周围的城市建设日趋密集。1634 年国王路易十三(1601—1646)下令修筑被称为“黄色战壕”的新城墙。新城墙的建设历时一个世纪,但其发挥作用的时间却只有短短 35 年;此后,城市又在城墙外继续发展起来。

鉴于查尔斯五世城墙已丧失其应有功能,国王路易十四下令在 1670—1676 年期间将其拆除,在原址上建起了新的“林荫大道”,沿路密植树木,使这里成为巴黎人最喜欢的散步场所之一。巴黎再度成为一座开敞的城市,但人们仍习惯地将“新林荫大道”继续称为“城墙”。为了增加巴黎的税收和控制不断增长的人口(因为限定城市边界就意味着规定了向首都运送食品的赋税条件以及城市居民的权限),路易十四和路易十五都曾试图划定新的城市边界,均未能得到普遍认同。1780 年,巴黎人口达到 55 万～60 万。最终在 1784 和 1785 年先后获得市政当局和国王路易十六的批准,修建了长 24km 的保税人的城墙,也为 18 世纪以前巴黎的城墙修建史画上了一个休止符。从上文对巴黎城墙的修建过程的描述,我们不难看出巴黎城墙有以下几个方面的功能特点:

1. 行政范围的划分

和北京基于礼制的多重城墙相套的结构不同,巴黎的城墙只建立了一层,目的除了防御以外,更重要的是确定巴黎的边界在哪里,因此它的形式也和北京城墙大不相同,并不是方方正正的,是很随性的多边形。而作为皇帝的住所凡尔赛宫,以及卢浮宫并未像北京的紫禁城那样再设一重城墙,而是完全向城市内部敞开。这可能由于巴黎是自下而上的城市,因此少了一份北京那种森严礼制的限制,而多了一份开朗外向的性格。

2. 逐步向外扩张

首先,城墙并未被国王打上任何有关伦理或者法令的烙印,所以巴黎的城墙在巴黎人的眼里并非是不可逾越的。其次,巴黎从最开始就是基于经济发展而聚居起来的城市,所以城市范围的扩大是一种不可阻挡的趋势。因此,巴黎的城墙总是在战争中被建立起来,又在城市发展过程中被推倒,循环往复,城市的边界——城墙,也就在这种趋势中不断扩大开来。这就是巴黎的单城式围合模式,与北京礼制象征相比它更多是基于功能的一种表达。如果说北京像是一个层层相套的礼制之盒,那么巴黎就是一个不断生长的生命细胞。它的范围往往是基于城市建设的一种需要。

第7章 建筑美学与环境艺术

建筑是人用建筑材料从自然空间中围隔出来的一种人造空间。在物质文明极大丰富，科学技术迅速发展的今天，人们对建筑本身的要求越来越多。现代人似乎更注重建筑的精神性，更迫切地需求一种“短篱寻丈间，寄我无穷境”的精神性物质载体。当前，人们对生存环境质量的期望值越来越高，建筑与环境的关系成为当下建筑界讨论的焦点。

现代建筑最大的问题就是不够重视与环境之间的关系。文脉主义运动就是在这个大背景下产生的。文脉(context)，最早源于语言学的定义，它的意义是用来表达我们所说、所写的语言的内在联系，更确切地说，是指局部与整体之间的内在联系。局部与整体的观念并非始自今日，而是自古有之。古人曾把这种整体环境理解为多个单体建筑的相互关照，从而形成群体建筑。在被称为世界第三极的青藏高原上泽当雍布拉康宫殿(见图 7－1)，它要求建筑要和周边环境产生联系，人们可以非常真切地感到建筑与环境完美融合这一建筑壮举的历史足迹。

图 7－1　泽当雍布拉康宫殿

这些观念国外也是同样拥有的。早在 2000 多年前，亚里士多德就曾提出：“整体大于它的各部分的总和。”达·芬奇也曾指出：“并不是任何时候美的东西都是好的。”残缺、丑陋也是一种美，这句话完全可以放在建筑环境美的角度来理解。单体建筑要根据环境担任角色，做“主角”就不应“自谦”、“自让”乃至甘于“隐没”，做“配角”也不可“反宾为主”。有时一幢建筑单独来看并不完善，甚至平淡无奇，但由于建筑群的相互作用，反而会使其在总体环境中显得协调得体。优秀的建筑作品，既不应该是威风凛凛的招牌，也不应该是可有可无的摆设，而应该与建筑一起生长，在与环境的强烈对比中去求得整体美(见图 7－2、图 7－3)。建筑环境艺术的主旨就是不但要创造和谐统一，而且要创造丰富多彩。

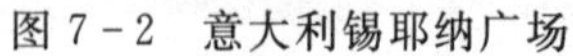

图 7-2　意大利锡耶纳广场

图 7-3　意大利锡耶纳广场赛马节

"环境协调"是近年来建筑界的一种新主张,它实质上就是讲建筑与建筑之间的协调关系。这种"协调"应包括两层含义,既有空间意义上的协调,又有时间意义上的协调,二者应是一个完整统一的"时空坐标系统"。当代建筑的一个基本观点是把环境空间看成建筑的"主角",而人又是环境空间的"主角"。建筑是具有使用功能的,其精神因素应寄托在实体之中,如果让建筑艺术的表现更多地向前大跨步,到了一定程度,就会如黑格尔所警告的那样:建筑就已经越出了它自己的范围而接近比它更高一层的艺术,即雕刻。

所以说建筑需要表现,但这种表现并不能脱离建筑美的本义,我们应该将这种表现更多地投向整体环境。当今社会网络已经把世界紧紧地连成了一体,失落与回归成为一个无可回避的话题。高品质的生活方式与理想的生活状态成为人们追求的终极目标。而对于这个终极目标的渴求应该来源于能够给人以精神安慰和精神享受的外在环境。时代给建筑师出了难题,要让建筑更多地融入我们生存的大环境。

7.1 "环境艺术"概念

环境艺术乃是绿色的艺术与科学,是创造和谐与持久的艺术与科学。城市规划、城市设计、建筑设计、室内设计、城雕、壁画、建筑小品等都属于环境艺术范畴。它与人们的生活、生产、工作、休闲的关系十分密切。

7.1.1 环境艺术

环境艺术(environmental art)又被称为环境设计(environmental design),是一个尚在发展中的学科,目前还没有形成完整的理论体系。关于它的学科对象研究和设计的理论范畴以及工作范围,包括定义的界定都没有比较统一的认识和说法。著名环境艺术理论家多伯说:"环境艺术作为一种艺术,它比建筑艺术更巨大,比规划更广泛,比工程更富有感情。这是一种重实效的艺术,早已被传统所瞩目的艺术。环境艺术的实践与人影响其周围环境功能的能力,赋予环境视觉次序的能力,以及提高人类居住环境质量和装饰水平的能力是紧密地联系在一起的。"

1. 环境艺术的定义

多伯的环境艺术定义是迄今为止比较权威、比较全面、比较准确的定义。该定义指出,环境艺术范围广泛、历史悠久,不仅具有一般视觉艺术特征,还具有科学、技术、工程特征。环境艺术的定义概括为:环境艺术是人与周围的人类居住环境相互作用的艺术。环境艺术是实用的艺术、感受的艺术、整体的艺术、时限的艺术。

环境艺术将室外、室内空间的诸多因素如城市、公园、广场、街道、公共娱乐与休闲设施有机地组成一个多层次的整体。环境文脉不单是地段条件的简单反映,更多的是指体量间含蓄的联系,道路格局的统一,开敞空间的呼应,与现有建筑的对话,材料、色彩和细部的和谐,以及天际轮廓线的协调与变化(见图 7-4)。这种整体的美既有千百种不同的各具表现力的物象形态,而又有内在的有机秩序和综合醇美的整体精神。同时,整体艺术也包含了关系艺术与系统艺术的含义。

图 7-4 哥伦布艺术设计学院校园

环境艺术是多学科交叉的系统艺术。城市与建筑艺术、绘画、雕刻、工艺美术以及园林之间的相互渗透促使“环境艺术”的形成和发展(见图 7-5)。环境艺术在这一范畴内,这些学科知识不是简单的机械综合,而是构成一种互补和有机结合的系统关系。环境艺术中的各种具体形态构成的整个系统可以分为框架系统与填充系统。

图 7-5 苏格兰雕塑家 Rob Mulholland 的反射镜像环境艺术雕塑

环境艺术是文化的一种尝试,是在环境中的高层次的文化艺术追求。它是在相当广的范围内，积极调动和综合发挥各种艺术和技术手段，使人们生活所处的时空环境不仅满足人们物质和心理需要，而且具有一定艺术气氛或艺术意境的整体艺术，是回归人们生活环境的综合艺术。

2. 环境艺术的基本形态要素

环境艺术的基本形态要素是形(点线面体)、色、光、质感与肌理、嗅、声音。

色彩是环境形态的要素之一，它在人的感官与心理上能产生一定的效果与反应。对于环境形态来说，它不能独立存在，而往往依附于形或光而出现，尤其与形的关系密切。与形相比，色彩在感情的表达方面占有优势。环境中的色彩问题可以说是色彩学在环境艺术设计中的应用分支，人对色彩的感觉取决于色彩三要素，即色相、明度(色值)、纯度(饱和度)。它含有物理、生理、心理三方面的具体内容。

环境色彩设计较为复杂，自由度相对受到限制，设计者不仅要遵循一般的色彩对比与协调的原则，还要综合考虑具体位置、面积、环境要求、功能目的、地方色彩、民族特点、传统风俗、服务对象的具体意愿等因素，并尽可能利用材料本身的色彩、质感和光影效果，丰富和加强色彩表现力，更好地传达色彩信息与意义。色彩具有时空性，具有较强的流行性，时代不同、地域不同，色彩运用有较大的差异，老北京城的金黄色与黑灰色的组合与新城是迥然不同的；瑞士绿从中点缀的红蓝屋顶与红白的各种灰色高层建筑也相去甚远。

光作为照明在环境中大致分为自然光和人工光两类。自然光主要是指太阳光源直接照射或经过反射、漫射、折射而得到的。人工光的最重要的形式是灯光照明。环境中照明的方式有泛光照明、灯具照明、透射照明。光在设计中要考虑的因素包括：①空间环境因素，包括空间的位置，空间各构成要素的形状、质感、色彩、位置关系等。②物理因素，包括光的波长和颜色，受照空间的形状和大小，空间表面的反射系数，平均照度。③生理因素，包括视觉的工作，视觉内效，视觉疲劳，眩光等。④心理因素，包括照明的方向性，明与暗，静与动，视觉感受，照明构图与色彩效果等。⑤经济和社会因素，照明费用与节能，区域的安全要求等。

7.1.2 环境艺术设计的概念

环境艺术设计是一门新兴学科，是随着经济、文化和社会的发展以及我们自身生存环境日益迫切的需要而产生的，对各种自然、人工环境加以组织、改造、利用，使之更加符合人类的行为和心理需要并具有更高审美价值的一门新学科。

环境艺术设计是指设计者在某一环境场所兴建之前，根据人们在物质功能(实用功能)、精神功能、审美功能三个层次上的要求，运用各种艺术手段和技术手段对建造计划、施工过程和使用过程中所存在的或可能发生的问题，做好全盘考虑，拟定好解决这些问题的办法、文案，并用图纸、模型、文件等形式表达出来的创作过程。

1. 环境艺术设计的本质

环境艺术设计的本质是生活方式的设计，是艺术与科学的统一。一切艺术，都是为美化人类的生活服务。实用功能是环境艺术的主要目的，也是衡量环境优劣的主要指标。环境艺术不仅要求设计一个实用的环境，还要设计一件艺术品。这与美学息息相关，其艺术性涵盖形态美、材质美、构造美和意境美。环境艺术非常明显地受到诸多艺术学科的影响，尤其是现代建筑、绘画、音乐、戏剧的影响。环境艺术的发展，经过了手工技艺、机械技艺和计算机技艺三个阶段，如图 7-6 所示。

图 7-6 名古屋城市艺术博物馆(黑川纪章)

环境艺术设计是人类的一种行为,是感性与理性的统一。感性主要是指从“创造性”这一点出发来探索艺术设计,现代科学研究表明,人的创造活动离不开想象和思维。环境艺术的理性体现在设计过程中建立适当框架,对资料与元素进行全面分析、理解、最终综合、归纳,使环境艺术作品体现出秩序化、合理化的特征。环境艺术应具备理性容量和感性容量,是理性和感性的统一,是建立在其艺术和科学的双重性的认识基础上的。

环境艺术设计中的随意性、意外机遇是建立在理性“积累”之上的。理性积累包括积累了坚实的生活经验、积累了典型的设计图式、积累了丰富的解难经验。人们在对某一具体设计作品进行审美感知和审美评价的过程也是感性与理性的统一。

环境艺术设计成果是人为文化产物,是物质与精神的统一。不同的民族、时代、经济模式、社会机制等会产生不同的艺术设计。理想的人为事物并不是破坏自然、榨取自然,而是利用自然,使人与自然和谐相处,使其更好地为人生存和发展服务。

作为人为事物的环境艺术具有物质和精神的双重本质。环境艺术的物质性能体现出一个民族、一个时代的生活方式以及科技水准。精神性能反映出一个民族、一个时代的历史文脉、审美心理和审美风尚等。

2.环境艺术设计的程序

环境艺术设计主要经历六个步骤:设计筹备,概要设计,设计发展,施工图与细部祥图设计,施工建造与施工监理,用户评价及维护管理。而前三个阶段是艺术设计思维发展的重要阶段。

(1)设计筹备:与业主接触、资料搜索(相关的政策法规、经济技术条件、基地状况)、基地分析(自然条件、环境条件、人文条件、设计构想 (步骤)理想机能图解—基地关系机能图解—动线系统规划图—造型组合图)。

(2)概要设计:设计筹备阶段之后,设计者正式进入设计创作过程,概要设计的任务是解决那些全局性的问题,概要设计的初步设计方案包括概括性平面、立面、剖面、总平面图和透视图、简单模型,并作文字说明。概要设计成果经过设计者反复改进,一般要征得业主的意见与相关部门的认可。

(3)设计发展:要做的事,主要是弥补、解决概要设计中遗漏的、没有考虑周全的问题,将各种表现方式细化,提出一套更完美、详尽分理的方案,并进行必要的设计调整。

7.2 佛塔

➢7.2.1 世界上最大的佛塔——婆罗浮屠

婆罗浮屠位于东南亚的印度尼西亚(见图7-7),大约于公元750年至850年间,由当时统治爪哇岛的夏连特拉王朝统治者兴建。“婆罗浮屠”这个名字的意思很可能来自梵语“Vihara Buddha Ur”,意思就是“山顶的佛寺”。后来因为火山爆发,使这佛塔群下沉,并隐盖于茂密的热带丛林中近千年,直到19世纪初才被清理出来。它与中国的长城、印度的泰姬陵、柬埔寨的吴哥窟并称为古代东方四大奇迹。

图7-7 婆罗浮屠

1.建筑背景

婆罗浮屠的名字是和神秘的夏连特拉王朝联系在一起的。夏连特拉王朝在公元750年到公元860年统治着爪哇中部。而印度尼西亚的建筑史最早也只能追溯到此,因为在此之前的木结构建筑由于当地的热带气候早已消亡了。关于夏连特拉王朝和当时的人民,人们了解甚少。他们大概是从爪哇的农业和以村落为基础的文化中兴起,而且当时已经继承了从印度传播而来的印度教和佛教。不管他们的起源如何,他们的势力在当时一定相当强大,因为夏连特拉王朝控制着爪哇的中部,并将信奉印度教的赞耶王朝驱逐到爪哇岛以东地区,而且最终取代了吴哥“山岳之帝”的位置。

夏连特拉王国在今天的印度尼西亚中部兴建了许多佛塔,其中最有名的就要数都城日惹近郊的这座“婆罗浮屠”了。在婆罗浮屠建成一个世纪以后,佛教王朝夏连特拉的势力开始衰弱。而被驱逐到爪哇东部的赞耶王朝仍然保持着强大的势力。根据铭文和传说记载,公元850年前后,雄心勃勃的夏连特拉王子巴拉普特拉想成为爪哇的最高统治者,他和赞耶国王展开了旷日持久的消耗战。最终夏连特拉王朝战败并逃往邻近的苏门答腊岛,赞耶王朝统治了爪哇。从此,岛上再也没有兴建其他的佛教建筑。

2.建筑详解

婆罗浮屠是一座由大约200万块火山岩石块砌成的高大的寺庙建筑。整个佛塔是实心的，没有梁柱和门窗。经过历年的风吹雨打，雷轰电击，地基已大幅下沉，从底层至塔尖的高度，由原来的42m，已下降到35.29m。整个建筑动用了几十万名石材切割工、搬运工以及木工，费时70多年才建成。

在婆罗浮屠基座之上，为正方形塔层，边长大约112m，每边没有严格保持直线形，边缘都向外突出，打破了生硬的5层方形直角状基座。这样也许是试图用建筑风格来打破香客绕行时所产生的单调感觉。塔层高4m，由下而上逐层缩小，在边缘的地方形成过道。第一层方形塔层离地面边缘约7m，其余每层平台依次收缩2m。每边中央有石级直通方形塔身顶上，方形塔层之上又有3层圆形基座，层层收缩，直径分别为51m、38m和26m。每个圆形塔层都有一圈钟形舍利塔环绕，共计72座。圆形基座中心矗立着主要的大佛塔，高约7m，直径10m左右，里面“坐”着一尊佛像，3层圆形基座上各有一圈空心的小佛塔，共72座，壁上有方孔，可以看到里面有和真人大小相近的趺坐佛像，按东、西、南、北、中几个方位做“指地”“禅定”“施予”“无畏”等5种手势。因为是镂空的，这72座小佛塔被称为“爪哇佛篓”(见图7-8)。

图7-8 爪哇佛篓

在五层方形的塔层侧壁上，沿着过道，筑有432个佛龛。每个龛内都有一尊佛像，坐于莲花座上。在塔层的侧壁和栏杆处，还有2500幅浮雕，其中1400多幅是关于“佛”本身故事的，另外1000多幅一部分是关于现实生活的各种场景，如捕鱼、种田、打猎、嬉戏等，还有一部分则是些山川风光、花鸟虫鱼、禽走兽、瓜果蔬菜等。

浮雕(见图7-9)总体来说宣扬的是因果循环、善恶报应的思想。雕刻风格受印度笈多王朝佛教雕刻的影响。如果把浮雕里的画首尾连接起来，其总长可能达到1.6km。在它们被永久地埋藏以前，有些雕刻工作才刚刚完成，有一块浮雕上面还刻着工匠的铭文，人们甚至可以看到建造者书写时的潦草和漫不经心。

几个世纪以来，到这里参观的信徒络绎不绝。登临这座建筑，按顺时针的方向沿台基而上，达到顶部需要走5km的路程。

首先到达的是塔底，它的四周有一堵巨大的防护墙，也许是在建造佛塔时用来支撑佛塔的。防护墙掩盖了真正的基石，上面饰有160幅浮雕。第一层平台开始有走廊。走廊必须按顺时针上行，这是为了尊重宗教仪式上的绕行方式。走廊的墙上有1300幅浅浮雕，全长

图 7-9　浮雕

2500m,描述的是色界。在这一阶段,人虽已摒弃了各种欲望,但仍然有名有形。

当走完五层代表色界的方形塔之后,一直被栏杆阻挡的视野在这里突然开阔了,人们便进入无色界。此时有一种超凡脱俗、四大皆空的感觉。从大地到天空,从有形到无形,这种过渡自然而平和。

到达顶部时,突然让人感受到了佛光,光芒四射。人们在经历了佛的一个又一个理论,从"欲望天"一直到达"有形天"时,仿佛从平常的世俗社会上升到涅槃的境界,使灵魂得以升华。

婆罗浮屠声名远扬,不仅因为它的规模宏大,而且含义相当复杂。寺庙的每一层四周都有一条通道,由大约 1460 块经过雕刻的石板建成,还有 400 多尊宣讲佛教教义的佛像。寺庙的顶部有一座宝塔,代表最后进入涅槃境界。对于佛教信徒而言,婆罗浮屠是佛和人类互相联系的建筑。

佛塔主要由这个塔底和建在塔底上的五层方台组成。上部结构由三个圆台组成,其中塔底代表欲界,方台代表色界,三个圆台和圆顶塔代表无色界。这一分层式的建筑形式本身就象征着通过修行直至终成正果的全过程。事实上,婆罗浮屠显示着一条通往智慧的道路,它代表着佛教的宇宙观念。还有一种说法是,塔底加上五层方台、三层圆台共十层。人们相信,这个数字代表着积德行善最后修成正果的十个阶段。

从建筑学角度来看,塔底、方台和圆台三个部分可能具有双重意义:一是象征三个世界——地狱、人间和天堂;二是一座真正的曼陀罗象征大地的方形结构与天空的圆形结构的结合。非常巧妙的是从各个方向都能到达这座建筑的顶端。这种结构的确可以使膜拜者认识到:在漫漫人生旅途中他们能够受到指引,并最终获得拯救。

婆罗浮屠的方台上有 432 个佛像,在上部的同一圆心的平台上有 72 个佛像,这些数字不只是一种巧合。由于阶梯把每一圈佛像平分为四组,因此,佛像的总数也就是 432 和 72 之和,且除以 4 以后得到的每一组数字是 108 和 18,可以被 3 和 9 整除。就是说,整个建筑显然被设想成数字 3 的函数,这象征着统一和 3 的平方是 9,而 9 是佛教中的一个神秘数字。这一切无不显示出古代印尼人民的伟大智慧。

然而，这个神奇的建筑后来也被湮没在悄无声息的历史中。公元10世纪之后，印度教传到印度尼西亚，佛教便退居次要地位了。13世纪初，伊斯兰教逐渐统治了整个印度大陆，其后的数十年间伊斯兰教也漂洋过海成了印度尼西亚人的主要信仰。前有印度教的侵蚀，后有伊斯兰教的夹击，爪哇的佛教逐渐衰落。传说当时的佛教僧侣和信徒们害怕"婆罗浮屠"这一旷世之宝被他人破坏，于是在城中各处贴出告示来寻求能解决这一难题的良计。然而，整整过了9天9夜，也没有一个敢于揭榜的人。"天意啊！这是上天的意旨，我们无法违抗。"城中的人们慨叹着，却还是忍不住要去请教大庙中最具名望的老法师。老法师架起祭坛，就着夜幕作法掐算天意，这时，远方有一颗闪亮的流星划过夜空，倏然坠落。睹此凶兆，他只好无可奈何地叹口气，摇了摇头，持着银白的长须飘然而逝。果然，没过多久，就在流星坠落的方向，有一口火山突然喷发，红热的岩浆缓缓地流过来。终于，火山灰把这座婆罗浮屠完全掩埋。幸存的人们虽然颇感惋惜，却仍感欣慰，因为这样宝塔就不会遭到洗劫了。随着印尼人主流信仰的改变和佛教的衰落，遍布1.3万多岛屿的佛教建筑逐渐被人荒弃，野草蔓生。

1814年，在沉寂地下400年之后，婆罗浮屠才被欧洲人从浓密的树木下的火山泥中发现。从那时起，又经过了整整一个世纪的修缮，它才重新放射出瑰丽的佛教艺术的光辉。

7.2.2 缅甸最神圣的佛塔——仰光大金塔

金碧辉煌的缅甸仰光大金塔建筑约始建于公元585年(见图7-10)。建筑在缅甸仰光市北部山丘上。它与印度尼西亚的婆罗浮屠塔和柬埔寨的吴哥窟一起被称为东方艺术的瑰宝，是驰名世界的佛塔，也是缅甸国家的象征。

图7-10 仰光大金塔(a)

1. 建筑背景

缅甸人称大金塔为"瑞大光塔"，"瑞"在缅语中是"金"的意思，"大光"是仰光的古称，缅甸人把大金塔视为自己的骄傲。缅甸仰光大金塔初建时高9m，其后经过多次改建。15世纪时国王频耶乾(1450—1455)把塔加高到约100m，底部周长427m；他的继承人信修浮女王(1455—1472)又在塔周围增加建筑物；1774年阿瑙帕雅王的儿子辛漂信王修又将大金塔增加到112m，并在塔顶安装了新的金伞。

1989 年 9 月，缅甸政府对大金塔又进行了一次大规模的修缮，拓宽了 4 条走廊式的入口通道，在塔的四面安装了有玻璃窗的电梯，使大金塔更加宏伟壮观和富丽堂皇。

2. 建筑详解

大金塔的形状像一个倒置的巨钟，用砖砌成，塔身高 112m，塔基为 115m^2。塔身贴有1000多张纯金箔，所用黄金有 7 吨多重。塔的四周挂着 1.5 万多个金、银铃铛，风吹铃响，清脆悦耳，声传四方。塔顶全部用黄金铸成，上有 1260kg 重的金属宝伞，周围嵌有红宝石 664 颗，翡翠 551 颗，金刚石 443 颗。整座金塔宝光闪烁，雍容华贵，雄伟壮观(见图 7－11)。

图 7－11　仰光大金塔(b)

大金塔东南西北都有大门，门前与中国寺庙前一样，各有一对高大的守门石狮。门内有长廊式的石阶可登至塔顶，阶梯两旁摆满商摊，有用木、竹、骨、象牙等雕刻的佛像和人像，有供佛用的香、烛、鲜花，还有各种缅甸的风味小吃(见图 7－12)。

图 7－12　仰光大金塔(c)

阶梯上面是用大理石铺成的平台，平台中央是主塔。塔内供奉着一尊玉石雕刻的坐卧佛像和罗刹像，刻工细腻，端庄秀美。塔的四周有64座形状各异的小塔环绕，有的像钟，有的似帆，有石砌的，也有木制的。这些小塔的壁龛里都有形态各异、大小不同的玉佛，塔上的四角都有一个较大的牌坊和一座较大的佛殿，塔下的四角都有缅式狮身人面像。

在大金塔的东北角和西北角，各有一口古钟，一口重约40吨，一口重约16吨。古钟色彩斑斓，是1741年和1778年由两个在位缅王捐建的。缅甸人视西北角的古钟为吉祥、幸福的象征，认为连击三下，就会心想事成、如愿以偿。

大金塔的东南角，有一棵菩提古树，相传是从印度释迦牟尼金刚宝座的圣树圃中移植而来的。塔的左方有一座清光绪年间由华侨捐款建造的名为福惠宫的中国庙宇，塔的南侧还有一个专门陈列佛教信徒和香客们捐赠物品的陈列馆。

气势宏伟、建筑精湛的仰光大金塔，不仅是世界建筑艺术的杰作，也是世界上历史最悠久、价值最昂贵的佛塔。每逢节日，很多人都到这里拜佛，人们进入佛塔时必须赤脚而行，就连国家元首也不例外，否则就被视为对佛的大不敬。

7.3 陵墓

7.3.1 古埃及最伟大的建筑——吉萨金字塔群

埃及吉萨金字塔是一个群体的总称，而不是一座单独的金字塔(见图7-13)。吉萨金字塔中三座最大、保存最完好的金字塔是由埃及第四王朝的三位皇帝胡夫金字塔(Khufu)、卡夫拉金字塔(Khafra)和孟卡乌拉金字塔(Menkaura)在公元前2600—前2500年建造的。埃及吉萨的10座金字塔是古代七大奇迹之一，它们耸立在尼罗河两岸的沙漠之上，在埃及开罗郊区的吉萨高原上(开罗西南80km)建造，是古埃及时期最高的建筑成就。

图7-13 金字塔

1. 建筑背景

古代埃及人对神十分虔诚信仰，他们很早就形成了一个根深蒂固的“来世观念”，他们甚至认为“人生只不过是一个短暂的居留，而死后才是永久的享受”。因而，埃及人把冥世看作是尘世生活的延续。受这种“来世观念”的影响，古埃及人活着的时候，就诚心备至、充满信心地为死后做准备。每一个富有的埃及人都要忙着为自己准备坟墓，并用各种物品去装饰这些坟墓，以求死后获得永生。以国王、法老或贵族而论，他们会花费几年，甚至几十年的时间去建造坟墓，还命令匠人以坟墓壁画和木制模型来描绘他们去世后要继续从事的驾船、狩猎、欢宴活动，以及仆人们应做的活计等，使他们能在去世后同生前一样生活得舒适如意。相传，古埃及第三王朝之前，无论王公大臣还是老百姓去世后，都被葬入一种用泥砖建成的长方形的坟墓，古代埃及人叫它“马斯塔巴”。后来，有个叫伊姆荷太普的年轻人在给埃及法老左塞王设计坟墓时，发明了一种新的建筑方法。他用山上采下的呈方形的石块来代替泥砖，并不断修改修建陵墓的设计方案，最终建成一个梯形金字塔，这就是我们现在所看到的金字塔的雏形。

在后来发现的金字塔铭文中有这样的话：“为他（法老）建造起上天的天梯，以便他可由此上到天上”。金字塔就是这样的天梯。同时，角锥体金字塔形式又表示对太阳神的崇拜，因为古代埃及太阳神“拉”的标志是太阳光芒。金字塔象征的就是刺向青天的太阳光芒。另外，由于古埃及人认为太阳每天从东方升起，从西方落下，就像每天于东方出生及西方死亡，故金字塔都建于尼罗河西岸。

2. 建筑详解

非洲东北部有一条河，叫尼罗河。这是条长达 6670km，干流流经六个国家的大河。在埃及境内，尼罗河西岸的吉萨地方矗立着多座金字塔，其中有三座金字塔分别是古埃及胡夫、卡夫拉和孟卡乌拉三个法老的陵墓。这是一种由四个等边三角形组成的四棱锥体形陵墓。每一座陵墓均有一个祭庙相配。在卡夫拉祭庙门厅旁还立着一尊巨大无比的狮身人面像。由于连年的风雨侵蚀，现存的这些建筑已不完整。

吉萨的金字塔是以巨大的体量和特异的风格闻名于世的，同时又以它们自身构造的合理和简洁，以及与自然景色完美的结合获得了世界七大奇观之一的美誉。在天气晴朗的日子里，站在尼罗河东岸，远眺这平野漠漠中的金字塔，确实蔚然壮观：一望无边的利比亚大沙漠，稳定、高大的金字塔，在蓝天的衬托下，充满了像古诗中所描述的“大漠孤烟直，长河落日圆”的意境。

第四王朝第二位法老胡夫的金字塔为最大，被称为大金字塔。胡夫金字塔是一座几乎实心的巨石体，金字塔的旁边还有一些皇族和贵族的小小的金字塔和长方形台式陵墓。胡夫金字塔占地约 5 公顷，底面是一个正四边形，每边边长 230.6m；四个等边三角形各与地面形成 51°52′的夹角；塔高 146.7m（现蚀落为 137m）；共用了 1.5～50 吨重的花岗石 230 万～250 万块。在每块石头之间，拼合得十分紧密，甚至连一张薄纸也无法插进去。相传，每年有 40 万奴隶在皮鞭和棍棒的驱使下，轮番地干了 30 年才完成。

胡夫金字塔的北坡，离地 17m 处有一个入口。从这个入口进去，经过上、中、下三条通道，可进入金字塔内部的三个墓室，最上面一个就是法老的墓室，中间是皇后的墓室，还有一个地下墓室叫次要墓室。法老墓室有几个通气孔直达金字塔表面，这些气孔除了用作通气外，据说还兼作法老和皇后“灵魂”外出“自由活动”的出入口。

几千年前，没有汽车，没有起重设备，要建造这高达一百四十几米的花岗岩石塔确实不是件易事。史料中说：当时的奴隶是运用了一种木制船形工具，利用杠杆原理，将巨石逐步举高，逐层地垒砌而成的。法老墓室和通道入口处顶部的“人”字形拱，据推测，是用一种漏沙法修建的。首先，在一块平面石板上堆上一大堆沙子，然后把两块重达几十吨的大石块相对地斜铺在这个沙堆上，接着在平石板下凿一个小洞让上面的沙子慢慢地从洞里漏走，沙子漏完了，上面那两块大石块就自然地搭成一个“人”字形的石拱。由此可见，金字塔的修建充分地体现了古埃及奴隶的才能和智慧。

古埃及人对神十分崇拜。当时人们对许多自然现象和社会现象无法解释，法老又利用自己的权威人为地制造神，因此形成了一种对神的绝对崇拜。奴隶们认为天上的神是太阳，地上的神便是法老。法老去世后若干年后还会复生，所以每年必须对法老顶礼膜拜。那金字塔旁的祭庙就是朝祭法老的地方(见图7-14)。

图7-14　金字塔旁的祭庙

祭庙是一组货担形的建筑。“扁担”的一头是门厅，一头是大厅和祭院，这一头紧挨着金字塔。当中的“扁担”则是一条几百米长的甬道。当朝祭的人们从曲折的门厅进入祭庙后便直接踏入那条花岗石甬道。甬道，高度刚可及人，不开窗，光线十分暗淡。甬道尽头的大厅里塞满了方柱。柱头宽大、沉重，使人感到大厅内部空间十分紧迫，加之光影的变化，充满了一种神秘、压抑的气氛。可是当人们经过甬道，走出大厅，来到在强烈阳光照耀下的祭院时，顿时感到豁然开朗，迎面就是一尊尊法老的雕像。它们的上方是高插云霄的金字塔。

朝祭的仪式，就在这个院子里进行。这种狭窄和开阔的对比，黑暗和明亮的对比，形成了金字塔陵墓组合中独特的建筑艺术风格。由于建筑艺术上的精心处理，使法老那至高无上的权力和神秘莫测的形象达到了高峰。

卡夫拉金字塔是埃及第四王朝法老卡夫拉建造的金字塔。在它初建成时，即公元前约26世纪中叶，它有143.5m高，只比胡夫金字塔矮3.2m，经过岁月的侵蚀，它现在高136.5m。当初它的边长是215.5m，现在是210.5m，塔壁倾斜度为52°20′，比胡夫金字塔更陡，而且它处在吉萨的最高处，因此看上去它比胡夫金字塔要高。卡夫拉金字塔前设有祭庙，庙前长长的堤道通向另一座河谷的神庙和狮身人面像。

卡夫拉金字塔内部只有两处墓室和两个北坡入口，其中一个约位于15m高处，另一个在它下方，与基础同在一个平面上。从上面的入口，顺着甬道进入塔内，可以直达墓室，该甬道在基础以下转为水平，下方入口的甬道起初下降到10m深处，接着一小段水平甬道，再上升，与上面甬道相连，壁上凿有一分支，通向一个未完工的小室。墓室是在岩石中开凿而成的，大体上处在塔的中轴线上。墓室东西有14.2m长，南北有5m宽，6.8m高，这间墓室至今还放着一个空石棺，它的盖子已被打破。用来雕琢石棺的是花岗岩，被打磨得很光滑。

卡夫拉金字塔祭庙门前的狮身人面像名叫斯芬克司。狮身人面像原长73.2m，高20m，脸部直径4.1m。它长着皇帝的头，戴着皇家的头饰和摹造的胡子，并有着眼镜蛇的眉饰和一个躺着的狮子身体，以此来象征法老的威严（见图7-15）。

图7-15　金字塔师身人面像

孟卡乌拉金字塔比胡夫金字塔和卡夫拉金字塔小得多。公认的建筑时间大约是公元前2600—前2500年。金字塔的底边边长108.5m，塔高66.5m。它的基部建筑全部用的花岗岩。石阶的尽头就是金字塔入口，通过几级石阶进入梯形通道。沿着通道走到头就进入了第一个接待室。这个墓室相对较小，而且这里还有一个入口。两个入口都与正殿相接。从梯形通道走到头在主墓室之前右转就进入另一条通道，然后进入一间神秘墓室，在这间墓室里有六个明显的壁龛。

石砌的吉萨金字塔群是一组重于外部表现的建筑。它内部的装饰，拙朴自然，洋溢着一种朦胧的原始美。这组建筑设计精致，施工巧妙，后人不得不佩服奴隶们的才能和智慧。

7.3.2　最美丽的伊斯兰建筑“珍宝”——泰姬陵

泰姬陵全称为“泰姬·玛哈尔陵”，是一座白色大理石建成的巨大陵墓清真寺（见图7-16），是莫卧儿皇帝沙杰汗为纪念他心爱的妃子于1631—1648年在阿格拉而建的。位于今印度距新德里200多公里外的北方邦的阿格拉（Agra）城内，亚穆纳河右侧。泰姬陵是世界文化遗产，是印度知名度最高的古迹之一，印度穆斯林艺术最完美的瑰宝，是世界遗产中的经典杰作之一，被誉为“完美建筑”，又有“印度明珠”的美誉，被评选为“世界新七大奇迹”。

1.建筑背景

泰姬陵是印度莫卧儿王朝第五代皇帝（又译“沙杰汗”）为了纪念自己的爱妻——泰姬·玛哈尔而建造的。在他统治期间，莫卧儿帝国在政治及文化上皆处于巅峰。在沙杰汗15岁时，

图 7-16 泰姬陵

他还是库拉穆王子，爱上了努尔皇后的侄女贝格姆。贝格姆那时芳龄14岁，美丽聪颖。然而，沙杰汗必须按照传统，实行政治联姻，娶一个波斯公主为妻。不过，伊斯兰教法律规定男人可以娶4个妻子，因此，在1612年星象大吉之时，沙杰汗终于迎娶了贝格姆。其后，经过长达5年的订婚期，他们才举行婚礼。婚后，贝格姆改名为玛哈尔(意为“王宫钦选的人”)。

玛哈尔和沙杰汗皇帝婚后一起生活了19年，两人情投意合，极是恩爱。1631年，沙杰汗率军前往南方平乱，那时玛哈尔虽已怀孕，但还是像往常一样陪伴他。可是途中出了不幸的事，他们在布罕普扎营时，玛哈尔因难产而死。临终时沙杰汗问爱妻有什么遗愿，玛哈尔除了要求沙杰汗好好抚养自己和他的14个孩子并终身不再娶外，还要他建造一座举世无双、堪与她的容貌相媲美的陵墓。沙杰汗满口应允，这就是泰姬陵的由来。

2. 建筑详解

1632年，为了纪念真挚的爱情，沙杰汗遵照泰姬·玛哈尔的遗嘱，征集了数万名来自土耳其、伊朗、中亚、阿富汗和巴格达以及印度各地的建筑师和能工巧匠，在距阿格拉城堡不远的亚穆纳河畔，开始建造这座由小亚细亚建筑师乌斯塔德·穆哈默德·伊萨·艾森迪等人设计的陵园。

泰姬陵体形雄浑高雅，轮廓简洁明丽。陵墓的四周砌有长576m，宽293m的红沙石围墙。在围墙里面有两个大院子，一个长方形，一个近正方形。长方形的院子长165m，宽293m，里面栽满树木。这个院子的尽头有一扇尖券大龛式的大门通向近正方形的大院。门上刻有古兰经文，并镶满了许多不同颜色的云母片和宝石，给人一种雍容华贵的印象。当人们穿过一片浓荫，来到这座光灿夺目的门前时，真像来到了一个童话世界。

近正方形的大院长297m，宽293m。里面有一条十字水渠将这个院子一分为四。水渠的交点是一个用大理石砌成的方形喷水池。泰姬陵的主建筑就坐落在这个近正方形的院子的底部。它通身洁白如玉，如同一个美人般亭亭玉立在蓝天之下，纯洁晶莹，超凡脱俗。这是座两层高的建筑，平面呈正八边形，建造在一个高5.4m，边长95m的正方形大理石平台上。

陵堂的上空覆盖着一个高24.4m，直径17.7m的穹顶。穹顶的外面还裹着一个高高耸起的外壳，从穹顶的最高处算起整个陵墓高度约 80m。大穹顶的四周还围着四个亭子式的小穹顶，如同四位美丽的侍女围护着一位高贵的妇人一般。平台四角还立着四座高 41m 细长的圆塔，又叫召唤楼，是伊斯兰教阿訇召唤信徒前来祈祷的地方。每座圆塔各有一个小圆顶。如果俯视这座陵墓，那一个个逐渐变大的圆顶，恰如众星拱月(见图 7－17)。

图 7－17　泰姬陵陵堂(a)

陵堂的大门呈尖券大龛式，进入门内，可以见到一块镂空的大理石屏风，屏风上精细地镶嵌着用宝石、琉璃、玛瑙及碧玉组成的荷花、百合花图案，微光下熠熠闪烁。泰姬的模拟石棺就安置在陵堂正中(见图 7－18)。陵堂四周的墙面及大小门窗，也装饰得非常考究，处处可见闪烁着异光的宝石，灿烂无比。这种浓彩重色的手法，突出了沙杰汗王对玛哈尔的情深义重。

陵堂地面以下是一个地下室，那里放着泰姬的真棺。

图 7－18　泰姬陵模拟石棺

走近陵墓，可以看到陵体的大理石上镶嵌着许多宝石美玉，并且组成了美丽的图案，晶莹夺目，仿佛是美女的首饰。陵堂用磨光纯白大理石建造，表面主要运用金、银和彩色大理石或宝石镶嵌进行装饰,窗棂是大理石透雕,精美华丽至极。装饰的题材多是植物或几何图案,重要部位如各面正中的大龛周围浮雕阿拉伯文伊斯兰箴言(见图7-19)。陵墓左右隔水池各有一座红砂石建造的小礼拜殿,起对比点缀作用。陵堂是运用多样统一造型规律的典范:大穹隆和大龛是它的构图统率中心;大小不同的穹顶、尖拱龛,形象相近或相同;横向台基把诸多体量联系起来,且建筑内外全为白色,这些都形成了强烈的完整感。而在诸元素的大小、虚实、方向和比例方面又有着恰当的对比,使建筑本身统一而不流于单调,妩媚明丽,有着神话般的魅力。

图7-19 泰姬陵陵堂(b)

泰姬陵有所创新的地方在于:过去的陵墓一般都是建在四分式庭院的中央部位,而泰姬陵则建在四分式庭院的里侧一角,背靠亚穆纳河,陵墓前视野开阔,没有任何遮拦。陵墓两边是同样形状的赤砂岩建筑,面向陵墓而立。每座建筑都有3个白色大理石穹顶,两侧是清真寺,东侧为迎宾馆,呈几何状对称外形,陵墓被恰到好处地烘托出来。陵墓内的镶嵌装饰,更是精美绝伦。陵内中央有个八角形小室,安放着沙杰汗及泰姬的衣冠冢,四周围着镶宝石的大理石屏风。墓内柔和的光线透过格子窗及大理石屏风上精雕细琢的金银细丝花纹,把周遭华丽的宝石镶嵌工艺映照出动人的光彩。

陵墓后面的墙外是静静流淌着的亚穆纳河。由于建筑物本身的和谐和统一,即使站在亚穆纳河对岸,泰姬陵远观也是十分俊美和迷人的。

泰姬陵是一座有着极高艺术水平的建筑。尤其在进入第二个大门后,一片常绿的树木,一片柔软的草坪。在碧空与草坪之间挺立着洁白光亮的陵墓。陵墓的倒影荡漾在明澈的水渠中,当喷泉迸发,水珠迷蒙时,水中倒影微微颤动,十分婀娜多姿。

泰姬陵集中了很多印度、中东及波斯的艺术特点。建造它的目的是寄托皇帝的哀思,为了达到这个目的,设计师不仅在色彩、体量、布局上下了功夫,而且直截了当地将泰姬陵当作一座活人的建筑来设计。陵墓的里面有讲堂,有清真寺。沙杰汗王要使臣民们知晓,在任何时候,玛哈尔都是与他们同在的。为了表示这种思念之情,传说沙杰汗王曾经计划在亚穆纳河对岸,给自己造一座黑色的陵墓,并在河上造一座一半白色、一半黑色的大理石石桥与两墓沟通。白色象征爱情,黑色象征悲哀。不知为什么,他的这个愿望却没有实现,也许是好梦难圆吧。

泰姬陵是莫卧儿王朝最杰出的建筑物,它充满了幻想般的神奇风貌,被称为“印度的珍珠”,是印度最完美的穆斯林珍宝,是石匠、木匠、书法家、镶嵌工艺师以及其他手工艺者智慧的结晶。印度诗人尼札米说泰姬陵“掩映在空气和谐一致的面纱里”,它的穹顶“闪闪发亮像面镜子:里面是太阳,外面是月亮”,它一天之中呈现三种颜色,拂晓是蓝色,中午是白色,黄昏则是天空一样的黄色。这样的建筑简直可以说是一种完美的存在。陵园的构思和布局是一个完美无比的整体,它充分体现了伊斯兰建筑艺术的庄严肃穆、气势宏伟。因为关于这个建筑的美丽爱情故事,又有人把它称为象征永恒爱情的建筑。

7.4 佛寺

7.4.1 世界最大的庙宇——吴哥窟

吴哥窟(Angkor Wat)又称吴哥寺(见图 7-20 至图 7-22),位于柬埔寨,被称作柬埔寨国宝,是世界上最大的庙宇。吴哥窟原始的名字是“Vrah Vishnulok”,意思为“毗湿奴的神殿”,中国佛学古籍称之为“桑香佛舍”。12 世纪时,吴哥王朝国王苏利耶跋摩二世(Suryavarman II)希望在平地兴建一座规模宏伟的石窟寺庙,作为吴哥王朝的国都和国寺。因此举全国之力,并花了大约 35 年建造。它是吴哥古迹中保存得最完好的建筑,以建筑宏伟与浮雕细致闻名于世。1992 年,联合国教科文组织将吴哥古迹列入世界文化遗产。

图 7-20 吴哥窟(a)

图 7-21 吴哥窟(b)

图 7-22 吴哥窟(c)

1.建筑背景

12世纪，真腊国王苏利耶跋摩二世定都吴哥。苏利耶跋摩二世信奉毗湿奴，为国王加冕的婆罗门主祭司地婆诃罗为国王设计了这座国庙，供奉毗湿奴，名为“毗湿奴神殿”，即吴哥窟。

公元1860年，法国生物学家穆奥到柬埔寨采集动植物标本。他去了好像从来没有人到过的热带丛林里跋涉，不经意间，透过古树茂密的枝叶，他见到了一幅绮丽的景象：五座高耸的石塔，像一朵莲花，亭亭开放。这是一座神奇的庙宇，宏大而壮丽。生物学家写道：“世界上再没有别的东西可以和它媲美了。”这就是吴哥窟的残迹，被遗忘在密林中已经400年。

2.建筑详解

柬埔寨是东南亚历史上最悠久的国家之一，建国于公元1世纪后半叶，历经扶南、真腊、吴哥等时期，中国于明万历年后，开始称“柬埔寨”。9—14世纪的吴哥王朝时期，是柬埔寨最为强盛的时期，其疆域覆盖了东南亚大部分地区，并创造了举世闻名的古吴哥文明。

作为吴哥文明的典型代表，吴哥窟不仅是柬埔寨古代文明的珍贵遗产，也是世界级的历史文化瑰宝，它与中国的长城、印度的泰姬陵和印度尼西亚的婆罗浮屠并称为古代东方四大奇迹。

吴哥窟呈长方形，围以两重石墙，周围有宽达190m、周长约6000m的护城河。进入吴哥窟时，要走过一条横跨护城河的宽阔石桥，桥西两侧各蹲立着1头石雕巨狮，桥两侧的护栏上各雕刻有1个蛇形水神，7个蛇头呈扇形分布。经过艺术加工，连狰狞的毒蛇也变得优雅起来。在依靠雨水来保证农田灌溉的高棉，水神是十分重要的，而这座桥曾设置有机关调节护城河水，因此，在桥栏上刻上水神，寓有独特的象征意义。

过了桥就是吴哥窟的正门。如果不是身临其境，很难想象它的宏大气势。这是一个由一块块巨石垒成的门廊，宽度达到250m，门廊正中有3个门洞，3个门洞上都有石塔，上面密密麻麻地刻着各种人物造型和动物形象，姿态各异、栩栩如生。门廊里陈列着佛教和印度教神的雕像，而廊壁、石柱、石梁上则布满了精美的浮雕。

穿过门廊，眼前豁然开朗，出现一个可以容纳数千人的大型广场，这是当年高棉帝国举行盛大典礼的地方。据13世纪末随元朝使团出使柬埔寨的周达观《真腊风土记》记载，每当国王举行盛典时，这里就有30万盏油灯同时点燃，寺庙内明如白昼，万头攒动。广场中间，一条长约500m的中央大道笔直地通往寺塔的内围墙，中央大道高出广场地面1m多，全部由巨大的石板铺成；其两旁是长长的七头蛇护栏，虽然不少蛇头已不翼而飞，但余下的蛇身曲线依然优美。大道两边各有一方水池，盛开的莲花点缀着圣塔的倒影。顺着大道，就可以一步步地走向吴哥窟的主体——寺塔。主殿建于3层台基之大约有20层楼高，台上建有5座尖塔，中央主塔高出地面65.5m。

吴哥寺布局宏伟，结构匀称，设计庄重，装饰精细，全部建筑用砂石砌成。吴哥寺的浮雕工艺精湛，富有写实性，内容多取材于古印度史诗、神话故事，以及对外战争、皇家出行和生产、工艺与烹饪等世俗情节。

在第2层平台的4角各有1座小宝塔，象征着神话中关于印度教和佛教教义中的宇宙中心和诸神之家。绕平台四周又是一个回廊，里面摆满了神像。在塔体的四面及石柱、门楼上，刻有许多仙女及莲花蓓蕾形装饰，这些呈现舞蹈形态的仙女雕像头戴花冠，上身赤裸，只有一条腰带稍稍遮住下体。这些雕像显出一种无拘无束、自然纯洁的美感。浮雕造型各异，有的拈花微笑，显得雍容华贵；有的翩翩起舞，姿态优美（见图7-23）。

图 7-23　吴哥窟(d)

从第 2 层平台到第 3 层平台仅有 6 级台阶,却有 13m 高,呈 70°倾斜,十分狭窄和陡峭。平台中央耸立着高约 70m 的主塔,与第 2 层平台的 4 个小宝塔组成闻名遐迩的吴哥寺 5 塔,柬埔寨王国的国旗与国徽上,就是这标志性的 5 塔,塔基稳重厚实,塔身飘逸空灵,自下而上越来越细,高耸的塔尖直刺苍穹,似乎成为神人交流、感应的管道。在这里凭栏远眺,整个吴哥窟尽收眼底。3 层平台错落有致,5 座宝塔遥相呼应;寺内芳草如茵,楼阁重叠;四周林木环绕,亭亭如盖。

吴哥窟里,并没有供奉着我们想象的神像,而是供奉着一个四方石台,中间有一截圆头石柱。这个圆头石柱就是男根的写照,能蓄水,有一水口的方形石台就是女阴的象征,这就是印度教中崇高而伟大的神祇——林伽。

朝拜者及香客常常用清水淋到这石雕的男根上,让水盈满女阴,再将这种象征男女神祇交合后从饮水口流出的圣水抹到自己的前额、脖颈上,以示沾到了神灵的魔力,具有了神的庇护,从此世俗生活将更加美满,性生活将永远充满情趣,能繁衍出更多的后代。

吴哥窟除了面积庞大以外,还有一绝,就是它的浮雕。在主殿周围的底层平台上,环绕着长达 800m、高约 2m 的精美浮雕长廊,据说它是世界上最长的浮雕回廊,从柱子、窗棂到栏杆和廊顶都刻满了浮雕,题材取自印度两大史诗《罗摩衍那》《摩诃婆罗多》,还描绘了高棉民族与占婆人交战的场景。

专家们研究了吴哥寺后惊奇地发现,吴哥寺的建筑并没有使用水泥或灰浆,而是用一块块平整的巨石整齐地排列或叠加在一起,有的巨石重达 8 吨,中间没有任何缝隙,刀片不入,完全依靠巨石的重量和平整程度来使它们紧密结合,这不仅需要高超的石刻和运输技术,还需要以丰富的数学和物理知识为基础的精确计算。不使用任何黏合剂而使吴哥寺的建筑坚固、稳定,这在建筑史上不能不说是一个奇迹(见图 7-24)。

图 7-24 吴哥窟(e)

通过对吴哥寺建筑结构的研究，人们还发现它的内部设有合理、完备的排水系统。柬埔寨属热带气候区，雨季降水量较大，为了使大量降水能迅速排到护城河或寺内的蓄水池，建筑者从顶到底，在寺庙各部分都设立了明暗通道，以及纵横交错的排水管道。更神奇的是，这套排水系统把雨水引至寺内四个大蓄水池，供祭祀者在朝拜之前洁身之用，可谓一举两得。排水系统的设计，使吴哥寺的建筑结构更加合理、科学和完美。

吴哥王朝能够建成如此宏大规模的建筑群，在当时一定是一个有着相当雄厚的物质基础和高度发达的科学技术的超级大国。在地理位置上，它处于中国和印度的交通要冲，它在中国、印度、东罗马 3 个文明古国的经济和文化交流方面起到了桥梁的作用。国际上的交往和联系也就相应地促进了国内经济的发展，加之当地的农作物都是一年三熟、一年四熟，粮食极度丰富。据一位瑞士历史学家估计：在吴哥 $1000km^2$ 的土地上，每年可收获约 15 万吨的大米，除供 80 万人食用外，还可剩余 40%销往外地。

吴哥文明的建筑之精美令人望之兴叹，然而却在 15 世纪初突然人去城空。在此后的几个世纪里，吴哥地区又变成了树木和杂草丛生的林莽与荒原，只有一座曾经辉煌的古城隐藏在其中。直到 19 世纪亨利·穆奥发现这个遗迹以前，连柬埔寨当地的居民对此都一无所知。吴哥文明为何一下子就中断了，众说纷纭，如今已成一个无法解开的谜团。

7.4.2 “挂”在绝壁上的建筑——悬空寺

悬空寺(见图 7-25)位于山西省大同市浑源县恒山金龙峡西侧翠屏峰的峭壁间，素有“悬空寺，半天高，三根马尾空中吊”的俚语，以如临深渊的险峻而著称。悬空寺建成于 1400 年前北魏后期，是中国仅存的佛、道、儒三教合一的独特寺庙。悬空寺原来叫“玄空阁”，“玄”取自于中国传统宗教道教教理，“空”则来源于佛教的教理，后来改名为“悬空寺”，是因为整座寺院就像悬挂在悬崖之上，在汉语中，“悬”与“玄”同音，因此得名。它曾入选《时代周刊》世界十大不稳定建筑。

图 7－25 悬空寺(a)

1. **建筑背景**

北魏王朝将道家的道坛从平城(今山西大同)南移到恒山，古代工匠根据道家“不闻鸡鸣犬吠之声”的要求建造了悬空寺。工匠们用粗绳子从悬崖顶上吊下来，冒着生命危险，在翠屏峰土黄色的峭壁上，搭建了一座上不摩天、下不接地的五彩“悬空”寺。悬空寺曾在金代重修，明、清两个朝代也都曾经重建悬空寺。

2. **建筑详解**

恒山，东北—西南走向，西接管涔山，东至山西省界，连绵数百千米。它的主峰——玄武峰，海拔 2017m。天峰岭之西的翠屏山，与主峰遥遥相对，一条浑水从峡谷中流过，地势十分险要。自古以来，这儿都是兵家必争之地。翠屏山峭壁千丈，站在山脚下抬头一看，好像整座大山马上倒下来。但半山腰里却有许多玲珑轻巧的“空中”楼阁，红墙碧瓦，五彩装饰，宛如一座座琼楼玉宇正从空中冉冉而降，又恰似一幅彩色的图画贴在石壁上，这就是“挂”在绝壁上的著名古建筑——恒山悬空寺(见图 7－26)。

图 7－26 悬空寺(b)

悬空寺背西面东，大小不等的近 40 座殿阁楼台紧贴着岩壁南北向一字排开。从南边的山脚下拾级而上，进入寺门，穿过一座小院子登楼。楼梯又陡又窄，两个人都错不开身。前面的人就像踩着后面人的头顶往上走。手扶着冰凉的岩石，忽上忽下，忽而又折回，好似在石回路转的山洞中慢慢探行。

先到三官殿，这里是道家的天地，几座塑像都是乌眉黑须，衣袖带风，给人一种飘然逸世的感觉，与道教“清静无为”的思想相吻合。

再到三佛殿，这里是佛教的世界，丰臂润面的佛像，端坐在莲花座上，双目微开，心无杂念，好像任凭雷鸣电闪，也不能惊动一丝禅心(见图 7-27)。

最后是三教殿，此处则集佛、儒、道三家于一室：中间是佛祖释迦牟尼像，右边是圣人孔子像，左边是道家始祖老子像。他们神态各异，但都尽力展示出一种雍容大度的风采。这种三教合一、和睦共处的殿堂，在中国的诸多寺庙中还是很少见的。

图 7-27 悬空寺(c)

一路上的神龛、小殿里，还有许多阿难、韦驮、护法、关公、四大天王等栩栩如生的人物塑像。全寺 80 余尊造像有泥塑的、石刻的，还有用铜、铁浇铸的。悬空寺依壁而建，没有后墙，塑像也与石壁浑然一体：有的隐居凹处，好像在山洞里；有的紧靠石壁，显得端庄大方，气度不凡。

从全寺的制高点三教殿俯视，就会发现整个悬空寺分成三组建筑群，每组都有上下左右的楼阁，形成三足鼎立之势。全寺建筑高低参差，虚实相间，同中有异，错落而不零乱，庄严而又精致，布局非常合理。寺内交通联系既曲折又巧妙；或以栈桥飞渡，或以暗道相通，或登石级盘旋而上，或临峭壁穿户而入室；几经回旋，又豁然开朗。

全寺以三佛殿与三教殿两座殿阁为主体，都是三檐九脊歇山顶，南北对峙，中隔断崖，贴着石壁架与一条栈道相连接，就在这悬空的栈道上，又依山建了一座重檐式的两层小阁。游人到此，扶壁而行，如履薄冰，透过脚下木板间的缝隙，可看到百丈深谷，令人提心吊胆。

从建筑结构上看，寺名悬空，绝不是夸大其词。以三教殿为例，整个殿楼是在绝壁上凿石为基，但这地基只是一条窄窄的石坎，并不能承载全部，殿楼只在岩基上挂了半边。好比一个人攀登峭壁时，只有一只脚踏着了岩缝，另一只脚还悬在半空中，非常危险。从外观上看，殿楼下面有几根木柱子支撑着，但这木柱只丈把长，粗仅一握，支在崖缝中，既无础石，又无钉契，有几根还歪歪斜斜,远看就像几根小木棍支着一个木偶戏台。殿内的木柱子也同样纤细修长,明显承受不了重压。所以民间传说,悬空寺的柱子是个摆设,用手一推就来回摆动(见图7-28)。

图 7-28 悬空寺(d)

真正的奥妙在寺里,当初建寺时,在峭壁上凿了许多小孔,横向打入一排排木桩作另一半的“地基”。石孔和木桩都是方形的,不会转动,一半在石孔里,一半挑起楼阁。这个办法,同样用于屋顶、屋腰,上下三层楼九排横木桩,使悬空楼阁上拽、中拉、下挑。殿楼左右之间、上下层之间,都尽量通过木构拉扯到一起;局部自成格局,众多的着力点又连构成一个整体,一处着力,多处分担。好像一个攀岩的人,一只脚踩在岩缝里,一只脚踏着树桩,上面两只手也攀住了树木,中间还跨裆骑坐着一根横着的树。因此,悬空寺的建筑结构,具有极为良好的稳定性,经历了多少年风雨的侵袭,多少次强烈的地震,悬空寺始终“悬”而不倒。这是中国古代建筑师们运用力学原理解决复杂的结构难题的一个范例。

寺的选址也很有讲究,在寺中贴着石壁往上看,就会发现:在山下远看好似刀削一样的绝壁,原来是微呈弧形,悬空寺就躲在这个弧凹里。要是遇到下雨,寺顶上突出的悬崖挡住了雨水,任山顶上飞瀑直泻,悬空寺的楼阁都遮在水帘的后面,风雨不侵。木材不受雨水冲刷,也就不易腐朽。

悬空寺是巧与力的结晶,是中国古代劳动人民智慧与胆量的历史见证。

7.5 宫殿

7.5.1 世界上最大的皇宫——故宫

北京故宫,旧称紫禁城,位于北京中轴线的中心,是明清两个朝代的皇宫,是世界上现存规模最大、保存最为完整的木质结构的宫殿型建筑。故宫入选了世界文化遗产,是全国重点文物保护单位,国家 AAAAA 级旅游景区。北京故宫于明成祖朱棣于 1406 年开始建设,明代永乐十八年(1420 年)建成,曾有 24 位皇帝在此住过(见图 7-29)。

故宫被誉为世界五大宫之首(北京故宫、法国凡尔赛宫、英国白金汉宫、美国白宫和俄罗斯

图 7-29　故宫

克里姆林宫)，并被联合国教科文组织列为“世界文化遗产”。

1. 建筑背景

金、元各朝均建都北京，明清两朝又大加发展，逐步完善了都城的面貌。一个以帝王宫殿为中心，宣扬帝王权力至高无上、气势非凡的城市出现了。明清故宫就在这个大背景下诞生了。1406 年(永乐四年)，明成祖朱棣下令仿照南京皇宫营建北京宫殿，至明永乐十八年(1420年)，该浩大工程落成。

2. 建筑详解

故宫是我国最大的，也是保存得最完好的古代建筑群，同时也是世界上建筑面积最大的皇宫。故宫又称紫禁城，那是取紫微星象征帝居之意。为建造这一浩大的工程，据说永乐帝朱棣曾征集了 10 多万工匠、百万民工和不计其数的军工。故宫建成后，明、清两代的 24 个皇帝都先后住在这里，共达 490 年之久。

故宫位于北京城的正中心，它的前面有社稷坛(今中山公园)、太庙(今劳动人民文化宫)、天安门，后面有景山(今景山公园)，左有皇史宬(保存皇室史料的地方)，右有西苑(今北海公园和中南海)。整个紫禁城南北长 961m，东西宽 753m，占地 75 万平方米，建筑面积达 15 万平方米。故宫四周筑有 10 多米高的城墙，还有宽达 52m 的护城河。城墙的四个角上，各筑有一座被人们称为“9 梁 8 柱 72 条脊”的美丽角楼。整个建筑群布局严整统一，外形流畅美丽。

民间传说故宫建筑群总共有房屋 9999 间半，为什么有半间呢？据说明成祖朱棣建造故宫时本来想建 10000 间，但有一天他梦见自己被玉皇大帝召见，责其建房 10000 间，与天宫相同，有凌驾于天庭之上的嫌疑，罪不可恕。朱棣醒来后招来军师刘伯温讨教，刘伯温就建议他建 9999 间半，以逊于天庭，又不失皇家气派与天子至尊。另一说法是，故宫房屋数量是受了中国传统哲学思想的影响。我国古代以九为大，而 10000 为极数，含顶点之意，建房 10000，似有“满招损”之嫌。故朱成祖减去半间房，以防招致灾祸，含有“谦受益”的意思。

故宫布局十分严谨，整个建筑群由前后两大部分组成。前部称为“外朝”，以三大殿——太和殿、中和殿和保和殿为中心，以文华殿、武英殿为两翼。后面的部分称为“内廷”，由乾清宫、坤宁宫和东西六宫组成。这是根据中国古代“前朝后寝”的礼制而设计布置的。

整个紫禁城的布局思想和建筑艺术手法，都是为了突出封建帝王至高无上的地位和渲染皇宫非凡威严的气势。故宫的正门是午门，进入午门，前面就是太和门。午门和太和门之间形成一个扁方形的院落，有 5 座内金水桥(天安门前面的河叫外金水河，在午门内太和门前的弓形人工河道，叫内金水河：跨越河上的五座并列的石桥，是内金水桥），这是进入太和门前的一个过渡（见图 7－30）。

图 7－30　天安门

一进太和门，顿时豁然开朗，眼前是一个边长达 200 多米的方形广场，广场的北部中央就是故宫中最壮丽巍峨的太和殿（见图 7－31）。

图 7－31　太和殿

太和殿又称“金銮殿”，是故宫中最大最重要的建筑。它高 26.92m，宽 63.96m，进深 37.17m，占地面积达 $2377m^2$。太和殿面阔 11 间，是正殿中间数最多的，它的屋顶也使用了等级最高的重檐庑殿顶，这都是为了表示至高至尊的地位。殿内中央有一个 2m 高的平台，上面安放了一张金漆雕龙的檀香木宝座。谁登上这个宝座，就是“受命于天”，就是当了万人之上的皇帝。所以，太和殿最重要的用途就是让每一位新皇帝在这里举行登基大典。宝座的前面有御案，后面有围屏，两旁有金碧辉煌的蟠龙金柱。正对着宝座的殿顶上，有金龙藻井、彩绘梁枋。殿前的露台上有铜龟、铜鹤等。明清两朝，每逢新皇帝登基即位，皇帝过生日，册立皇后，庆祝元旦、冬至等大典，都在这里举行（见图 7－32）。

过了太和殿，中和殿和保和殿紧随其后，这三大殿都坐落在一个高 8.13m 的三层汉白玉台基上。中和殿是一座正方形的尖顶宫殿，是皇帝参加大典前休息、准备的地方（见图 7－33）。保和殿为重檐歇山式屋顶，是皇帝大典前更衣的地方。清朝乾隆以后，也是皇帝设宴和举行殿试的地方。三大殿的汉白玉台基上有 1414 块栏板，1460 个望柱，还有 1138 个龙头，这些龙头其实都是排水口。每逢下雨，台座上的积水就通过栏板、望柱下的小洞，从龙头的口中吐出。

出保和殿再往北，就是“内廷”。内廷是皇帝起居生活的地方。内廷的第一座宫殿是乾清宫，这是皇帝的寝宫。后来，皇帝也在这里处理日常政务。

乾清宫后是交泰殿。这里明朝时曾做过皇后的寝宫，清朝成为放置宝玺的地方。现在此

图 7－32　太和殿内景

图 7－33　中和殿

殿藏有乾隆皇帝精选的宝玺 25 方。交泰殿后是坤宁宫，这里原先也是皇后的寝宫，清朝时改为祭神和举行皇帝大婚典礼的地方。

内廷的这三座宫殿两边，是东六宫和西六宫，这是嫔妃们居住的地方，俗称“三宫六院”。西六宫之南的养心殿，就是慈禧太后“垂帘听政”的地方。

从坤宁宫再往北，就到了御花园。园中以钦安殿为中心，有大小建筑 20 多座，其间点缀着奇石古树，有皇家苑囿的气派。出御花园往北，就是故宫的北门神武门。出了神武门，对面就是景山了。

故宫建筑群是在一条由南到北的中轴线上展开的，它所体现的虚实相济、变化无穷的建筑空间序列，常使中外建筑家们为之倾倒。从天安门入端门到午门，一个门洞套着一个门洞，层层推进，这种笔直幽深的空间变化造成一种神秘而严肃的气氛。一过午门，顿觉开朗，再过太和门，空间更加开阔。这突然出现的占地2.5公顷的宽阔空间，给正面耸立在汉白玉台基上的太和殿增添了一种宏大壮丽而又肃穆森然的气势，让人从精神上感到一种震惊和威慑。从天安门到太和殿，地平标高逐渐上升，建筑物形体越来越大，庭院面积逐渐开阔，这些逐步展开的空间变化，如同乐曲中的渐强音，充分烘托了太和殿这个辉煌的高潮。

故宫建筑群是中国古代建筑中的代表作，也是古代建筑中最伟大、最完整的精品。在这个建筑群中可以看到中国古代建筑中许多表现手法和特点。其一，等级森严就是一个显著的特点。而故宫中这种等级常见于开间的多少、屋顶的形式、台基的高度、层次及装修繁简和室外建筑小品的陈设上。太和殿就是一个明显的例子。其二，故宫建筑的色彩是宫殿建筑专用色彩，黄色琉璃瓦只有帝王居所才能使用。如太和殿，大殿内正中一开间的主要柱列还允许盘龙贴金，因此太和殿宝座四周光彩奕奕，十分典丽雄壮。墙柱则用较深的朱红色，基座是晶莹的汉白玉，屋檐下则用青绿的冷色。这不仅在色调上与屋面的暖色形成对比，而且在视觉上也增加了出檐的深度，使整个建筑组群的色彩极其鲜亮。其三，台梁式木结构形式是故宫内绝大部分建筑的结构形式。因此它们具备了抬梁式木结构的一切特点：墙体不承重，建筑物内部空间布置灵活；适应不同的气候条件并可抗御地震危害；结构受力分工合理；取材建造十分方便。其四，各大殿下一般设台基，台基除本身的结构功能外，又与柱的侧脚、墙的收分相配合，增加了房屋的稳定感。其五，各殿的屋面的形式多种多样，既有最高级的重檐庑殿，也有其次的歇山、悬山、硬山、攒尖等不同形式。其六，各殿的家具装修、隔断、隔扇、藻井、天花更是名目繁多。

在组群布置上，故宫是属中国古代建筑中一种纵横双扩的建筑组群。从天安门到内外三殿是纵向发展，而内廷左右则是横向发展，因此总体看起来，故宫气势磅礴。

故宫的取暖和排水系统也十分巧妙。为了冬天取暖，明朝起就在各寝宫砌起地下火道，只要在殿外台基处大洞火道口烧木炭，热量就可送到各宫。排水系统也很周密，每组宫殿都有支沟通入宫墙外的干沟，这些干沟又分别同太和门外的内金水河及总沟相连，最后再汇入故宫外的护城河。此外，为了宫殿的防潮，地面还作了特别的处理，一般总要叠垫七至十层地砖。还有，为了改进音响效果，宫内的戏楼下都埋设大缸。这些技术在当时都是非常先进的。故宫是中国古代劳动人民血汗和智慧的结晶。如今，它已成为故宫博物院，供人们参观、游览。

7.5.2 最雍容华贵的王宫——凡尔赛宫

凡尔赛宫（法文：Chateau de Versailles）是法国国王路易十四1627年于法国巴黎西南郊外伊夫林省省会凡尔赛镇建立的，是巴黎著名的宫殿之一，也是世界五大宫之一（见图7-34）。1979凡尔赛宫年被列入“世界文化遗产名录”。

1. 建筑背景

富丽堂皇、雍容华贵的凡尔赛宫所在地原来只是一座朴实的小村落，法国国王路易十三看中了这块地方，在1627年命人在此建造了一座皇家狩猎时的行苑。他的儿子路易十四一开始就对这幢建筑很感兴趣，认为它是块宝地。在路易十三死后，他决心要把它改建成有史以来最大最豪华的宫殿。为此，他倾尽人力、物力和财力，集中了当时著名的建筑师、设计家和技师，前后历经29年时间，建成了这座后来举世闻名的凡尔赛宫。路易十四认为大型建筑可以为他本人及自己的政权增光添彩。路易十四不但为建造这些大型建筑花费大量的钱财，而且常常

图 7-34 凡尔赛宫(a)

亲自过问它们的建造，他对那些宫廷建筑师和造园家钟爱有加。凡尔赛宫的建造者之一勒·诺特尔大概是大臣中唯一能跟路易十四拥抱的人。有一次，国王因喜于他的设计，在很短的时间内，接连几次赏赐他巨额的奖金。勒·诺特尔开玩笑说："陛下，我会让您破产的。"路易十四还破格赐予凡尔赛宫的另两名建造者勒沃和芒萨尔以爵位，许多宫廷贵族对此有些不满。他很不屑地回敬他们说："我在 15 分钟内可以册封 20 个公爵或贵族，但造就一个芒萨尔却要几百年时间。"

路易十四如此的恩待自会换来建筑师们全心地拥戴与回报。芒萨尔负责建造凡尔赛宫的南北两翼和镜厅，内部装饰则主要由勒沃完成。根据路易十四的旨意，设计师将原有的文艺复兴样式的宫殿进行了改造，将宫殿墙面改为大理石，并扩建了前院和练兵广场，在广场上设置了三条放射状的大道，还修建了一个极其宏伟壮丽的花园。经过这几位艺术家和后来几位建筑师相继的努力，终于建成了西方世界最大的宫殿和园林。1682 年，路易十四正式将政府从巴黎迁至凡尔赛。

路易十四是法国历史上赫赫有名的国王，被称为太阳王。他使法国的绝对君权制度发展到了顶峰，他的名言"我就是国家"生动地反映了他的思想。而凡尔赛宫的修建过程充分贯穿了他的思想，为了与自己至高无上的地位相匹配，他对凡尔赛宫的宫殿和园林进行无休止的扩建、修缮和装饰，使它的规模宏大、富丽堂皇、豪华精美达到了登峰造极、无以复加的地步。他的宗旨就是要通过宏大、豪华的宫殿建筑来强调绝对君权制度下国家和民族的统一(见图 7-35)。

路易十四死后，他的曾长孙路易十五进一步扩建凡尔赛宫。他花费重金为自己的王后建了一座极为精致的小别墅。他和路易十六都喜欢在凡尔赛宫居住。直到 1789 年法国大革命爆发，路易十六不得不结束凡尔赛宫奢华舒适的生活逃回巴黎，1792 年他被愤怒的群众送上了断头台。凡尔赛宫也作为路易十六罪恶生活的证据被冷落起来，并数遭劫难。1837 年，七月王朝首脑路易·菲力普下令重修凡尔赛宫，将凡尔赛宫的南北宫和正宫底层改为博物馆。

2. 建筑详解

凡尔赛宫是欧洲最宏大、庄严、美丽的王宫之一，是欧洲自古罗马帝国以来，第一次集中如此巨大的人力、物力所缔造的杰作。它是法国古典主义艺术杰出的代表，是人类艺术宝库中一颗绚丽灿烂的明珠。

图 7-35　凡尔赛宫(b)

凡尔赛宫原来所在的地方是一片沼泽，为了填充地基，法国国王下令从全国各地运来大量泥土，又将森林外迁，以拓展土地。为了解决建造大规模建筑群所产生的一系列包括引水、喷泉、道路等复杂的技术问题，可以说是费尽周折。为了保证园中喷水池所用水源，将塞纳河水抽到 150 米以上的高处，并制造了巨大的抽水机，可谓是一项改造自然的庞大工程。

1919 年第一次世界大战结束后，德国成为战败国。法国人作为对 47 年前德国人强加给他们的战败耻辱的回报，指定在凡尔赛宫的镜厅签订了著名的《凡尔赛和约》。如今在镜厅的一角还保存着当年签约时与会代表的所用物品，作为法国人引以为自豪的光荣纪念。现在法国总统和其他领导人也常在此会见、宴请各国国家首脑和外交使节。

这座庞大的宫殿总建筑面积为 11 万平方米，园林面积达到 100 万平方米。以东西为轴，南北对称。宫顶摒弃了法国传统的尖顶建筑风格而采用了平顶形式，显得端庄而雄浑。在长达 3000m 的中轴线上建有雕像、喷泉、草坪、花坛、柱廊等。宫殿主体长达 707m，中间是王宫，两翼是宫室和政府办公处、剧院、教堂等。宫殿气势磅礴，布局严密、协调。宫殿外壁上端林立着大理石人物雕像，造型优美，栩栩如生。

凡尔赛宫外观宏伟、壮观，内部陈设和装潢更富丽奇巧，奢华考究富于艺术魅力。宫内 500 多间大殿小厅处处金碧辉煌，豪华非凡。各厅的墙壁和柱子都用色彩艳丽的大理石贴成方形、菱形、圆形的几何图案，上面镶金嵌玉配上彩色的镶边。有的墙面上还嵌着浮雕，画着壁画。天花板上金漆彩绘，是雕镂精细的几何形格子，里面装着巨大的吊灯和华丽的壁灯。各种装饰用的贝壳、花饰被错综复杂的曲线衬托得富丽堂皇、灿烂夺目，还配有精雕细刻、工艺精湛的木制家具，给人以华美、铺张、过分考究的感觉。宫内陈放着来自世界各地的珍贵艺术品，其中有远涉重洋而来的中国古代的精致瓷器。

宫中最为富丽堂皇也最为著名的就是位于中部的“镜厅”，也称“镜廊”，长 73m，宽 10.5m，高 12.3m。左边与和平厅相连，右边与战争厅相接，是由大画家、装潢家勒布伦和大建筑师芒萨尔合作建造，它的墙面贴着白色的大理石，壁柱是用深色的大理石，柱头是铜制的，且镀了金。拱形的天花板上绘满了反映中世纪晚期路易十四征战功绩的巨幅油画。画风酣畅淋漓，气韵生动，展现出了一幅幅风起云涌的历史画面。天花板上还装有巨大的吊灯，上面放置着几百支蜡烛。吊灯、烛台与彩色大理石壁柱及镀金盔甲交相辉映，排列两旁的8座罗马皇帝的雕像、8座古代天神的雕像及24支光芒闪烁的火炬，令人眼花缭乱。在镜厅中一面是17扇面向花园的巨大圆拱形大玻璃窗，与他相对的墙壁贴满了17面巨型的镜子。这17面大镜子，每面均由483块镜片组成。白天，花园的美丽景色通过透明的大玻璃和光闪闪的镜子交相辉映，人在屋中就可以欣赏到园中胜景：碧蓝的天空澄澈如洗，青青的芳草如茵如梦，绿树环绕、碧波荡漾，令人心旷神怡。入夜，几百支燃着的蜡烛的火焰一起跃入镜中，与镜外的璀璨群星交相辉映，虚幻缥缈，使人如入仙境(见图7-36)。

图7-36 凡尔赛宫——镜厅

凡尔赛宫的正宫前面是一座风格独特的法兰西式大花园(见图7-37)。这个大花园完全是人工雕琢的，极其讲究对称和几何图形化。近处两个巨型喷水池，600多个喷头同时喷水，形成遮天盖地的水雾，在阳光下展现为七色的彩虹，颇为壮观。在水池边伫立着100尊女神铜像，铜像个个都娇美婀娜。20万棵树木叠翠环绕俯瞰着如茵的草坪和旖旎的湖水。各式花坛，错落有致，布局和谐。坛中花草的种植，别具匠心。路易十四对花有强烈的嗜好，每年要从荷兰进口400万只球茎。亭亭玉立的雕像则掩映在婆娑的绿影和鲜花的簇拥中。园林中还开凿了一条16km长，60m宽的运河，引来塞纳河水，里面停泊着游船和小艇。在凡尔赛宫有一座母神喷泉，是个四层的圆台，簇拥着中央最高处的太阳神之母的雕像。它是用洁白的大理石雕刻而成，高贵典雅、栩栩如生。她一手护着幼小的阿波罗，一手似乎在遮挡四周向她喷来的水柱。水柱是从周围圆台上的蟾蜍雕像的口中喷射出来的。从母神喷泉向西，沿中轴线延伸着一块绿毯般的巨大草地，长330m，宽36m。草地两侧矗立着以神话中的角色为主人公的白色石像。石像之外是名为“小林园”的景区，一共有12个，都被树木密密围住。每区有一个主题，或者是水剧场，或者是环廊，还有一个是人造的假山洞，里面安置着几组雕像，表现太阳神阿波罗巡天之后与仙女们憩息、嬉游的情景。

水池与花园里的运河相连。小林园外是一片浓密的树林，郁郁苍苍，被称为“大林园”。在运河附近还有一座不大的小山丘，黄昏时分，太阳会在那里落下。其时，满天彤云，瑰丽无比，整个园林焕发着金色的光辉。

整座凡尔赛宫都贯穿着太阳的主题，从母神喷泉到阿波罗驱车喷泉再到其他种种景致，展

图 7-37　凡尔赛宫——法兰西式大花园

现了太阳神阿波罗从幼小到成长后威武巡天的全过程。这和自称太阳王的路易十四很好地贴合。这也清楚地揭示了凡尔赛宫的主题，就是歌颂人间的太阳王——路易十四。

雍容华贵的凡尔赛宫代表了法国整个黄金时代的顶峰，它的建筑和花园形式是当时欧洲各国皇室纷纷效仿的蓝本，几百年来欧洲皇家园林几乎都遵循了它的设计思想，为西方古典主义艺术的卓越代表。

7.6　祭坛

7.6.1　中国最高祭祀礼乐场所——天坛

中国现存的天坛有两处，分别是西安天坛和北京天坛，而北京天坛较为出名是因为它是世界文化遗产、全国重点文物保护单位、国家 AAAAA 级旅游景区、全国文明风景旅游区示范点。北京天坛位于北京市南部，东城区永定门内大街东侧，占地约 273 万平方米。天坛始建于明永乐十八年(1420)，是明、清两代皇帝“祭天”“祈谷”的场所，清乾隆、光绪时曾重修改建。天坛为明、清两代帝王祭祀皇天、祈五谷丰登之场所(见图 7-38)。

图 7-38　天坛

1. **建筑背景**

皇帝登基前或每年冬至，都要赴坛祭天告朔，古人云："国之大者在祀，祀之大者在郊。"这里所说的"郊"即郊祀天地日月，向来是重要的祭典。据《金礼志》，金中都的四坛也是这样的方位。元代成宗时(1298—1307)建天坛于大都城南七里，大概就在今日天坛的位置，明初南京天地实行合祭，不是路祭，典礼在大祀殿内举行。明永乐十八年(1420 年)仿南京形制建天地坛，合祭皇天后土，当时是在大祀殿行祭典。嘉靖九年(1530 年)嘉靖皇帝听大臣言："古者祀天于圜丘，祀地于方丘。圜丘者，南郊地上之丘，丘圜而高，以象天也。方丘者，北郊泽中之丘，丘方而下，以象地也。"于是决定天地分祭，在大祀殿南建圜丘祭天，在北城安定门外另建方泽坛祭地。嘉靖十三年(1534 年)圜丘改名天坛，方泽改名地坛。大祀殿废弃后，改为祈谷坛。嘉靖十七年(1538 年)祈谷坛被废，于十九年在坛上另建大享殿，二十四年建成。清乾隆时重建天坛圜丘，尺寸比嘉靖时扩大几乎一倍，即今日所见的圜丘，清乾隆十六年(1751 年)改名祈年殿。以后多次修缮、扩建。1900 年八国联军曾在天坛斋宫内设立司令部，在圜丘上架炮。文物、祭器被席卷而去，建筑、树木惨遭破坏。1949 年中华人民共和国成立后，政府对天坛的文物古迹投入大量的资金，进行保护和维修。进行过多次修缮和大规模绿化，使古老的天坛更加壮丽。

2. **建筑详解**

天坛是世界级的珍贵的艺术遗产，是世界最大的祭天建筑群，其主题是赞颂至高无上的"天"，全部艺术手段都用来渲染天的肃穆崇高，取得非凡的成就。天坛是圜丘、祈谷两坛的总称，有坛墙两重，形成内外坛，坛墙南方北圆，象征天圆地方。主要建筑在内坛，圜丘坛在南、祈谷坛在北，二坛同在一条南北轴线上，中间有墙相隔。圜丘坛内主要建筑有圜丘坛、皇穹宇等，祈谷坛内主要建筑有祈年殿、皇乾殿、祈年门等(见图 7 - 39)。

图 7 - 39　补谷坛

天坛总面积比紫禁城大出好几倍，东西约 1700m，南北约 1600m，占地达 270 多公顷，相当于紫禁城的三陪还多；建筑密度却小很多，绝大部分面积都笼罩在苍松翠柏之下，涛声盈耳，青翠满眼，一片深邃静谧的气氛；入此境内，肃穆之气森森而来，天坛的纵轴东移是为了尽量加长从西门进入的距离。人们在长长的行进过程中，似乎愈来愈远离人寰尘世，距神祇越来越近了；空间与时间互相转化，感情得以充分深化。

圜丘与祀年殿南北取直，形成在纵轴，向东偏移，不在内墙所围面积的正中。两次偏移使轴线东移200余米。原先只在外墙西面开有二门，偏北的一门是正门。正门内东西大道南侧有神乐署和牺牲所；进内墙西南后，路南为斋宫，皇帝在冬至前一天在此处住宿并沐浴斋戒。斋宫有两道围墙和两道湖沟，戒备森严。

圜丘在纵轴线南端，为三层白石圆台，底层直径55m，三层总高5m许，每层台四向都有踏道，台沿护以白石栏杆，圜丘有两重围墙，内圆外方，内外墙四正面都有三座白石棂星门，墙身红色，覆青色琉璃瓦。在圜丘北有平时供“昊天上帝”的圆殿，明黄穹宇，坐落在一直径63m的圆形院落后部，殿前左右各一配殿。圆殿建在白石圆台基上，单檐攒尖顶覆蓝色琉璃瓦，上有金宝顶，全高约20m。此殿造型精美，比例适度，金顶，蓝瓦，红柱，白台色彩瑰丽。殿内圆形藻井更是富丽，由斗拱层叠构成复杂的向心图案，既是结构的坦然显露，又是建筑装饰精品。圆院北面无门，须从南门由院外绕至院北，过成贞门后，是一条名为“丹陆桥”的南北大道，大道宽达30m，长约400m，高出左右地面约4m，全为砖石铺砌，没有绿化大道。北墙过券门为祀年门，门内四周院墙围成方院，中轴线上是壮丽的祀年殿，殿南左右为配殿。祀年殿坐落在总高6m的三层白石圆台上，石台下层直径90m，圆殿直径24m，屋顶为三重檐攒尖顶，连台高38m，殿内也有极精美的圆形藻井，方院之北另有一封闭小方院，内为皇乾殿，平时用以存放神牌。

圜丘通体洁白，晶莹若玉，台面平整如坻，空无一物，象征着天空的清澈明净。两重围墙都很低矮，仅高一米许，是有意采用缩小尺度的手法，藉以反衬石台之高，同时又尽量不遮挡回望的视野，视野可远及城外的树林和更远的天际线，颇有高可及天的感觉。《水经注》记汉长安礼制建筑明堂辟雍说：“垣高无蔽目之照”，可见这种处理手法早已出现。围墙深重的色彩对比出石台的白，墙上的白石棂星门则以其白与石台呼应，并有助于打破长墙的单调。

丹陛桥的手法同于圜丘，人行与大道上放眼所见都是大片天空和树顶，如同在空中行走。祈年殿的方圆地坪也高于院外，人立在三层白石台上可高出院外地面10m，景象也很辽阔。大殿三重青色琉璃瓦顶与天空色相近。圆顶攒尖，似已融入蓝天。所有这些，都是要造成人天相亲相近的意象。

天坛还广泛运用象征和联想的手法来隐喻主题。三座主要建筑圜丘、皇穹宇和祈年殿及一些院墙都是用圆形平面，天圆地方，法天象地，发人联想。又用数字来象征与主题有关的各种意义，如“天”属阳，圜丘就大量使用阳数“奇数”，阳数之极为九，台面围绕中心的一块圆石共有九圈铺石，每圈石数为九，十八，二十七……；三层石台及各围以四段石栏，每段栏板数目由上而下也是九，十八，二十七。此外如台阶的步数，各层石台的直径和高度，也都是九或九的倍数，祈年殿用为祈求农业丰收，所以又使用与农业节历有关的数目，如用十二根外檐柱支持下檐，象征一天的十二个时辰；用十二根内柱支持中檐，象征一年的十二个月；这二十四根柱子又象征一年的二十四节气；最内四根“龙金柱”支撑上檐，则代表四季。联想与象征有助于标示主题，作为辅助手法，也有偶尔一用的价值。但建筑艺术的根本，还是通过实体与空间及其组合变化来造成一种氛围。

在形式美方面，天坛的建造者们也做了许多努力。皇穹宇院落的封闭与圜丘的开阔形成对比，皇乾殿与祈年殿之间也有这种对比。轴线两端的皇穹宇与祈年殿形象相近，首尾呼应；南端的圆台圆院与北端的方院又是一种对比。两端的重点用丹陛桥联系起来，构成一个整体，此外各建筑物的尺度、色彩和造型比例都经过推敲，其主要视点处的视觉效果尤其受到重视，如透过皇穹宇的券门和透过祈年门的柱坊形成的“画框”观赏皇穹宇和祈年殿，都有极好的框景效果。人立于祈年门后檐柱处看祈年殿视点离祈年殿中心的距离约等于祈年殿底层石台的直径，也约等于祈年殿总高的三倍，无论是水平视角和垂直视角，都处于最佳状态，且左右配殿都退出此视野以外，从而突出了主体建筑祈年殿。

至于皇穹宇院落不开北面，圆院背对成贞门，使交通有所阻断，气势也有所中断，也许是天坛建筑群美中不足之处，但这完全是出于礼制的要求，有其存在的缘由。在中国人的概念中，“天”是最高的神祇，皇帝称为天子，地位在天之下，中国向以南为尊，所以皇穹宇院落是不能允许人们包括皇帝从北进入的。《明会要》说：“天子祭天，升自午陛，北向，答阳之义也”，“午”就是南，说明皇帝由南朝北行礼。

7.6.2 希腊祭祀建筑典范——宙斯祭坛

宙斯祭坛，又称帕加马祭坛，建于公元前 180—前 160 年，这个祭坛是希腊古代建筑艺术典范之一。由国王欧迈尼斯二世兴建，用以纪念对高卢人的胜利，因其规模宏大和艺术水平之高而被称为古代世界七大奇迹之一(见图 7-40)。

图 7-40 宙斯祭坛(a)

1. 建筑背景

帕加马是马其顿王亚历山大死后出现的独立小国，在小亚细亚的北部，一个奴隶制王国，位于现土耳其境内。它曾经成为希腊化地区的经济、文化中心。由于其统治者都热爱艺术，所以帕加马创造了辉煌的雕塑艺术成就，出现了大量令世人无比赞叹的雕刻名作精品，其中最著名的就是宙斯祭坛，又称帕加马祭坛。

帕加马，在公元前 2 世纪时，正处于国势的极盛时期，经济与文化都很发达，几乎与当时的亚历山大里亚港一样，也是一个中心地带。城内建起了许多巍峨庄严的建筑物，有雅典娜圣堂、图书馆、剧场、会议厅，等等。宙斯祭坛，则建于欧迈尼斯二世的统治时期，兴建宙斯祭坛共用了 13 年时间，建筑年代约在公元前 180—前 170 年间。国王欧迈尼斯二世继阿塔尔一世，彻底打退了高卢人的侵犯，为了表彰这次战役的辉煌胜利，建起了宙斯祭坛。它是一件属于希腊化时期的艺术品。德国考古学家于 1878 年发掘了这座祭坛上的大部分浮雕，为了展示这些浮雕在建筑物上的本来面目，在柏林又按照遗址原样，重建了这座祭坛，并把所有能找到的高浮雕镶配在上面。

2. 建筑详解

祭坛的整体接近于正方形，为一座 U 字形建筑，东西长 34.2m，南北长 36.44m，它的座基很高，占整座祭坛的三分之二，台座高约 6m。座基的最上面是带有爱奥尼式柱廊的平台，通过很高的台阶登上平台，祭台就在平台的正中央(见图 7-41)。

图 7-41　宙斯祭坛(b)

台座上部刻有一条巨大的高浮雕壁带，全长约 120m，高 2.3m，由宽度 1m 左右的 115 块大理石雕刻石板拼接而成的。所有的浮雕形象塑造得很高，兀立于平板上面，故称高浮雕，有的几乎成了圆雕。浮雕带的内容是表现希腊众神与巨人的战斗，象征帕加马对高卢人的胜利，充满了动势突出的形象和激烈紧张的气氛。其中保存较好的一幅表现的是雅典娜与一个巨人战斗的场面。雅典娜右手抓住巨人的头发，并派出一条蛇咬住巨人的胸膛，巨人那深陷的眼睛则露出痛苦和绝望的表情；巨人的母亲地神该亚正举起双手向众神哀告，以求饶恕她的儿子；与此同时，胜利女神飞过来，为雅典娜戴上胜利的花环(见图 7-42)。

图 7-42　宙斯祭坛——浮雕

这一组浮雕主次分明，情节生动，人体和人物表情被刻划得十分准确传神，具有强烈的戏剧性效果，表现了当时艺术家们的高度的雕塑艺术技巧。保存下来较完整的片断还有宙斯击倒 3 个巨人等，都表现了神的巨大威力和被打败的巨人的痛苦挣扎。雕像之精美，为希腊化时期雕刻艺术的上乘。

浮雕人物多数已没有面部，但强壮有力的身姿、错综多变的动作和飞扬飘拂的衣纹却刻画得极其真实洗练，是堪与古典时期希腊雕刻媲美的杰作。大浮雕带的作者没有确实的记载，但可以肯定的是出自当时希腊最杰出的雕刻家之手。希腊化时期的雕像的一个重要特点是：形象特别庞大，给人以一种超自然的魅力，而且情绪夸张，带着暴风骤雨般的动势。

7.7 民居

7.1.1 四面用房屋围起来的住宅——北京四合院

四合院至少有3000多年的历史，在中国各地有多种类型，其中以北京四合院为典型(见图7-43)。四合院通常为大家庭所居住，提供了对外界比较隐秘的庭院空间，其建筑和格局体现了中国传统的尊卑等级思想以及阴阳五行学说。在现代，随着家庭结构和社会观念的变迁，传统四合院的宜居性受到了挑战。而在城市规划过程中，传统四合院也面临着保护和发展的矛盾，一些四合院被列为文物保护单位，同时也有一些被拆除。

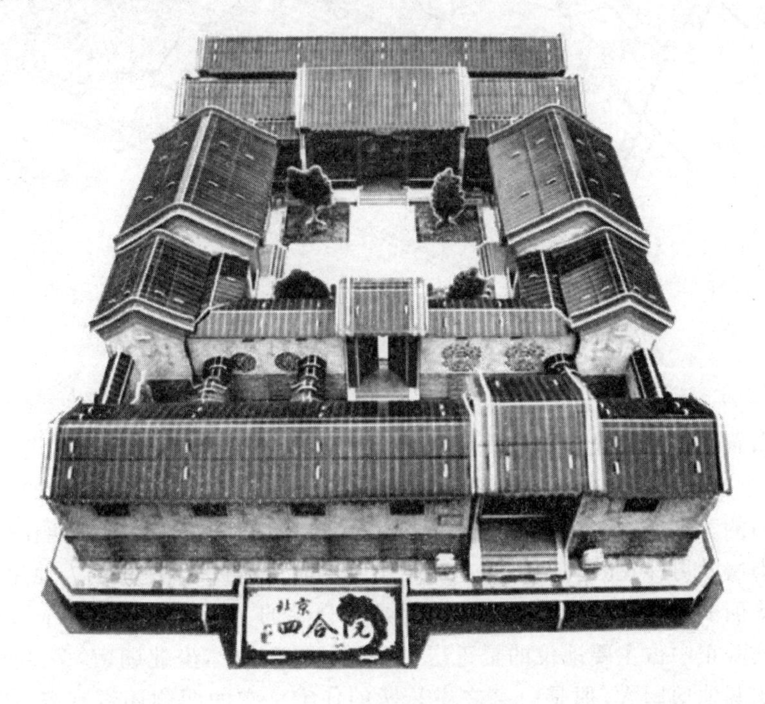

图7-43 北京四合院

1. **建筑背景**

自辽代大规模规划建设都城时起，四合院就与北京的宫殿、衙署、街区、坊巷和胡同同时出现了。在明代，制砖技术空前发达，这也促进了住宅建设的发展。清代定都北京后，大量吸收汉文化，完全承袭了明代北京城的建筑风格，对北京的居住建筑四合院也予以了全部继承。

2. **建筑详解**

四合院，顾名思义，是四面用房屋围护起来的院落式住宅。它起源于北方，在北京最多，因此，人们常把它叫作北京四合院。北京四合院形成年限较长，无论在形制上、结构上或施工上都较成熟，它几乎是中国住宅特有的象征，也是劳动人民智慧的结晶。四合院有简单的一进，也有复杂的多进，甚至还有二、三座并列而建，在范围、气势和占地上都形同一般园林的住宅群。但是，最常见的是三进院落的四合院(见图7-44)。和其他进制的四合院一样，三进院落

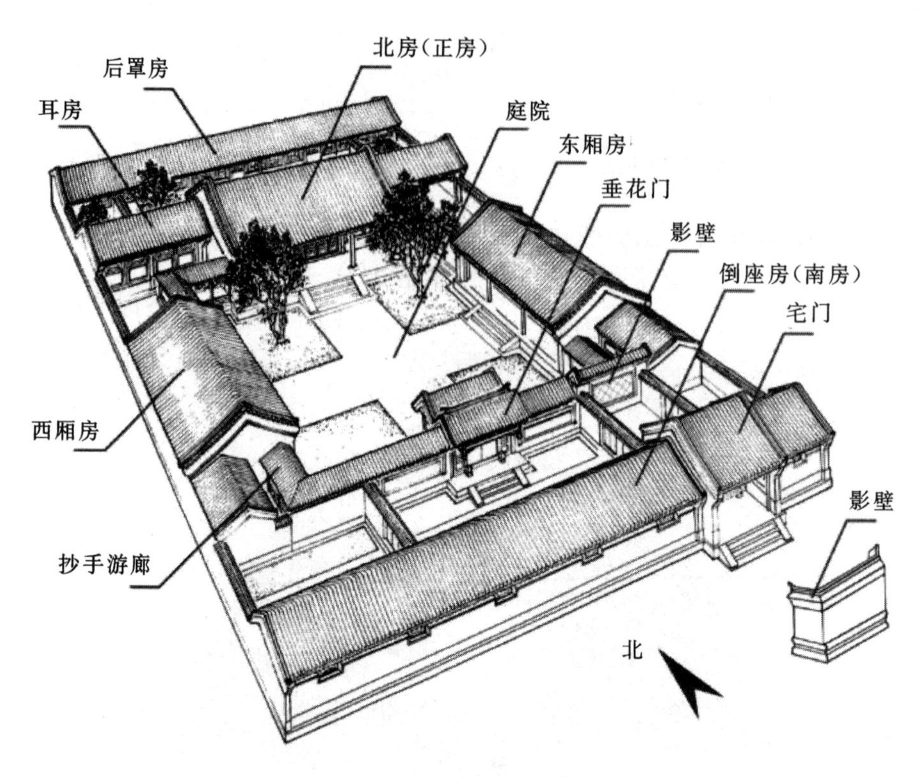

图 7-44　三进院落的四合院

的四合院也是布置在一条轴线上。平面位置的东南角上,是宅院的主入口。进门后迎面就是一块影壁,影壁上常饰有精致的砖雕,影壁前置放盆景绿化,形成了一种亲切的气氛。影壁是起压缩空间作用的。穿过这个小空间是第一进院落,坐南朝北有一排房屋,叫作倒座。那是来客住房、杂屋、书房及男仆住处。倒座前还有个不大的院子,可供倒座里的人使用,在倒座的对面有一座装饰华丽的门,叫垂花门,垂花门里就是四合院的主院。主院是一个植有绿化,进深较深的庭院。庭院正中占主要地位的是正房,中轴线贯穿其中,坐北朝南,多开间,大进深,高台基。体态都比其他房屋大,那是一家之主长辈的住宅。它的两侧还带有东、西耳房和小跨院。正房前的左右是厢房,那是晚辈的住宅。厢房的开间就少了,进深也不大,台基也低,有一条兼能避雨的廊相连,雨天可以不湿鞋。正房之后还有个小院子,那是四合院的第三进院子,这院子坐北朝南也有一排房子,称为罩房,是女佣住所、库房和杂间等。整个四合院的围墙一般对外都不开窗。因此,它是一个环境幽静的封闭型住宅。四合院受中国封建礼教和宗法制度的影响较深,房屋的大小根据不同的使用对象等级森严。如明清时代,当一品、二品官的厅堂可以五间九架;三品、五品官的厅堂五间七架;九品官的厅堂三间七架;至于庶民庐舍不过三间五架,不许用斗拱、饰色彩,不许造九、五间数。其他细节也是如此,由于封建礼教的束缚与限止,妇女不能轻易地到达外院,宾客外人不可进入内院。内外区划严格,界限分明。四合院的建造也渗透了封建迷信的"风水"思想。住宅的位置、尺度以及朝向都有相应的标准,如东南角的大门就是"风水"中的"巽"位,开间也用阳性数字(即单数)以示无穷无尽。

四合院是中国住宅中的一种代表,它集中了中国木结构民居中的精华。它们的门窗,内部用的隔扇、博古架、罩等,不仅在装饰上表现了丰富优美的构图和木雕技术,而且其中的隔扇、罩等还巧妙地分割了空间。影壁、屋脊、山墙边的砖雕也富有一种民间艺术的古拙味。

除豪门贵族外，一般四合院的色彩是素淡、雅致，灰墙或白墙黑瓦，重点的门窗外敷以少量鲜艳的色彩，整体看来十分亲切，充满了汉民族的情趣（见图 7-45）。北京四合院的文化是北京文化的一个重要组成部分。它不仅是中国传统居住建筑的典范，更有如一座中国传统文化的殿堂，以其蕴含的丰富文化内涵，全面体现了中国传统的居住观念并为世界所瞩目。

图 7-45　四合院——白墙黑瓦

7.7.2　巧夺天工的典范——流水别墅

流水别墅是现代建筑的杰作之一，它位于美国匹兹堡市郊区的熊溪河畔，由 F. L. 赖特在 1935 年，为匹兹堡百货公司老板德国移民考夫曼设计，历时 3 年完成，故又称考夫曼住宅。

1. 建造背景

1934 年，德裔富商埃德加·考夫曼在宾夕法尼亚州匹兹堡市东南郊的熊跑溪买下一片地产。那里远离公路，高崖林立，草木繁盛，溪流潺潺。考夫曼把著名建筑师赖特请来考察，请他设计一座周末别墅。涓涓溪水给赖特留下了深刻印象。他要把别墅与流水的音乐感结合起来，并急切地索要一份标有每一块大石头和直径 1.8m 以上树木的地形图。图纸很快就送来了，但是直到 8 月，赖特仍在冥思苦想，他在耐心地等待灵感到来的那一瞬间。终于，在 9 月的一天，赖特急速地在地形图上勾画了第一张草图，别墅已经在赖特脑中孕育而出。他描述这个别墅是“在山溪旁的一个峭壁的延伸，生存空间靠着几层平台而凌空在溪水之上——一位珍爱着这个地方的人就在这平台上，他沉浸于瀑布的响声，享受着生活的乐趣”。他为这座别墅取名为“流水”。按照赖特的想法，“流水别墅”将背靠陡崖，生长在小瀑布之上的巨石之间，水泥的大阳台叠摞在一起，它们宽窄厚薄长短各不相同，参差穿插着，好像从别墅中争先恐后地跃出，悬浮在瀑布之上。那些悬挑的大阳台是别墅的高潮。在最下面一层、也是最大和最令人心惊胆战的大阳台上有一个楼梯口。从这里逐级而下，正好接临在小瀑布的上方，溪流带着潮润的清风和淙淙的音响飘入别墅（见图 7-46）。

为了这超凡脱俗的梦境的实现，赖特在流水别墅的设计和施工中付出了极大的心血。在别墅修建成以后，即名扬四海。1963 年，在赖特去世后的第四年，埃德加·考夫曼决定将别墅

图 7-46　流水别墅(a)

献给当地政府,永远供人参观。

2. **建筑详解**

流水别墅建在美国匹兹堡市附近一处绿树环绕、流水潺潺、景色幽美的峡谷中。与一般的别墅不同,最奇妙的是大部分房屋竟然是空悬在瀑布之上的。整个别墅就如同岩石般生长在溪流之上。自然与建筑浑然一体,互相映衬,构造出美轮美奂的、令人叹为观止的景观。

别墅在设计上表现出动与静的对立统一。三层平台高低错落、飞腾跃起,赋予了建筑最大程度的动感与张力。各层有的地方围以石墙,有的是玻璃,每一层都是一边与山石连接,另外几边悬伸在空中。各层大小、形状、伸展的方向都不相同,主要的一层几乎是一个完整的大房间,有小阶梯与下面的水池联系。正面在窗台与天棚之间,由透明的金属窗框的大玻璃墙围隔。

别墅在建筑色彩的调配上,也与周围环境的色彩相对应,三层平台是明亮的杏黄色,鲜亮光洁,竖直的石墙是粗犷的灰褐色,幽暗沉静,红色的窗框配以透亮的玻璃,这一切都映衬在潺潺流淌的水流之上。在阳光与月色的光影舞动中,在树叶与山石的掩映下,动与静、光与影、虚与实、垂直与水平、光滑与粗糙、沉稳与飘逸,构成了强烈的对比,令人神清气朗,赏心悦目。

别墅的内部空间处理也是深具匠心(见图 7-47)。赖特把起居室作为内部的核心。进入室内要先从一段狭小而昏暗的有顶盖的门廊,触摸着主楼梯粗犷的石壁拾阶而上,才可进入起居室。起居室是由中心空间的四根支柱所支撑,中心部分更以略高的天花板和中央照明突出其空间领域。赖特在设计的时候,有意把室内空间和外部的自然空间巧妙结合,使自然景致和人工设置和谐地搭配。在读书区,阳光透过玻璃,将室内照耀得明亮轩阔;而会客区则利用一片天然岩石做成壁炉,再配以看似没有太多人工雕琢的器具,营造出朴实天然的原始情调,构造出一个十分宜人、优雅的休闲空间。有一棵大树也被保留下来,穿越建筑,伸向天空。而由起居室通到下方溪流的楼梯,是内、外部空间不可缺少的媒介,将人工建筑与自然景物完美结合(见图 7-48)。

赖特对自然光线的巧妙掌握,使内部空间仿佛充满了盎然生机。光线流动于起居空间的东、西、南三侧。最明亮的部分,光线从天窗泻下,一直通往建筑物下方溪流崖隘的楼梯。东、西、北侧几乎呈围合状的凹室，则相对较为昏暗，使得房间既幽静沉实又灵动飘逸。

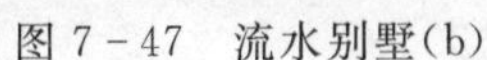

图7-47 流水别墅(b)

图7-48 流水别墅(c)

赖特既运用新材料和新结构，又始终重视发挥传统建筑材料的优点。在材料的使用上，流水别墅主要使用白色的混凝土和栗色毛石。水平向的白色混凝土平台与自然的岩石相呼应，而栗色的毛石就是从周围山林搜集而来的，有着“与生俱来”、自然质朴和野趣的意味。所有的支柱，都是粗犷的岩石。石的水平性与支柱的直性，产生一种鲜明的对抗；而地坪使用的岩石，似乎出奇的沉重，尤以悬挑的阳台为最。而这与室外的自然山石极为契合，感觉室内空间透过巨大的水平阳台而延伸、衔接到巨大的室外自然空间中了。

流水别墅建筑在溪水之上，与流水、山石、树木自然地结合在一起，运用几何构图，在空间的处理、体量的组合及与环境的结合上均取得了极大的成功，内外空间互相交融，浑然一体，为有机建筑理论作了确切的注释。流水别墅可以说是一种以正反相对的力量在巧妙的均衡中组构而成的建筑，并充分利用了现代建筑材料与技术的性能，以一种非常独特的方式实现了古老的建筑与自然高度结合的建筑梦想，为后来的建筑师提供了许多的灵感。

正如赖特所说：“我努力使住宅具有一种协调的感觉，一种结合的感觉，使它成为环境的一部分，它像与自然有机结合的植物一样，从地上长出来，迎接太阳。”

参考文献

[1]萧默.建筑的意境[M].北京:中华书局,2014.

[2]钱健,宋雷.建筑外环境设计[M].上海:同济大学出版社,2001.

[3]盛文林.建筑艺术欣赏[M].北京:北京工业大学出版社,2013.

[4]蔡良娃,曾坚.信息建筑美学观念及创作方法研究[D].天津:天津大学,2004.

[5]曾坚,蔡良娃.建筑美学[M].北京:中国建筑工业出版社,2010.

[6]干申启.生态建筑的美学特征研究[D].合肥:合肥工业大学,2011.

图书在版编目(CIP)数据

建筑美学欣赏/孙来忠,张子竞,潘建非主编.—西安:西安交通大学出版社,2017.8(2023.2 重印)
ISBN 978-7-5605-9956-4

Ⅰ.①建… Ⅱ.①孙… ②张… ③潘… Ⅲ.①建筑美学 Ⅳ.①TU-80

中国版本图书馆 CIP 数据核字(2017)第 196221 号

书　　名　建筑美学欣赏
主　　编　孙来忠　张子竞　潘建非
责任编辑　郭　剑　祝翠华

出版发行　西安交通大学出版社
　　　　　(西安市兴庆南路 1 号　邮政编码 710048)
网　　址　http://www.xjtupress.com
电　　话　(029)82668357　82667874(市场营销中心)
　　　　　(029)82668315(总编办)
传　　真　(029)82668280
印　　刷　陕西时代支点印务有限公司

开　　本　787mm×1092mm　1/16　**印张** 13.75　**字数** 331 千字
版次印次　2017 年 8 月第 1 版　2023 年 2 月第 3 次印刷
书　　号　ISBN 978-7-5605-9956-4
定　　价　39.80 元

如发现印装质量问题,请与本社市场营销中心联系。
订购热线:(029)82665248　(029)82667874
投稿热线:(029)82668133
读者信箱:xj_rwjg@126.com